Human Factors im Cockpit

Joachim Scheiderer • Hans-Joachim Ebermann
Herausgeber

Human Factors im Cockpit

Praxis sicheren Handelns für Piloten

 Springer

Herausgeber
Dipl.-Wirtsch.-Ing. (FH) Joachim Scheiderer
Vereinigung Cockpit e. V.
Main Airport Center
Unterschweinstiege 10
60549 Frankfurt
Deutschland
scheiderer@live.de

Dipl.-Ing. Hans-Joachim Ebermann
Vereinigung Cockpit e. V.
Main Airport Center
Unterschweinstiege 10
60549 Frankfurt
Deutschland
vc.ebermann@onlinehome.de

ISBN 978-3-642-15166-8   e-ISBN 978-3-642-15167-5
DOI 10.1007/978-3-642-15167-5
Springer Heidelberg Dordrecht London New York

Die Deutsche Nationalbibliothek verzeichnet diese Publikation in der Deutschen Nationalbibliografie; detaillierte bibliografische Daten sind im Internet über http://dnb.d-nb.de abrufbar.

Einbandentwurf: WMXDesign GmbH, Heidelberg

Gedruckt auf säurefreiem Papier

Springer ist Teil der Fachverlagsgruppe Springer Science+Business Media (www.springer.com)

Vorwort

Die Hauptaufgabe eines Verkehrspiloten ist es, sein Flugzeug sicher von A nach B zu bringen. Dieses auch ökonomisch und komfortabel zu machen, steht erst an zweiter Stelle.

Das Wissen von Verkehrspiloten über eine optimale Unfallprävention und die Vermeidung „menschlichen Versagens" ist trotz jahrelanger Bemühungen immer noch verbesserungsfähig.

Im Simulator wird bis heute vorwiegend der Ausfall technischer Systeme trainiert, obwohl dies nur bei etwa 8 % aller sicherheitskritischen Vorfälle der alleine auslösende Faktor ist. In weiteren 25 % aller Vorfälle tritt er in Kombination mit anderen Faktoren auf und zwei Drittel aller Vorfälle passieren alleine aus der Normal Operation heraus, die zumindest im Recurrent Training kaum Raum einnimmt.

Piloten sollten mehr darüber wissen, wann und unter welchen Umständen Unfälle passieren und wie sie sich sinnvoll präventiv vermeiden lassen. Genau hier wollen wir ansetzen und dies im Folgenden ausführlich darlegen.

Zur Unfallprävention gehört unbedingt das sicherheitsrelevante Verhalten, insbesondere das Crew Resource Management (CRM). Seit einigen Jahren nimmt es im Erwerb des theoretischen Teils der Verkehrspilotenlizenz (ATPL) breiten Raum ein. Doch leider werden diese theoretischen Inhalte nicht in derselben Detailtiefe an die ATPL-Inhaber vermittelt, die ihre Lizenz schon vorher erworben haben. Auch die Umsetzung dieser Inhalte in die Praxis im Cockpit kann noch weiter verbessert werden. Dies möchten wir unterstützen, indem wir zunächst die Inhalte des CRM möglichst vollständig definieren und anschließend aufzeigen, wie diese Inhalte von der Theorieschulung über die notwendigen Seminare in das Cockpit übertragen werden können.

Das Besondere dieses Buches ist, dass es fast ausnahmslos von Verkehrspiloten in ihrer Fachsprache und unter Berücksichtigung ihres Berufsalltags geschrieben worden ist. Es ist also nicht theorielastig, sondern die Inhalte sind direkt und einfach „aus der Praxis in die Praxis" und in die Schulung umzusetzen.

Deswegen soll das Buch nicht nur eine Hilfe für die Flugbetriebe sein, ihr Training weiter zu entwickeln, in dem es ihre aufwendige Arbeit unterstützt, die Inhalte des

CRM-Trainings zu bestimmen. Es ist auch für den einzelnen Praktiker zum Selbst-
studium interessant und soll dem Berufsverband Vereinigung Cockpit ermöglichen,
seine Vorstellungen gegenüber dem Gesetzgeber zu konkretisieren.

Hinweise

Die Herausgeber sprechen für den Berufsverband der Verkehrsflugzeugführer in
Deutschland, der Vereinigung Cockpit e. V. (VC) und sind langjährige Mitglieder
deren Arbeitsgruppe Flugsicherheit.

Die Aussagen in diesem Buch beziehen sich auf *den* Piloten als Berufsbezeichnung.
Selbstverständlich gelten sie gleichermaßen für beide Geschlechter.

Dieses Buch wurde von deutschen Piloten geschrieben und kann weder Rücksicht
auf die Belange des einzelnen Flugbetriebs, noch Rücksicht auf einen anderen als
den mitteleuropäischen kulturellen Rahmen nehmen.

Frankfurt a. M.   Hans-Joachim Ebermann
Juni 2010   Joachim Scheiderer

Inhalt

Herausgeberverzeichnis

Dipl.-Ing. Hans-Joachim Ebermann absolvierte seine fliegerische Ausbildung an der Flugschule der Deutschen Lufthansa AG in Bremen und Phoenix/Arizona. Er war als Co-Pilot auf den Mustern B 737 und DC 10, als Kapitän auf dem A320 und ist zurzeit auf dem A340 und A380 eingesetzt. Seit den 90er Jahren ist er Trainings- und Checkkapitän und ist in der Vereinigung Cockpit in der Arbeitsgruppe Flugsicherheit, zeitweise als deren Leiter, tätig. Dabei war er an vielen verschiedenen Initiativen zur Qualitätsverbesserung bei Fluggesellschaften und Gesetzgebern beteiligt und hat zahlreiche Fachartikel in der Verbandszeitschrift VC-Info geschrieben.

Als Trainingskapitän hat er an verschiedenen Maßnahmen der Lufthansa teilgenommen, die Flugsicherheit durch modernere Trainingsmethoden und durch das CRM-Training zu verbessern.

Vereinigung Cockpit e. V., Main Airport Center, Unterschweinstiege 10, 60549 Frankfurt, Deutschland, E-Mail: vc.ebermann@onlinehome.de

Dipl.-Wirtsch.-Ing. (FH) Joachim Scheiderer
Joachim Scheiderer absolvierte seine Ausbildung zum Flugzeugführer an der renommierten Verkehrsfliegerschule der Deutschen Lufthansa AG in Bremen und Tucson/Arizona. Nach seinem Abschluss 1996 begann er seine fliegerische Laufbahn als Erster Offizier und bekleidet gegenwärtig den Rang eines Flugkapitäns bei Lufthansa CityLine auf der Canadair Jet Flotte. Berufsbegleitend absolvierte er ein Studium des Wirtschaftsingenieurwesens an der Hamburger Fern-Hochschule mit den Schwerpunkten Unternehmensführung und Verkehrssystemtechnik. Im

Jahre 2008 wurde sein erstes Buch „Angewandte Flugleistung" ebenfalls im Springer Verlag veröffentlicht.

Neben seiner Tätigkeit als aktiver Pilot ist Joachim Scheiderer im flugbetrieblichen Management der Lufthansa CityLine verantwortlich für den Bereich „Flight Operations Engineering". Dieser umfasst die Themen „Aircraft Performance", „Flight Planning" sowie „Weight and Balance". Darüber hinaus ist er auch für die Koordinierung und Implementierung des unternehmensweiten Treibstoffsparprogramms zuständig.

Seit über zehn Jahren ist Joachim Scheiderer in der Arbeitsgruppe Flugsicherheit der Vereinigung Cockpit tätig, welche er fünf Jahre lang leitete.

Joachim Scheiderer ist Lehrbeauftragter für das Fach „Airline Management" an der Karlshochschule International University in Karlsruhe.

Vereinigung Cockpit e. V., Main Airport Center, Unterschweinstiege 10, 60549 Frankfurt, Deutschland, E-Mail: scheiderer@live.de

Autorenverzeichnis

Johannes Bühler Vereinigung Cockpit e. V., Main Airport Center, Unterschweinstiege 10, 60549 Frankfurt, Deutschland, E-Mail: johannesbuehler@t-online.de

Dr. Gerhard Fahnenbruck Vereinigung Cockpit e. V., Main Airport Center, Unterschweinstiege 10, 60549 Frankfurt, Deutschland, E-Mail: gerhard.fahnenbruck@human-factor.biz

Florian Hamm Vereinigung Cockpit e. V., Main Airport Center, Unterschweinstiege 10, 60549 Frankfurt, Deutschland, E-Mail: florian.hamm@lft.dlh.de

Patrick Jordan Vereinigung Cockpit e. V., Main Airport Center, Unterschweinstiege 10, 60549 Frankfurt, Deutschland, E-Mail: patrick.jordan@gmx.de

Maria-Pascaline Murtha Vereinigung Cockpit e. V., Main Airport Center, Unterschweinstiege 10, 60549 Frankfurt, Deutschland, E-Mail: mp.murtha@yahoo.com

Hans-Ulrich Raulf Vereinigung Cockpit e. V., Main Airport Center, Unterschweinstiege 10, 60549 Frankfurt, Deutschland, E-Mail: uliraulf@t-online.de

Dagmar Reuter-Leahr Vereinigung Cockpit e. V., Main Airport Center, Unterschweinstiege 10, 60549 Frankfurt, Deutschland, E-Mail: reuter@emotions2lead.com

Rolf Wiedemann Vereinigung Cockpit e. V., Main Airport Center, Unterschweinstiege 10, 60549 Frankfurt, Deutschland, E-Mail: rolf@wiedemanns.com

Des Weiteren haben mitgearbeitet:

Capt. Tom Becker, SFO Heiko Blabusch, SFO Jana Feldmann, Capt. Werner Grübel, Capt. Christian Hilgenberg, Capt. Andreas Keller, Reiner W. Kemmler, Capt. Sven Kutschera, Capt. Ralf Nitsche, Capt. Hans Rahmann, Capt. Carsten Reuter, SFO Carsten Schmidt, SFO Christopher Selle, Capt. Christina Stromeyer, Capt. Rolf Sulzer.

Abkürzungen

AMC	Acceptable Means of Compliance
ASRS	Aviation Safety Reporting System
ATC	Air Traffic Control
BFU	Bundesstelle für Flugunfalluntersuchung
CAST	Commercial Aviation Safety Team
CAVOK	Clouds and Visibility Okay
CBT	Computer-Based-Training
CDM	Central Decision Maker
CISM	Critical Incident Stress Management
CRM	Crew Resource Management
DLR	Deutsches Zentrum für Luft- und Raumfahrt
DME	Distance Measuring Equipment
EASA	Europäische Agentur für Flugsicherheit
EEG	Elektroenzephalografie
EFIS	Electronic Flight Instruments System
ENS	Enterisches Nervensystem
FAA	Federal Aviation Administration
FAR	Federal Aviation Regulations
FCL	Flight Crew Licensing
FCU	Flight Control Unit
FDM	Flight Data Monitoring
FMS	Flight Management System
FO	First Officer
FSF	Flight Safety Foundation
Ft	feet (Fuss)
GPS	Global Positioning System
GPWS	Ground Proximity Warning System
IATA	International Air Transport Association
ICAO	International Civil Aviation Organization
IFR	Instrument Flight Rules
ILS	Instrument Landing System
JAR	Joint Aviation Regulations

LOFT	Line Orientated Flight Training
MCP	Mode Control Panel
MEL	Minimum Equipment List
MTOW	Maximum Take-off Weight
NOTECHS	Non Technical Skills
NREM	Non Rapid Eye Movement
NDM	Naturalistic Decision Making
NTSB	National Transportation Safety Board
OPC	Operator Proficiency Check
PAPI	Precision Approach Path Indicator
PM	Pilot Monitoring
PNF	Pilot Not Flying
PSR	Perceived Safety Risk
REM	Rapid Eye Movement
R/T	Radio Telephony
SFE	Synthetic Flight Examiner
SID	Standard Instrument Departure
SOP	Standard Operating Procedures
STAR	Standard Instrument Arrival
TCAS	Traffic Collision Avoidance System
TEL	Translation and Elaboration of Legislation
TGL	Temporary Guidance Leaflet
T/O	Take-off
TRE	Type Rating Examiner
TRI	Type Rating Instructor
TSA	Time since Awake
UAL	United Airlines
VASIS	Visual Approach Slope Indicator System
VC	Vereinigung Cockpit
VFR	Visual Flight Rules
ZNS	Zentralnervensystem

Kapitel 1
Unfallprävention

Hans-Joachim Ebermann und Patrick Jordan

1.1 Einleitung

Im Folgenden geht es um die Grundlagen der Flugsicherheit. Sie ist die Voraussetzung für die Akzeptanz des Flugzeuges als öffentliches Transportmittel und den wirtschaftlichen Erfolg eines Flugbetriebes.

Die Sicherheitsinteressen der Öffentlichkeit werden durch die Gesetzgeber und Behörden wahrgenommen. Diese setzen die einzuhaltenden Mindeststandards fest.

Mit Mindeststandards alleine können vor allem Flugbetriebe mit einer großen Anzahl von Flugzeugen dauerhaft nicht bestehen. Sie sind gezwungen, höhere Anforderungen an die Eintrittswahrscheinlichkeit eines Unfalles zu setzen, als sie amtlich vorgeschrieben werden. Bei zu vielen Unfällen würden sie aus dem Wettbewerb ausscheiden. Jedoch wird keine Fluggesellschaft mehr Geld in Sicherheit investieren, als es für sie wirtschaftlich sinnvoll ist.

Das Ziel des einzelnen Piloten ist die Unfallrate Null. Im täglichen fliegerischen Alltag sind Piloten die letzte Instanz, um Flugsicherheit zu garantieren und Unfälle zu verhindern. Für Piloten ist es daher unerlässlich, umfangreiche Kenntnisse über die Entstehung und Vermeidung von Unfällen zu haben. Damit können sie schon im Vorfeld präventiv agieren.

Aus diesem Grunde wäre es wünschenswert, wenn diese Inhalte schon in der Grundausbildung zum Lizenzerwerb prüfungsrelevant geschult würden.

Zunächst ist es hilfreich, die statistischen Grundlagen der Flugsicherheit zu betrachten. Anschließend geht es hier um die Frage, unter welchen Umständen Unfälle passieren. Daraus lassen sich Empfehlungen für den täglichen Flugdienst ableiten. Dann

H.-J. Ebermann (✉) · P. Jordan
Vereinigung Cockpit e. V., Main Airport Center,
Unterschweinstiege 10, 60549 Frankfurt, Deutschland
E-Mail: vc.ebermann@onlinehome.de

P. Jordan
E-Mail: patrick.jordan@gmx.de

J. Scheiderer, H.-J. Ebermann, *Human Factors im Cockpit*,
DOI 10.1007/978-3-642-15167-5_1, © Springer-Verlag Berlin Heidelberg 2011

werden einige psychologische Grundlagen diskutiert, die es Piloten erschweren, diese Empfehlungen konsequent umzusetzen. Hieraus ergeben sich dann Fragen nach dem „menschlichen Versagen", dessen Prävention sich die folgenden Kapitel widmen.

Im Rahmen dieses Kapitel wird nicht, oder nur wo nötig, über die Unfallpräventionsebenen gesprochen, die im Verantwortungsbereich der Behörden, des Flugzeugbaus, der Flugsicherung, der Infrastruktur und der Flugbetriebe liegen.

1.2 Unfallstatistik

1.2.1 Entwicklung der Unfallraten

2007 waren weltweit 20.700 Verkehrsflugzeuge mit Strahlantrieb (Jet) in Betrieb, die 20,8 Mio. Flüge durchgeführt haben. Dies entspricht im Durchschnitt ca. 1.000 Flügen pro Jahr pro Jet (s. Abb. 1.1) (Boeing 2008).

Die Unfallraten für die USA und Kanada sind etwa die Gleichen wie für den Teil Europas, der durch die Europäische Agentur für Flugsicherheit (EASA) reguliert wird.

Nach den verlustreichen Anfängen der zivilen Jetfliegerei in den frühen 60er Jahren stabilisierte sich die Unfallrate bis etwa Ende der 90er Jahre. Seit etwa 2000 ist die Rate der tödlichen Unfälle in Nordamerika auf beinahe Null gesunken.

Hier korrelieren mehrere Entwicklungen miteinander. Die technische Zuverlässigkeit und Ausrüstung der Flugzeuge hat sich immer weiter entwickelt. Das operationelle Umfeld, wie Wettervorhersagen, ATC und Flughafeninfrastruktur wurden ausgereifter. Die Auswahl und das Training der Piloten wurden weiter perfektioniert.

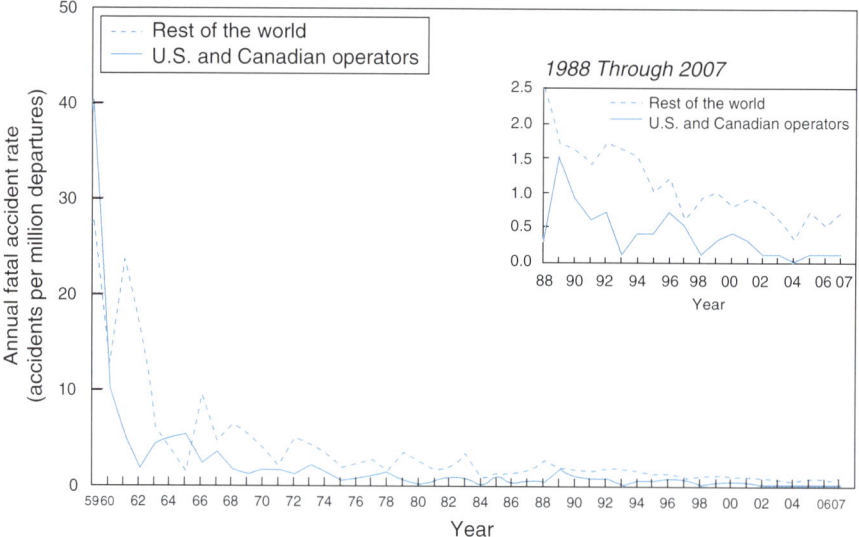

Abb. 1.1 Rate tödlicher Unfälle. (Boeing 2009)

Tab. 1.1 Unfallrate nach Flugzeuggenerationen. (Inbetriebnahme-Ende 2008)

Aircraft Generation	1st	2nd	3rd	4th	All
Hull Loss accidents per million flight cycles	7,46	1,65	0,54	0,34	1,62
Fatal accidents per million flight cycles	4,01	0,86	0,35	0,16	0,87

Tab. 1.2 Unfallrate nach Flugzeuggenerationen. (1998–Ende 2008)

Aircraft Generation	1st	2nd	3rd	4th	All
Hull Loss accidents per million flight cycles	23,40	3,05	0,57	0,26	1,06
Fatal accidents per million flight cycles	4,87	0,97	0,32	0,08	0,41

Die Verbesserung der Flugsicherheit durch die Weiterentwicklung der Flugzeugtechnik verdeutlicht eine Statistik von Airbus (2009) (s. Tab. 1.1):

Der Übergang von Flugzeugen der 2. Generation (z. B. DC-10, Tristar) zur 3. Generation (Glass Cockpit, FMS: z. B. B757/767, A300/310) senkte die Zahl der Totalverluste pro 1 Mio. Flüge um den Faktor 3. Der Übergang von der 3. Generation zur 4. (Fly-by-wire mit Flight Envelope Protection: z. B. A318-321, A330/A340, B777) senkte die Zahl nochmals fast um den Faktor 2 (s. Tab. 1.2).

1.2.2 Unfallraten der Flugzeugtypen

Das zeigt sich auch in den Unfallraten der einzelnen Flugzeugtypen (s. Abb 1.2).

Man sieht gut, dass die heute gängigen Flugzeugtypen weltweit eine nur noch sehr geringe Unfallrate haben. Unter den modernen Fluggesellschaften sticht jedoch die MD-11 mit einer überdurchschnittlich schlechten Rate ins Auge.

Zwischen 1959 und 2007 sind insgesamt 854 Flugzeuge als *Totalverlust* (Hull Loss) verloren gegangen und 565 *tödliche Unfälle* mit zusammen 28.621 Toten passiert. In dieser Statistik von Boeing sind übrigens für den genannten Zeitraum 1564 *Unfälle* insgesamt erfasst.[1]

---

[1] Die Statistiken beziehen sich, wo nicht darauf hingewiesen, auf Jets über 60.000 Pounds MTOW im zivilen Einsatz unter Ausschluss der Flugzeuge aus der Produktion des ehemaligen Ostblocks, für die keine verlässlichen Zahlen verfügbar sind. Die folgenden Definitionen entsprechen denen der ICAO. Etwas verkürzt werden drei verschiedene Unfallarten definiert:

- Unfall: erhebliche Beschädigung des Flugzeuges oder erhebliche Verletzung einer Person, solange sich Menschen an Bord zum Zweck des Transports aufhalten. Ausgeschlossen sind in diesen Statistiken Sabotageakte, Militärangriffe, Selbstmorde oder Selbstmordversuche sowie Unfälle mit Ladegut außerhalb der Reichweite von Passagieren und Crew.
- Tödlicher Unfall: Unfall mit mindestens einem tödlich Verletzten
- Totalverlust (Hull Loss): Der Reparaturaufwand übersteigt den Zeitwert des verunglückten Flugzeuges.

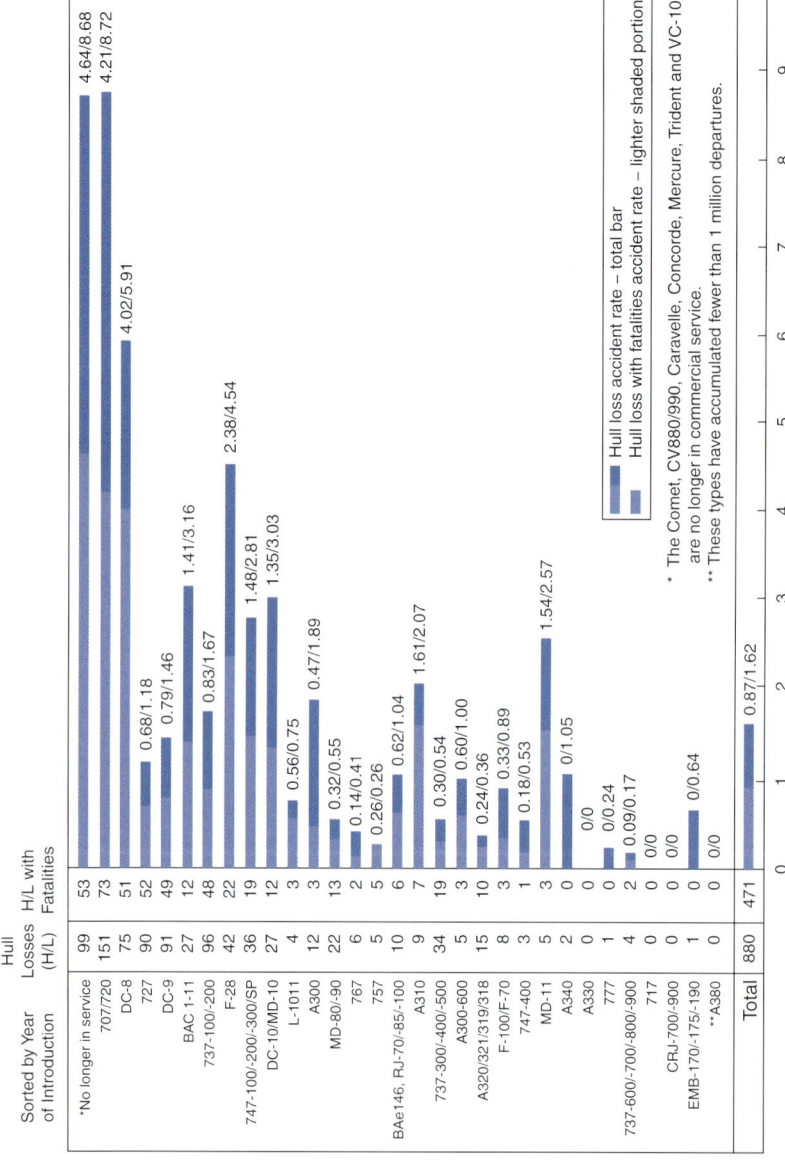

Abb. 1.2 Unfallrate der einzelnen Flugzeugtypen. (Boeing 2009)

Die oben auf den ersten Blick positiv wirkende Statistik wird durch die Tatsache relativiert, als dass das Verkehrsaufkommen immer weiter zunimmt. Selbst bei einer gleichbleibend geringen Unfallrate wird die absolute Anzahl an Unfällen weiter zunehmen.

1.2.3 Verteilung nach Verkehrsregionen

Diese Daten der International Air Transport Association (IATA) zeigen die Totalverlustraten für das Jahr 2008 (IATA 2009) (s. Abb. 1.3).

Die Unfallraten in den wirtschaftlich weniger entwickelten Regionen der Welt sind deutlich erhöht. Die Gründe hierfür sind vielfältig: Ältere, schlechter ausgerüstete Flugzeugflotten, Mängel in der Infrastruktur und schließlich sind die Personalauswahl und -schulung oft auf einem anderen Niveau.

1.2.4 Unfallverteilung nach Art der Operation

Auffällig ist bis in die jüngste Vergangenheit, dass bei Charter-, Fracht-, Ferry-, Test- und Wartungsflügen deutlich mehr Unfälle, als bei der kommerziellen Passagier-Linienfliegerei passieren (s. Abb. 1.4).

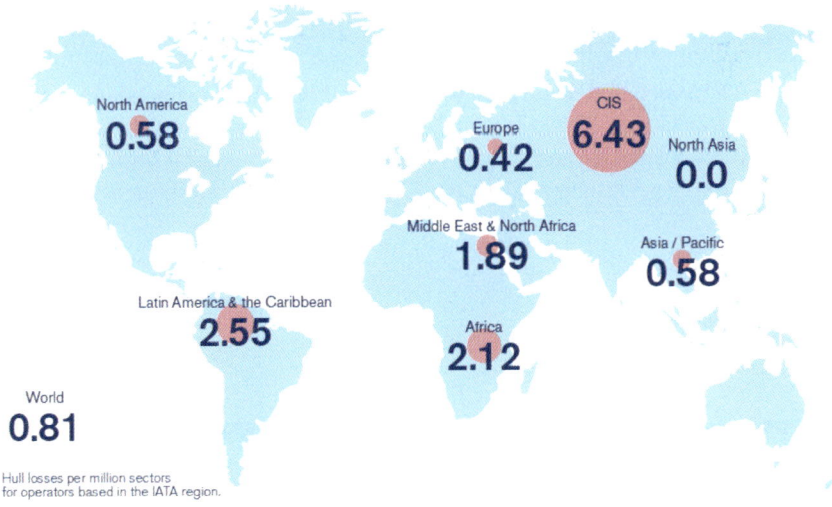

Abb. 1.3 Totalverlustraten für „western-built Jets" nach Verkehrsregionen. (IATA 2009)

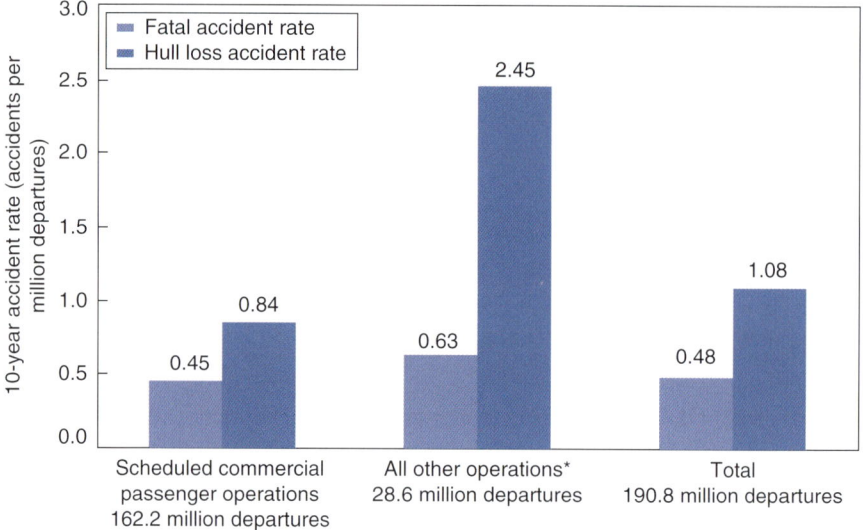

Abb. 1.4 Unfallraten nach Art der Operation. (Boeing 2009)

1.2.5 Unfälle und Flugphasen

Die unfallträchtigsten Flugphasen finden sich beim Start und Steigflug mit 31 % aller Unfälle in 16 % der durchschnittlichen Flugzeit und noch mehr bei Anflug und Landung mit 43 % der tödlichen Unfälle in ebenfalls 16 % der Flugzeit. Nur 9 % der Unfälle passieren im Reiseflug (s. Abb. 1.5).

Immerhin 12 % ereignen sich beim Rollen. Die Flight Safety Foundation (FSF) spricht von geschätzten 27.000 Un- und Vorfällen mit 243.000 Verletzten jährlich. Die damit verbundenen Kosten betragen für Airlines mindestens 10 Mrd. USD (FSF 2009). Große Airlines haben jährlich 20–30 Mio. € an Roll- und Bodenschäden zu verzeichnen.

1.2.6 Unfallarten

Von 1998 bis 2007 passierten weltweit 90 tödliche Unfälle. Nach CAST/ICAO verteilen sie sich auf folgende Kategorien[2] (s. Abb. 1.6 und Tab. 1.3):

---

[2] CAST (Commercial Aviation Safety Team) ist eine Gruppe von Flugsicherheitsexperten aus Nordamerika und Europa mit Vertretern von Behörden, Herstellern, Airlines und Pilotenverbänden. Die genaue Beschreibung der Unfallkategorien findet sich unter www.intlaviationstandards.org (Stand 2009).

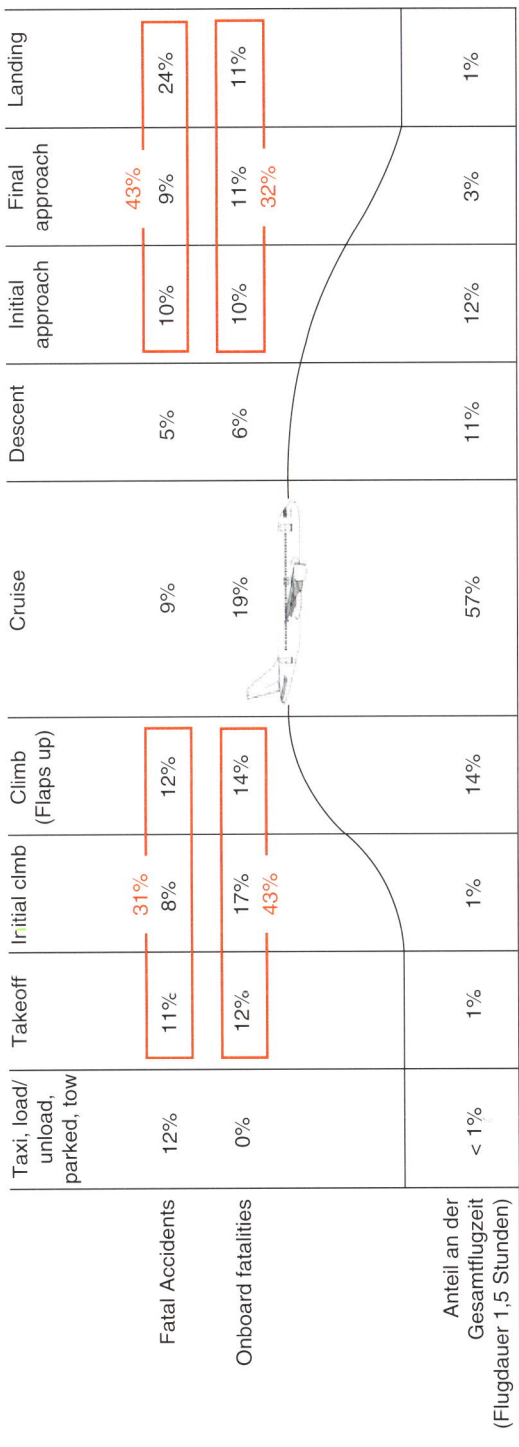

Abb. 1.5 Unfälle und Flugphasen. (Boeing 2009)

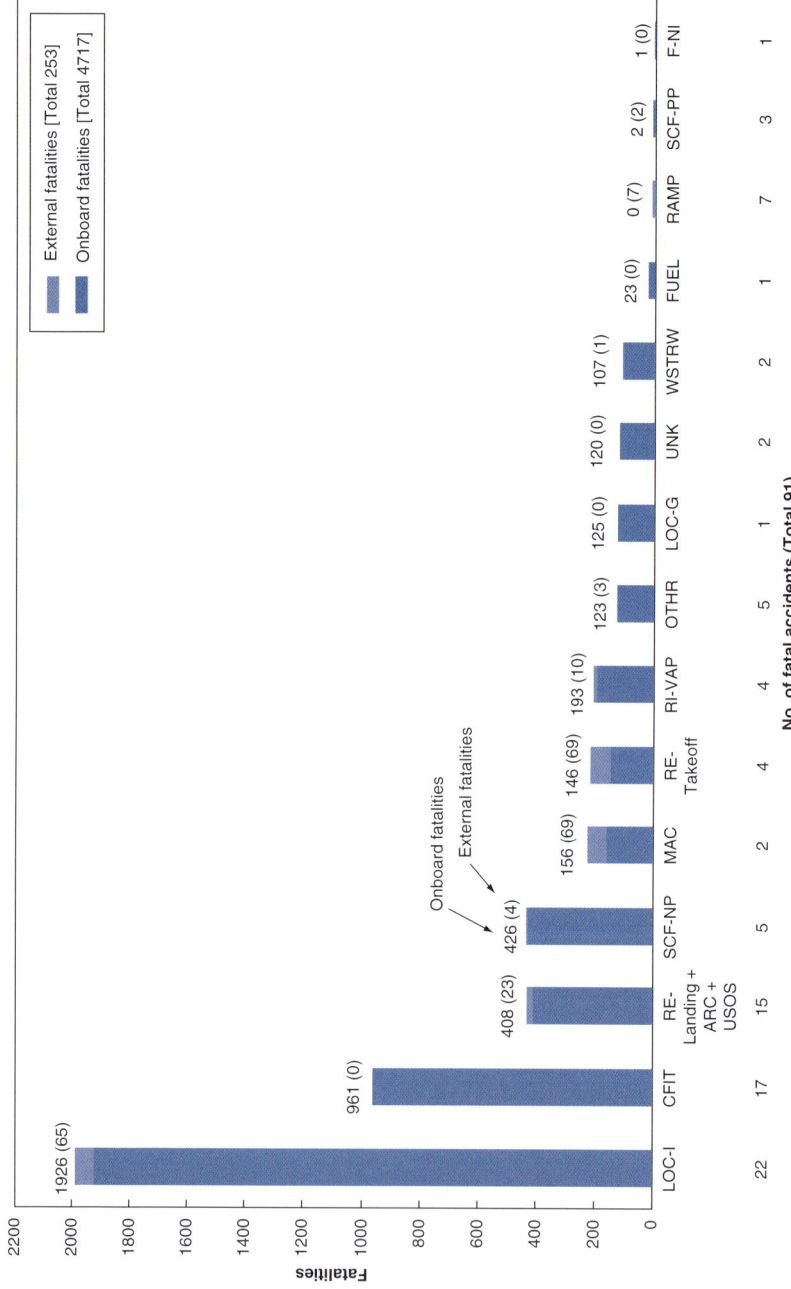

Abb. 1.6 Anzahl tödlicher Unfälle nach Unfallarten. (Boeing 2009)

Tab. 1.3 Abkürzungen der Unfallarten

Abkürzung	Bedeutung
LOC-I	Loss of Control in flight
CFIT	Controlled Flight into Terrain
RE	Runway Excursion
RAMP	Ramp Handling
SCF-NP	Safety/Component Failure or Malfunction (Non-Powerplant)
ARC	Abnormal Runway Contact
OTHR	Other
RI-VAP	Runway Incursion – Vehicle, Aircraft or Person
USOS	Undershoot/Overshoot
MAC	Midair/Near Midair Collision
UNKL	Unknown or Undetermined
WSTRW	Windshear or Thunderstorm
SCF-PP	System/Component Failure or Malfunction (Powerplant)
LOC-G	Loss of Control Ground
FUEL	Fuel Related
F-NI	Fire/Smoke Non-impact

Einige Anmerkungen zu einzelnen Unfallarten:

CFIT Es ist bisher kein Flugzeug verloren gegangen, das ein Enhanced Ground Proximity Warning System (EGPWS) an Bord hatte. Wichtig ist hierbei die ENHANCED Funktion. CFIT-Unfälle trotz Ausstattung mit „normalem" GPWS führten lange Zeit die Unfallstatistiken an.

Loss of Control in Flight Die heute gängigen Flugzeuge mit teilweiser oder vollständiger Flight Envelope Protection sind nur noch selten von dieser Unfallart betroffen. Sie sind jedoch keineswegs davor gefeit, wenn dieses System nicht in der erforderlichen Weise bedient wird (z. B. durch Trainingsdefizite) oder defekt ist. Generell kann hier nur ein verbessertes „Upset-Recovery-Training" helfen.

Turbulenz Sie ist der häufigste Grund für Verletzungen, nicht Todesfälle, im Reiseflug.

Für moderne Flugzeuge bleiben damit als Unfallschwerpunkte alle, die mit der Start-/Landebahn in Verbindung stehen: Runway Excursion, Landing, Runway Incursion.

1.2.7 Unfallraten der verschiedenen Luftfahrtsparten

Tabelle 1.4 zeigt die Unfallraten zwischen 1992 und 1997 in der US-Luftfahrt[3] bezogen auf Flugstunden.

---

[3] Noch etwas aussagekräftiger wäre die Statistik, wenn sie sich auf Starts und Landungen beziehen würde. Allerdings sind dazu für die ersten beiden Spalten der Aufstellung keine Zahlen verfügbar. Für die FAR Part 121 Fluggesellschaften gilt: durchschnittliche Leglänge < 100 Flugzeuge: 1,2 h; >100 Flugzeuge: 1,7 h. Oder ein Accident bei Gesellschaften <100 Flugzeugen pro 175.000

Tab. 1.4 Unfallraten der Luftfahrtsparten

Luftfahrtsparte	Flugstunden pro Unfall
General Aviation	10.000
Business- und Lufttaxifliegerei	25.000
Commuter-Airlinefliegerei (<30 Sitze)[a]	150.000
Verkehrsfliegerei nach FAR Part 121 (>30 Sitze) bei Airlines bis zu einer Flottengröße von ca. 100 Flugzeugen	200.000
Airlines mit einer Flottengröße von über 100 Flugzeugen	500.000

[a] bis Ende 1997, seit 1998 gelten die Bestimmungen der FAR Part 121 schon ab 10 Sitzen.

Tab. 1.5 Unfälle in der deutschen Verkehrsluftfahrt. (BFU 2008)

Im Jahr	95	96	97	98	99	00	01	02	03	04	05	06	07
Unfälle	5	8	4	4	6	7	9	6	5	4	6	10	3
Unfälle mit Schwerverletzten	0	2	1	0	3	3	2	1	2	0	2	5	0

Zum Vergleich dazu passiert in Deutschland ein Unfall im PKW ca. alle 4.000 h. Allerdings ist dabei zu beachten, dass dort das Risiko schwerer Verletzungen oder gar des Todes pro Unfall niedriger ist als im Flugzeug[4].

Übrigens: Wenn man für Transportmittel allgemeiner Art das Verhältnis „beförderte Tonnen pro km" betrachtet, ist ein Aufzug die sicherste Art der Beförderung …

1.2.8 Unfälle in der deutschen Verkehrsluftfahrt

Die Bundesstelle für Flugunfalluntersuchung (BFU) verzeichnet folgende Unfälle im In- und Ausland von in Deutschland registrierten Flugzeugen (Flugzeuge mit einem maximalen Startgewicht > 5,7 t) (s. Tab. 1.5).

Die gesamte Unfallrate in dieser Zeit beträgt etwa 1 Unfall pro Jahr pro 200 zugelassene Flugzeuge. Für den einzelnen Berufspiloten bedeutet das, dass er bei einer Karrierelänge von etwa 30 Jahren durchaus ein spürbares Risiko hat, in einen Unfall verwickelt zu werden.

1.3 Grundlagen

Bevor die Erkenntnisse von Unfalluntersuchungen dargestellt werden, ist es nötig, einige Grundlagen der Flugsicherheit zu definieren.

Cycles; >100 Flugzeuge pro 300.000 Cycles. Zahlen ermittelt von der Vereinigung Cockpit aus Quellen des NTSB (Anzahl Unfälle) und der FAA (absolute Cycles, Flugstunden).

[4] 2008: 2.3 Mio. polizeilich erfasste Unfälle bei einer Gesamtfahrleistung (PKW) von etwa 500 Mrd. km. Bei einer angenommenen Durchschnittsgeschwindigkeit von 50 km/h ergibt sich etwa alle 4.000 h ein Unfall. Dabei gibt es etwa 400.000 Verletzte und 5.000 Tote pro Jahr (Quellen: Stat. Bundesamt, Shell-Studie 2004).

1.3.1   Unfallrate Null

Die Zuverlässigkeit des Luftverkehrs hat sich in den entwickelten Ländern seit etwa dem Jahr 2000 auf ein beachtliches Niveau verbessert. Diesem positiven Trend steht die Erhöhung der Verkehrsdichte entgegen, die potentiell zu höheren Unfallzahlen in der Zukunft führen wird, wenn sich die Unfallrate pro Flug nicht weiter verbessert. Es wird wahrscheinlich niemals möglich sein, eine Unfallrate von Null zu erzielen. Dennoch bleibt sie natürlich das Ziel der Verkehrspiloten.

1.3.2   Sicherheitsnetz

Der Anteil der Unfälle, die von den Besatzungen hätten verhindert werden können, beträgt etwa 70 % (National Civil Aviation Review Commission 1998). In diesen Unfällen spricht man von „Menschlichem Versagen", meist der Piloten. Ungezählt und statistisch nicht erfasst sind dagegen die Anzahl der Fälle, in denen die Piloten einen Unfall verhindern konnten.

Menschliches Versagen, einst Human Error, mittlerweile Human Factors genannt, ist jedoch so gut wie nie der einzige und entscheidende Grund beim Zustandekommen solch eines Unfalls. Zu dessen Erklärung hat sich das Modell von James Reason verbreitet. Dieses Modell geht von mehreren präventiven Ebenen aus. Das Versagen einer einzelnen Ebene führt noch nicht zu einem Unfall. Erst wenn mehrere Ebenen versagen, kann es zu einem Unfall kommen (s. Abb. 1.7). Man spricht hier von einem Sicherheitsnetz oder einer Sicherheitskette (Reason 1991).

Etwas verkürzt: Gesetzgeber und Behörden sorgen für Design und Einhaltung einheitlicher Standards bei Flugzeugbau, Crew-Training und Infrastruktur. Flugzeughersteller bauen das Flugzeug und seine Systeme. Flugbetriebe sorgen für die Flugzeugwartung, Personalauswahl, Training und Einhaltung der gewünschten Betriebsstandards. Piloten sorgen präventiv für einen möglichst risikoarmen Betrieb und beim Auftreten von Störungen um deren sichere Entschärfung. Auf jeder dieser Ebenen werden Fehler gemacht und die Piloten sind die letzten einer langen Kette von Beteiligten, die einen Unfall verhindern können. Sie sind das letzte Glied der Sicherheitskette und werden daher fälschlicherweise oft als Hauptverursacher gesehen.

Mehr zum Thema des Fehlermodells findet sich im Kapitel „Menschlicher Irrtum".

1.3.3   Ökonomie und Flugsicherheit

Wer theoretisch völlige Sicherheit erreichen will, muss z. B. um die Auswirkung einer Explosion im Frachtraum einzugrenzen, alle Frachträume in kleine Kontingente unterteilen und mit speziellen, sehr teuren Kunststoffplatten oder vielleicht sogar Panzerstahl trennen. Das Flugzeug wäre dann zwar im wahrsten Sinne des

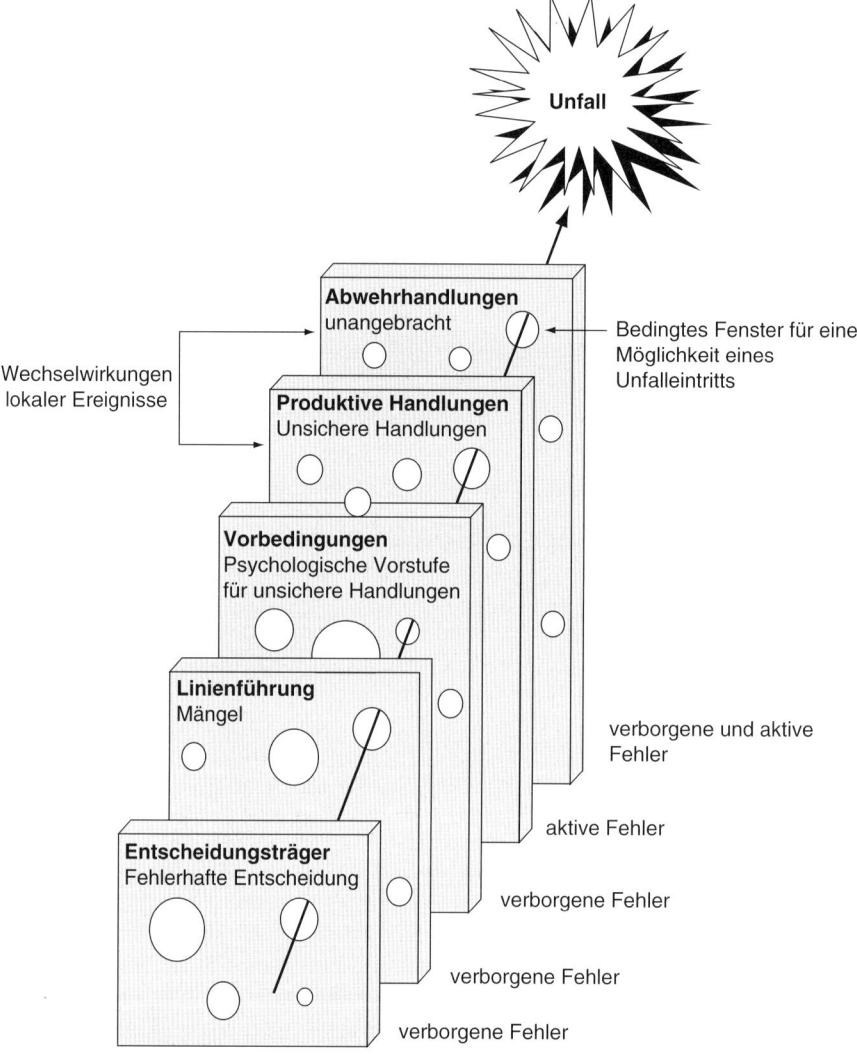

Abb. 1.7 Präventionsebenen der Unfallvermeidung. (nach Reason 1991)

Wortes bombensicher, würde aber anstatt 40 t vielleicht 140 t wiegen. Das ist utopisch, weil extrem unökonomisch.

Flugsicherheit ist also immer ein Kompromiss zwischen Gefährdung, Risiko und Kosten.

Die Statistiken zeigen, dass

- Fluggesellschaften in entwickelten Ländern sicherer sind als in weniger entwickelten Ländern.
- Passagierflugbetriebe sicherer sind als Frachtflugbetriebe.
- große Airlines sicherer sind als kleine.

Die General Aviation bietet offenbar einen ausreichenden Grad an Sicherheit. Dort gibt es alle 10.000 h einen Unfall, und niemand verändert etwas durchgreifend an den technischen Anforderungen an die Flugzeuge oder an der Expertise der Piloten. Jedoch hätte eine große Fluggesellschaft mit diesem Sicherheitsniveau bei 650.000 Flügen pro Jahr etwa 100 Unfälle, davon ein Drittel mit tödlich Verletzten. Sie hätte keine Chance erfolgreich zu sein und würde aus dem Markt ausscheiden.

Deshalb sind die rechtlichen Anforderungen an die gewerbliche Luftfahrt auf einem insgesamt höheren Niveau. Aber auch hier gibt es noch große, durch die Technik oder ein unterschiedliches Umfeld alleine nicht erklärbare, Unterschiede in der Unfallhäufigkeit. Große Flugbetriebe bieten im Allgemeinen (aber natürlich nicht immer) einen vielfach höheren Level an Flugsicherheit als kleine Flugbetriebe. Dies gilt auch für Low Cost Flugbetriebe, die teilweise sicherer operieren als Netzwerk-Carrier (Flouris 2006). Sicherheit ist primär eine Frage der Flottengröße und nicht der Preispolitik oder Positionierung der Airline am Markt.

Folgendes Beispiel soll dies erklären:

Nach Tab. 1.2 hat eine kleine Airline alle 200.000 Flüge einen Unfall. Angenommen, diese fiktive Gesellschaft verfügt über eine Flotte von 5 Flugzeugen und jedes Flugzeug fliegt 1.000 Flüge pro Jahr. Damit produziert diese Gesellschaft jedes Jahr ca. 5.000 Flüge und hätte alle 40 Jahre einen Unfall. Diese fiktive kleine Gesellschaft handelt aus wirtschaftlicher Sicht unvernünftig, wenn sie mehr in Sicherheit investiert, als es zur Erreichung dieser Unfallrate notwendig ist.

Im Vergleich dazu produziert eine große Airline mit 500 Flugzeugen 500.000 Flüge im Jahr. Sie wird beim Sicherheitsniveau der obigen kleinen Gesellschaft jedes Jahr zwei bis drei Unfälle haben, davon ein bis zwei Totalverluste und einen tödlichen Unfall. Dass eine solche Unfallhäufigkeit die Existenz einer Fluggesellschaft bedroht, zeigen die folgenden Beispiele:

- Valuejet in den USA verschwand nach einem großen Unfall in Florida beinahe vom Markt und änderte ihren Namen in AirTran.
- Ähnliches passierte der türkischen Birgenair nach einem Totalverlust mit deutschen Touristen in der Dominikanischen Republik.
- Lauda-Air bekam nach einem Totalverlust in Thailand große Schwierigkeiten.
- Crossair geriet nach einer Reihe von drei Totalverlusten in eine schwere Krise.
- Die zypriotische Helios kam ebenfalls nach einem spektakulären Totalverlust, der auf zu geringe Sicherheitsbemühungen zurückzuführen war, in eine schwere Krise.

Ein großer Unfall kann für eine Fluggesellschaft also existenzbedrohend sein. Folglich muss ein Sicherheitsniveau erreicht werden, welches gewährleistet, dass sie nur sehr selten in den Fokus der Öffentlichkeit gerät. Dies kann zukünftig auch für Allianzen oder Airline-Verbünde gelten, die sich ein gemeinsames Erscheinungsbild teilen. Zusätzliche Investitionen in die Technik der Flugzeuge, die Auswahl und das Training der Piloten sind daher wirtschaftlich sinnvoll. Denn der durch einen Unfall unweigerlich entstehende Vertrauensverlust und die darauf folgenden Umsatzausfälle sind letztlich höher und werden auch durch Versicherungen nicht gedeckt.

Mit zunehmender Flottengröße wird eine Fluggesellschaft risikoaverser werden. Sie wird in allen relevanten Bereichen darauf achten, immer weniger Risiken einzugehen. Sie wird mehr Geld in Sicherheit investieren, und hat dadurch kurzfristig einen wirtschaftlichen Nachteil gegenüber einer kleinen Gesellschaft. Das ist insofern ein Problem, als dass bei einer einzelnen Maßnahme zur Erhöhung der Sicherheit zwar die Kosten klar beziffert werden können, die zu erwartenden Effekte aus der Senkung der Unfallwahrscheinlichkeit jedoch ein klares Quantifizierungsproblem darstellen.

1.3.4   Medienwirksame Unfälle

Schon immer interessieren sich die Menschen mehr für große, aufsehenerregende Katastrophen, als für die kleinen Unglücke des Alltags. „Kleine" Unfälle werden eher am Rande vermerkt. Obwohl deutschen Flugzeugen jährlich 3–10 Unfälle passieren, werden nur einzelne in der Öffentlichkeit wahrgenommen.

Diese selektive Wahrnehmung der großen medienwirksamen Unfälle hat den Effekt, dass die Fluggesellschaften einen hohen Sicherheitsaufwand treiben müssen. Dadurch werden Passagiere in der gewerblichen Luftfahrt objektiv mit einer Sicherheit transportiert, die sie für sich als PKW-Fahrer oder als Privatpilot nicht für notwendig halten würden.

Das Sicherheitsimage einer Fluggesellschaft ist enorm wichtig: Ist es gut, kann ein Unfall – unter Umständen – ohne größere wirtschaftliche Konsequenzen verschmerzt werden (Bsp. Swissair Halifax Unfall). Ist es schlecht, reichen schon Vermutungen, um die Firma in ernste Bedrängnis zu bringen. Die öffentliche Meinung wartet nicht jahrelang auf den offiziellen Unfallbericht, sondern fällt sehr schnell ihr voreiliges Urteil (Bsp. Long Island Unfall der US-Airline „TWA").

Die Bedeutung des Sicherheitsimages einer Airline wird auch durch das Konzept des öffentlich wahrgenommenen Sicherheitsrisikos (Perceived Safety Risk, PSR) bestätigt (Simon u. Mitchell 2009). Der Zusammenhang wird auch im ICAO Safety Management Manual erwähnt (s. Abb. 1.8).[5]

Eine Airline, die ein PSR der höchsten Stufe „Surplus" erreicht, hat zwei Möglichkeiten:

- Qualitätsführerschaft (Create a premium market)
- Kostenführerschaft (Reduce costs)

Durch Wahrnehmen der zweiten Möglichkeit würde das PSR jedoch um eine Stufe auf „Acceptable" abrutschen. Auf dieser Ebene würde der Wettbewerb durch Ticketpreise oder Service ausgetragen. Im Falle eines schlechten öffentlichen Standings können nur Safety Inputs zu einer Neubewertung führen und das Image verbessern.

---

[5] ICAO Safety Management Manual (Doc 9859, 1st Edition): „1.3.3. The air transportation industry's future viability may well be predicated on its ability to sustain the public's perceived safety while travelling. The management of safety is therefore a prerequisite for a sustainable aviation business."

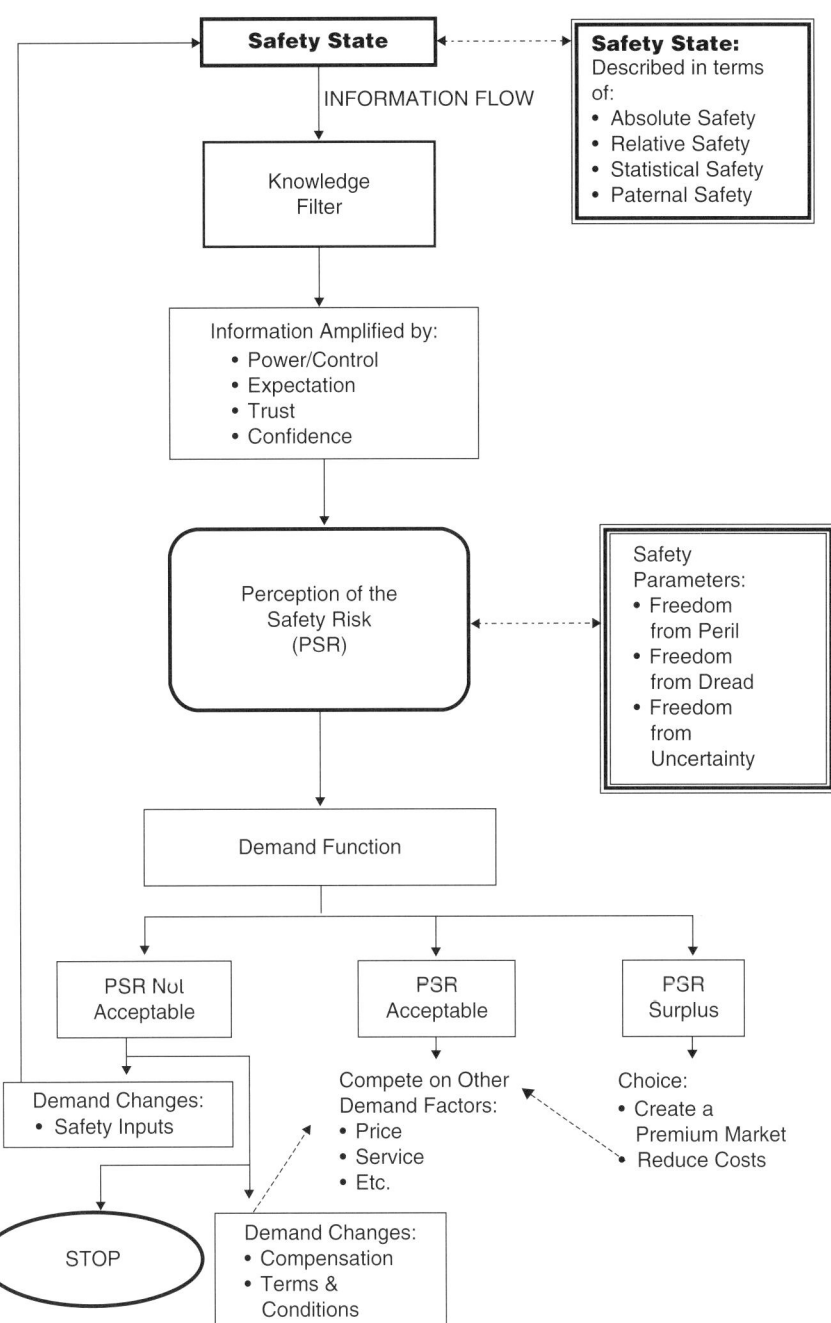

Abb. 1.8 Öffentlich wahrgenommenes Sicherheitsrisiko

1.3.5   Sicherheitsmanagement durch den Flugbetrieb

In der Vergangenheit konnte man nach schweren Unfällen beobachten, dass durch die betroffene Airline ein „Ruck" ging. Auf einmal war man sich schmerzlich der Lücken in der Sicherheitskultur bewusst geworden, die man dann im Nachhinein geschlossen hat. Veränderungen, die lange nicht durchsetzbar waren, wurden nun möglich. Ein Beispiel dafür ist US Air, die nach einer Unfallserie von 1989 bis 1994 (fünf Totalverluste mit zusammen 211 getöteten Passagieren) eine innerbetriebliche „Revolution" startete. Seitdem ist sie aus der Sicherheitsdiskussion geraten. Ähnliches war bei Korean Air zu beobachten: Nach einer langen Unfallserie (fünf Unfälle von Aug. 97 bis Dez. 99) wurden durchgreifende innerbetriebliche Maßnahmen ergriffen, die die Fluggesellschaft erfolgreich aus der Diskussion brachten.

Rein ökonomisch gesehen wäre es besser gewesen, schon vor schweren Unfällen Sicherheitslücken im Rahmen einer besseren Prävention zu schließen.

Im Rahmen eines Safety Management Systems werden Kosten einer Sicherheitsmaßnahme und abgeschätzte erwartete Unfallkosten mit der Eintrittswahrscheinlichkeit des dazu gehörenden Unfalls in Relation gebracht. So erhält man einen Anhaltspunkt für die Wirtschaftlichkeit einer Maßnahme.

Eine zweite Möglichkeit für die Geschäftsführung einer Firma ist es, ihre Konkurrenz zu beobachten und darauf zu achten, bei sicherheitsrelevanten Maßnahmen keinen Rückstand zu haben.

Denn nach einem Unfall wird das Management von Medien und Opfern gefragt, ob es alles unternommen hat, um den Unfall zu vermeiden.

Wenn das Management wissentlich Geld gespart hat, indem es ein am Markt befindliches, ausgereiftes System nicht eingebaut hat, oder anerkannte Maßnahmen nicht ausreichend umgesetzt hat, wird es problematisch. Ein Beispiel ist das Kollisionswarnsystem TCAS: In Deutschland war 1997 der Einbau eines TCAS in ein Verkehrsflugzeug noch keine Vorschrift, obwohl die verfügbaren Systeme in den USA schon Pflicht waren. Die deutsche Luftwaffe hatte auf einem Passagierflug 1997 vor Namibia eine Midair-Collision, die über 70 Menschenleben forderte. Der damalige Verteidigungsminister kam unter erheblichen öffentlichen Druck, weil dieses System in der Luftwaffen-Tupolew nicht installiert war.

1.3.6   Individuell „ausreichende" Sicherheit vs. Objektiv
notwendige Sicherheit, Teil I

Wenn man ein Fahrzeug selbst steuert, stellt man unbewusst ein Sicherheitsniveau „aus dem Bauch heraus" her. Sicherheit ist beim Steuern z. B. eines Autos, nur ein Aspekt unter vielen, die den Fahrer interessieren.

- Zu schnelles und damit unsichereres Fahren kann die Folge von Termindruck oder auch Spaß am Tempo sein.
- Ein kleines Kind im Auto oder ein klingelndes Handy kann Aufmerksamkeit binden.
- Eine Unterschreitung des Mindestabstandes kann zur Demonstration von Dominanz und Macht akzeptiert werden.

Unerfahrenheit, mangelnde Routine, Fahrlässigkeit, Zeitdruck, Dominanzverhalten, Bequemlichkeit fahren immer mit, erhöhen das Risiko und werden zum Preis vermeidbarer Verkehrsopfer von der Gesellschaft akzeptiert.

Die Unversehrtheit von Leib und Leben als einem der höchsten Rechtsgüter wird so aus Unbedachtheit und Unaufmerksamkeit im Alltag permanent missachtet. Dass Verkehrspolitiker gegen diesen Mechanismus kein notwendiges politisches Handlungspotential haben, zeigt die Regelmäßigkeit mit der sinnvolle Vorschläge von Experten zur Verbesserung der Sicherheit im Straßenverkehr immer wieder versanden. Zum Beispiel darf man in Deutschland mit einer erheblichen Alkoholkonzentration im Blut Auto fahren. Bei einem Verkehrspiloten sind Alkohol und Flugdienst nicht zu vereinbaren.

Objektiv nötig wäre es, dass erkennbare Risiken vor dem Entstehen eines Unfalls entschärft werden und ein einmal geschehener Unfall nicht wieder passiert. Genau dies ist der Anspruch in der Verkehrsfliegerei.

Alle Unfälle werden von einer staatlichen Unfalluntersuchungsbehörde untersucht und ausgewertet. Mit den Empfehlungen am Ende des Unfallberichts soll auf alle an der Luftfahrt beteiligten Stellen eingewirkt werden, sodass die identifizierten Fehler korrigiert werden.

Überträgt man diese Methode in den Straßenverkehr, bedeutet dies Folgendes: Bereits ein Unfall wegen überhöhter Geschwindigkeit führt mindestens zu einer Empfehlung strengerer Geschwindigkeitslimits. An diese halten sich dann alle Verkehrsteilnehmer aus Überzeugung. Dieses Szenario ist offensichtlich unrealistisch. Im folgenden Text zu „Standard Operating Procedures" (SOP) wird auf den Unterschied von gefühlter, individuell ausreichender zu objektiv notwendiger Sicherheit noch einmal präziser eingegangen.

1.4 Entstehung und Prävention von Unfällen

Aus der Kenntnis der Entstehung von Unfällen lassen sich Präventionsempfehlungen ableiten. Während einerseits jeder einzelne Unfall genau untersucht und ausgewertet wird, gibt es andererseits nur wenige Studien, die sich mit Gemeinsamkeiten von Unfällen beschäftigen. Zwei Studien sind bemerkenswert: Eine der US-amerikanischen Unfalluntersuchungsbehörde National Transportation Safety Board (NTSB) und eine der Lufthansa.

1.4.1   Die NTSB-Studie

Das NTSB analysierte 37 Unfallberichte von Verkehrsflugzeugen aus dem Zeitraum von 1978 und 1990, die es selbst erstellt hatte. Bei allen untersuchten Unfällen
waren die Piloten als auslösender oder beitragender Faktor genannt (NTSB 1994).
In diesen 37 Unfällen machten die Crews insgesamt 302 Arbeitsfehler (s. Tab. 1.6
und 1.7). Die Anzahl der Fehler pro Unfall lag zwischen 3 und 19, der Durchschnitt
bei 7.

Abbildung 1.9 zeigt die Fehlerverteilung auf die Piloten. Die auf die Flugingenieure
entfallenden Fehler sind hier ausgeklammert.

Tab. 1.6 Fehler der Besatzungen bei Unfällen

Art des Fehlers	Absolute Häufigkeit	Relative Häufigkeit (%)	Zahl der Unfälle mit der Fehlerart
Primär-Fehler			
Aircraft Handling (AH)	46	15,2	26
Communication (CO)	13	4,3	5
Navigational (NA)	6	2,0	3
Procedural (PR)	73	24,2	29
CRM (RM)	11	3,6	9
Situational Awareness (SA)	19	6,3	12
Systems Operation (SO)	13	4,3	10
Tactical Decision (TD)	51	16,9	25
Sekundär-Fehler			
Monitoring/Challenging (M/C)	70	23,2	31
Summe	**302**	**100**	

Tab. 1.7 Beschreibung der Fehlerarten

Fehlerart	Beschreibung
Aircraft Handling	Versagen, das Flugzeug innerhalb der definierten Parameter zu halten
Communication	Fehlerhafter Readback, Missverständnisse, Zurückhalten von Informationen
Navigation	Falsche Frequenzwahl, Missinterpretation von Karten
Procedural	Unterlassene oder falsche Callouts, fehlerhaftes Lesen von Checklisten, Nichtanwendung von vorgeschriebenen Checklisten, unterlassene oder falsche Briefings, unterlassene Informationsbeschaffung
CRM	Falsches Workload-Management, falsche Aufgabenprioritäten, zu hoher Dystress, falsche oder unterlassene Übernahme der Kontrolle des Flugzeugs
Situational Awareness	Flugzeugsteuerung nach falschen Parametern
Tactical Decision	Unterlassene Entscheidungen trotz klarer Handlungssignale, Missachtung von Warnings/Alerts
Monitoring/ Challenging	Eine falsche Aktion wird von einem anderen Piloten nicht beobachtet oder nicht angesprochen

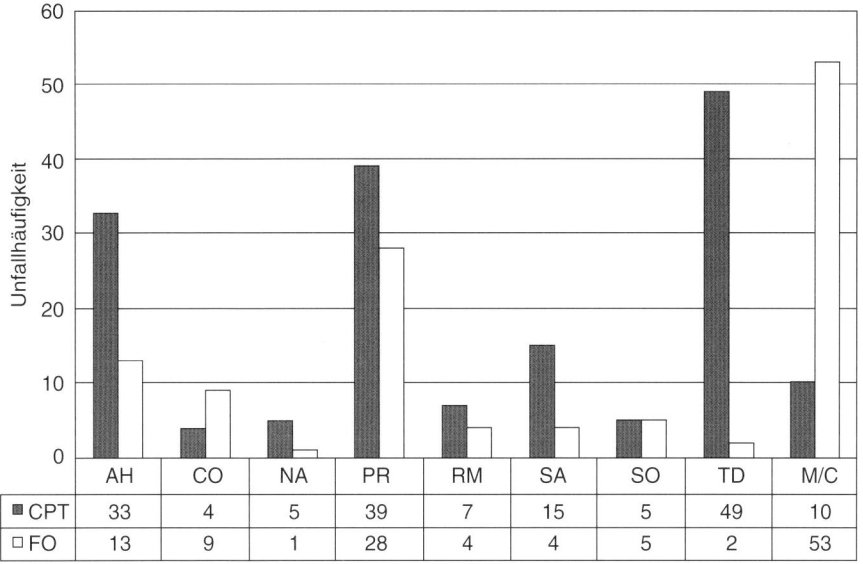

Abb. 1.9 Fehlerverteilung auf die Piloten

1.4.1.1 Gemeinsamkeiten der untersuchten Unfälle

- In über 80 % der Unfälle war der Kapitän der fliegende und der First Officer (FO) der nichtfliegende Pilot.
- Die Hauptfehler, die von den Crews gemacht wurden, waren Fehler in der Anwendung von SOP, falsche taktische Entscheidungen und Fehler in der Überwachung (Monitoring/Challenging).
- Die Fehler im Monitoring/Challenging passierten in über 80 % der Unfälle. *Dabei versagte fast ausschließlich der FO.*
- In 40 % der Unfälle machte der Kapitän Fehler bei seinen Entscheidungen, die vom FO nicht angesprochen wurden. Es handelte sich dabei zumeist um die Entscheidung, eine notwendige Handlung, z. B. einen Go-around, zu unterlassen.
- 55 % der Unfälle passierten bei Delay. Die durchschnittliche Delay-Rate betrug in dieser Zeit für den gesamten Luftverkehr etwa 25 %.
- Crews lassen sich bei Verspätung hetzen und machen dann deutlich mehr workloadbezogene Arbeitsfehler, besonders am Boden während der Flugvorbereitung und beim Rollen.
- 73 % aller Unfälle passierten am ersten Tag einer gemeinsamen Tour von Kapitän und FO. Insgesamt 44 % geschahen sogar auf dem ersten gemeinsamen Leg.
- Die Hälfte der Crews war zum Unfallzeitpunkt länger als 12 h auf (Time since Awake, TSA). Diese ermüdeten Crews machten signifikant mehr Fehler in den

Bereichen SOP und Entscheidungen. Besonders Übernachtflüge sind häufiger von Unfällen betroffen.

• 53 % der FOs waren in ihrem ersten Jahr bei ihrer Fluggesellschaft. Die durchschnittliche Flugzeit der FOs auf ihrem Flugzeugtyp betrug 419 h.

Das NTSB fordert als Konsequenzen:

Bei jedem Type-Rating soll im Simulator ein LOFT-Teil (Line Orientated Flight Training) vorgesehen sein, der

1. jedem Piloten die Möglichkeit gibt, sein Monitoring/Challenging als nichtfliegender Pilot zu trainieren,
2. den Crews Gelegenheit gibt, taktische Entscheidungsfindung zu trainieren,
3. das korrekte Lesen von Checklisten zu üben.

Die Ausbilder sollen von den Fluggesellschaften besser geschult werden, damit sie im Linientraining

1. besseren Wert, besonders bei den FOs, auf Monitoring/Challenging legen,
2. die Kapitäne besser in die Lage versetzen, Kritik zu empfangen.

1.4.1.2 Weitere Folgerungen aus der Studie

Wegen eines einzelnen Fehlers geschehen, wenn überhaupt, nur sehr selten Unfälle. Wenn, dann entstehen sie vorwiegend aus Fehlerketten. Besonders unerfahrene FOs haben Schwierigkeiten, die Fehler ihres Kapitäns anzusprechen. Gerade wenn sie ihn noch nicht kennen und erschwerende Faktoren wie Zeitdruck und Müdigkeit auftreten. Der Faktor „Neuigkeit der Aufgabe" steigert die Wahrscheinlichkeit eines Fehlers um den Faktor 17, „Zeitdruck" um das 11-fache. Kapitäne müssen dieses wissen, damit sie ihre (unerfahrenen) FOs nicht überlasten und sich damit ihrer einzigen Quelle berauben, die ihre Fehler erkennen und korrigieren kann.

• Die FOs müssen ein Training erhalten, das sie in die Lage versetzt, schon auf dem ersten Leg alleine mit einem Kapitän noch während des Linientrainings ihrer Rolle als Überwacher des Kapitäns gerecht zu werden. Sie müssen alle sicherheitsrelevanten SOP kennen, jede Flugphase fliegerisch sicher beherrschen, die fliegerischen Grenzen ihres Flugzeuges kennen und jederzeit dazu bereit sein, auch unklare Bedenken offen anzusprechen. Sie müssen, wenn nötig, rechtzeitig intervenieren und gegebenenfalls die Kontrolle übernehmen können.
• Boeing und einige Flugbetriebe tragen diesem Rechnung und ersetzen die Bezeichnung PNF (Pilot Not Flying) sinnvollerweise durch die Bezeichnung PM (Pilot Monitoring).
• Die Kapitäne müssen Kritik der FOs akzeptieren und aufpassen, falsche oder übertriebene Kritik nicht lächerlich zu machen.
• Kapitäne sollten unterlassene Kritik jedes Mal einfordern.
• Kapitäne sollten am ersten Tag, besonders auf dem ersten Leg, einer gemeinsamen Tour dem FO die Gelegenheit geben, sich an ihn zu gewöhnen. Dabei

sollten Risiken jeder Art so weit wie möglich vermieden werden. Das können ein freiwillig verkürzter Anflug, ein Sichtanflug oder ein „Immediate-T/O" sein, weil es den anderen eventuell in seiner Monitoring-Funktion überfordert.

Der FO muss schon vom ersten Flug an so viel Selbstvertrauen in sich und seine Fähigkeiten besitzen, dass Unstimmigkeiten und Fehler sofort und offen angesprochen werden.

> Das Einfordern von Kritik durch den Kapitän und Kritik geben durch den FO sind Kernpunkte erfolgreicher Unfallprävention.

Erst dann kann ein Hierarchiegefälle entstehen, das eine sichere Arbeit beider Piloten garantiert. Drängt der Kapitän den FO – bewusst oder unbewusst – in eine „Beifahrerrolle", beraubt er sich dadurch möglicherweise einer wichtigen Quelle von Kompetenz, guten Einfällen und Vorschlägen bei Problemlösungen.

1.4.2   Die Lufthansa-Studie

Aus den relativ wenigen Unfällen in der Luftfahrt auf die Sicherheitslage zu schließen, ist statistisch schwierig. Um die statistische Basis für Konsequenzen im Betrieb zu verbessern, macht es deshalb Sinn, nicht nur Unfälle, sondern auch Beinahe-Unfälle oder sicherheitskritische Vorfälle (Incidents) zu untersuchen. Deshalb führte die Lufthansa von 1997 bis 1999 eine aufwendige Studie über Incidents durch, die wesentlich häufiger auftreten als Unfälle. Daran nahmen 2070 Piloten teil (Lufthansa 1999).

Wie sich herausstellte, hatten 99,9 % der Piloten in ihrer Karriere einen sicherheitskritischen Vorfall erlebt. Es ergab sich eine überraschende Quote von ca. 3.000 Incidents pro Jahr. Dies entspricht 8 Vorfällen pro Tag. Anders ausgedrückt: Jeder Lufthansa-Pilot hatte etwa einen Incident pro Jahr! Um Schwerpunkte und Risiken eingrenzen zu können, wurden die Fehler nach den folgenden Kriterien klassifiziert und nach Kombinationen, einzeln bis vierfach, aufgeteilt:

*   OPS: Operationelle Probleme
*   HUM: Menschliche Arbeitsfehler
*   TEC: Technische Fehler
*   SOC: Soziales Klima in der Crew

Vorfälle, die nur einer Gruppe zuzuordnen sind, stellen ein geringes Risiko dar, weil eine strukturierte Cockpitarbeit einzelne Fehler entschärft. Die Kombination OPS+HUM+SOC sticht hier mit 37,8 % aller Incidents deutlich hervor (s. Abb. 1.10). Ein möglicher Ablauf kann sein: Ein operationelles Problem (OPS) führt zu erhöhter Arbeitsbelastung, woraus ein Arbeitsfehler (HUM) entsteht, der nicht korrigiert wird, da das Cockpitklima (SOC) belastet ist.

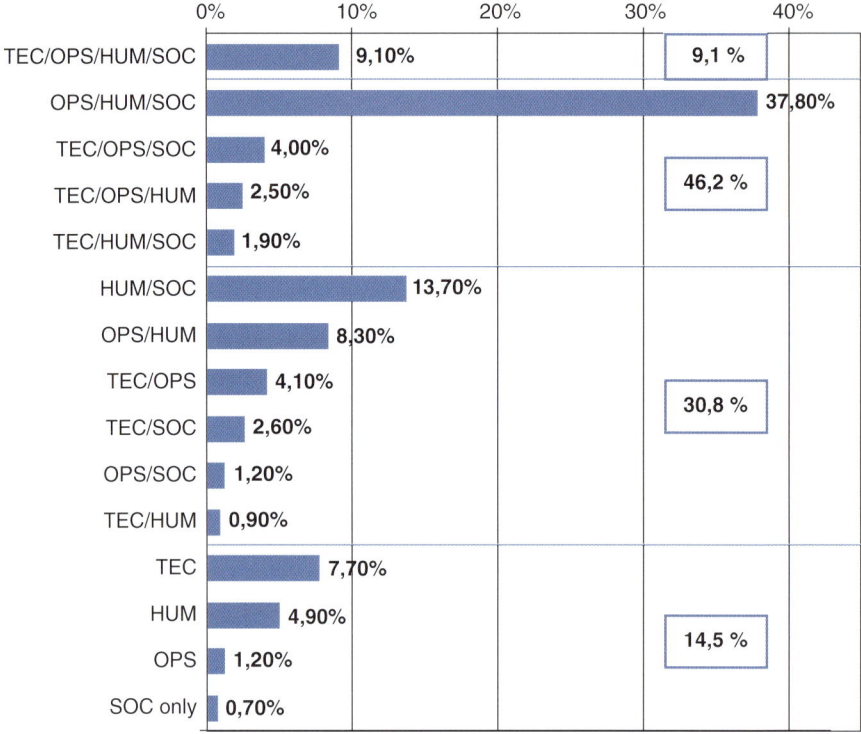

Abb. 1.10 Häufigkeiten der Eventkonfigurationen

Es zeigt sich, dass ein negatives soziales Klima wie ein „Turbolader" für Unfälle wirkt. Damit konnte zum ersten Mal mit dieser Studie ein quantitativer Zusammenhang zwischen sozialem Klima und Flugsicherheit gemessen werden.

Die Kategorien TEC (Technische Fehler) und OPS (Fehler aus operationellen Abläufen) sind am seltensten und von den Piloten nur bedingt beeinflussbar.

Primär handelt es sich in der Kategorie OPS um schlechtes Wetter und gefährliche Annäherungen anderer Flugzeuge, sog. „Near Misses".

Die technischen Fehler beinhalten meistens Triebwerks- und Fahrwerksprobleme sowie Fehlanzeigen der Flugführungsinstrumente.

Von den Piloten nicht beeinflussbare Incidents machen in dieser Studie nur 13 % (1,2 + 7,7 + 4,1 %) aller Vorfälle aus (TEC+OPS). Im Umkehrschluss wären 87 % aller Incidents potentiell durch die Flight Crews zu entschärfen gewesen.

Aus der Abbildung sieht man, dass SOC-Probleme in 70 % aller Incidents eine Rolle spielen. Bei allen Incidents, bei denen Pilotenfehler beteiligt waren, sind es sogar 80 %. Aus der o. g. „Turbolader-Erkenntnis" folgt: 80 % aller Incidents in denen

Human Error eine Rolle spielt, könnten durch eine optimale Cockpitatmosphäre verhindert werden.

Besonders interessant ist auch die folgende Erkenntnis: Entgegen landläufiger Meinung, dass Piloten im Umgang mit der Technik überfordert sein könnten, ergab die Studie, dass die Kombination von technischen Problemen und menschlichen Fehlern (TEC+HUM) unter 1 % bleibt, wobei jede Kategorie für sich bei 7,7 % (TEC) bzw. 4,9 % (HUM) liegt.

Folgende Schwerpunkte traten bei der Auswertung hervor:

Kommunikation Bei 53 % aller Incidents traten zwischenmenschliche Kommunikationsprobleme auf. Davon ca. 30 % innerhalb des Cockpits und 70 % zwischen Crew und externen Gesprächspartnern. Hierbei war die Kommunikation mit ATC am meisten betroffen und spielte bei 27 % aller Incidents eine Rolle. Die Schwerpunkte waren:

- Notwendige Aussagen unterbleiben, z. B. Callouts bei Abweichungen.
- Bedenken werden nicht geäußert.
- Wichtige Aussagen sind unvollständig, unverständlich oder werden überhört.

Die Abwehrstrategien gegen diese Fehler sind lange bekannt und trotzdem fällt es den Crews offenbar schwer, sie konsequent anzuwenden. Bedenkt man einen Anteil von 53 % an allen Incidents, sollte sich eine Diskussion über das Training professionellen Kommunizierens erübrigen. Hier ein kurzer Vorgriff auf das Kapitel Kommunikation:

- Bei Unklarheiten (Cockpit, ATC): Beim Nachricht-Sender nachfragen.
- Konsequent Standard-R/T nutzen.
- Alle Abweichungen unmissverständlich ansprechen.
- Auf nonverbale Zeichen achten.
- Erst den Wert eindrehen, dann im R/T vom FMA/MCP/COMM zurück lesen.
- „Sterile Cockpit" (80 % der Incidents in 7 % der Zeit) anwenden.

Alleingang eines Besatzungsmitgliedes In 12 % aller sicherheitsrelevanten Vorfälle wurde ein „nicht gemeinsam koordiniertes Handeln" festgestellt. Einzelkämpfertum im Cockpit ist nach wie vor ein zentrales Problem. Meistens handelte es sich hier nicht um „bösen Willen oder einsam getroffene Entscheidungen". Vielmehr war es eine Zielfixierung (sog. Target Fixation) unter erschwerten operationellen Bedingungen, die aus einem guten Teamplayer einen Solo-Flieger machen: ein knapper Slot, eine ablaufende Hold-Over-Zeit, der Wunsch seine Gäste pünktlich ans Ziel zu bringen.

Es liegt in der Natur der Sache, dass die Problematik „Alleingang eines Besatzungsmitgliedes" im Regelfall vom Kapitän ausgelöst wird. Aufgrund seiner hierarchischen Position und seiner Gesamtverantwortung, Alter und Erfahrung fällt es ihm leichter, einen Alleingang eines FOs zu stoppen. Eine häufige Rechtfertigung des Copiloten in den Incident-Berichten ist: „Der Kapitän hätte wahrscheinlich trotzdem so verfahren".

Aus der Studie geht hervor, dass in 918 Fällen von insgesamt 1.897 Incidents keine Kritik vom FO geübt wurde. In 210 Fälle wurden zwar Bedenken geäußert, aber vom fliegenden Piloten nicht beachtet. Empfehlungen der Studie sind:

- Unwohlsein, andere Meinung, Abweichungen und Einsprüche laut und deutlich artikulieren.
- Hetze vermeiden; nicht pushen lassen; Freiräume und Puffer für Unvorhergesehenes schaffen (Fuel, Descent, Bodenzeiten etc.).

Hierzu ist zu bemerken:

Für Piloten ist es entscheidend einen guten Überblick (sog. Situational Awareness) zu haben. Zur Verbesserung des Überblicks hilft eine intensive Flugvorbereitung, die eine bewusste Risikoeinschätzung einschließt, um später auftretenden Problemen vorzubeugen.

Spezifische Risiken sollen in den Departure-, Take-off- sowie Approach-Briefings angesprochen werden.

Menschliche Arbeitsfehler (HUM) Durch ein eng gewebtes Sicherheitsnetz und strukturierte, einheitliche Arbeitsweisen sorgt man in der Luftfahrt dafür, die Auswirkungen der Arbeitsfehler zu verhindern oder zu minimieren.

Trotzdem sind menschliche Fehler an 87 % aller Incidents beteiligt. Hierbei werden

- in 90 % der Fälle vorhandene Fakten nicht berücksichtigt,
- in 79 % war die Cockpitcrew an der Entstehung beteiligt und
- bei 77 % der Arbeitsfehler handelte es sich um Regelverstöße.

Hierzu ist zu bemerken: Fehler sind unvermeidlich und lassen sich nicht vollständig verhindern. Sicherheitsrelevant sind Fehler solange nicht, wie sie entdeckt und aufgefangen werden, z. B. durch eine Checkliste oder durch die Intervention bzw. das Feedback eines Kollegen. Kritisch wirken sich erst unentdeckte Fehler aus, die sich zu einer Fehlerkette entwickeln und in einem Incident oder Accident enden können.

Wichtig für jeden Verkehrspiloten ist es, festgestellte Arbeitsfehler für sich selbst oder innerhalb der Crew zu analysieren, damit sich diese möglichst nicht wiederholen. Wenn man dies nicht direkt in der Situation tun kann, bietet sich ein kurzes Gespräch nach der Landung im Cockpit an. Dies muss nicht lange sein und kann mit den Worten eingeleitet werden: „Sind Dir Fehler aufgefallen?" oder „Hättest Du etwas anderes gemacht als ich?"

Standard Operating Procedures (SOP) Der einfachste Ansatzpunkt zur Verbesserung der Flugsicherheit ist ein diszipliniertes Einhalten der SOP. Dies ist allgemein bekannt und wird seit vielen Jahren intensiv geschult. Warum fällt es den Crews trotzdem schwer?

Die Bedeutung der SOP wird gemäß der Studie von den Crews grundsätzlich nicht infrage gestellt. Trotzdem wird immer wieder bewusst und unbewusst gegen sie verstoßen. Bei über 2.000 Flügen täglich in einer großen Airline sind enge Grenzen wirtschaftlich überlebensnotwendig und müssen mit einem deutlichen Puffer versehen sein. Dieser Puffer muss für Unvorhergesehenes zur Verfügung stehen.

Ebenso ist eine gegenseitige Überwachung mit festen Spielregeln erforderlich: Beim Überschreiten von Limits fällt für den Überwachenden die Auffanglinie weg – ein zweites Limit gibt es nicht. Außerdem sinkt nach einer tolerierten Regelüberschreitung die Hemmschwelle für weitere Überschreitungen. Dadurch wird der Einstieg in eine Fehlerkette zugelassen.

> Jedes missachtete SOP kann die letzte Präventionsebene vor dem Unfall sein.

Unstabilisierter Anflug Der unstabilisierte Anflug stellt mit 20 % aller Incidents den Löwenanteil unter den SOP-Verletzungen dar:

- 58 % zu hoch
- 57 % zu schnell
- 27 % haben einen lateralen Offset
- 17 % zu tief
- 21 % sind falsch konfiguriert

All diese Situationen hätten elegant und sicher durch einen Go-around entschärft werden können. Es zeigt sich jedoch in der Studie, wie wenig ausgeprägt die Bereitschaft hierzu ist.

Die Studie zeigte auch, dass die Mehrheit der unstabilisierten Anflüge von Kapitänen durchgeführt wurde. Anstelle der vorgeschriebenen Callouts bei Überschreitungen von Limits, ist es offenbar die individuelle Toleranzschwelle der Copiloten, welche die Maschengröße des letzten Sicherheitsnetzes festlegt. Dies bedeutet, dass bei einer Limitüberschreitung des Kapitäns der Copilot die letzte Instanz zur Eindämmung dieser Fehler ist.

Abweichungen von ATC-Freigaben Sie treten nahezu immer unbewusst auf und verdeutlichen wie hoch die Mehrfachbelastung im Cockpit in der Regel ist. Diese Fehlerart ist an 19 % aller Incidents beteiligt. Davon sind:

- 45 % Fliegen in einer nicht freigegebenen Höhe
- 22 % Kursabweichungen
- 21 % Abweichungen von der SID oder STAR
- 10 % Start oder Landung ohne Freigabe

Strategien zur Fehlervermeidung:

- Ablenkung, Kommunikation und nicht notwendige Arbeiten müssen in kritischen Flugphasen so weit wie möglich vermieden werden.
- Alle Piloten im Cockpit müssen eine Freigabe mithören.
- Unklarheiten über ATC-Freigaben sind nicht im Cockpit, sondern mit dem Lotsen zu klären.
- Erst den Wert in die FCU/MCP eindrehen, dann beim R/T vom Bildschirm zurück lesen.

Basic Flying Die Studie zeigt, dass es auch bei den fliegerischen Fähigkeiten Mängel gibt: Probleme mit dem Basic Flying gab es bei 25 % aller Incidents.

- 60 % bei der Korrektur von Ablagen: zu groß, zu klein, zu spät, zu langsam.
- 33 % bei Landungen: zu weit, zu hart, falscher Flare, Abkommen von der Centerline
- 21 % Rollvorgänge: zu schnell, auf verkehrtem Weg und Überrollen von Haltepunkten
- 10 % Go-around: Falscher Ablauf des Manövers, Unterschreiten der Mindestgeschwindigkeit, in drei Fällen sogar Bodenberührung

Besonders der Go-around ist aufgrund seiner Seltenheit bei der Incidenthäufigkeit mit mindestens dem Faktor 27 überrepräsentiert. Hier findet sich eine Diskrepanz zum Simulator. Dort macht er keine Probleme. In der Praxis gehören dagegen große emotionale Hürden bis hin zu Gefühlen des persönlichen Versagens dazu, die das ganze Manöver offenbar deutlich erschweren.

Eine wichtige Maßnahme ist vermehrtes „Stick-and-Rudder-Training" im Simulator. So kann der gewünschte Fähigkeitsgrad erreicht und der „Instrument-Scan" ausreichend schnell gemacht werden. Die Langstreckenflotten sind hiervon besonders betroffen.

Anmerkung der Autoren: Wenn es ohne Sicherheitseinschränkung möglich ist (Wetter, Verkehr, ATC, Ermüdung), sollte auch in der Linien-Operation vermehrt mit reduzierten Automationsgraden geflogen werden, um das Training im Simulator zu ergänzen.

Vorfälle beim Rollen geschehen häufig. Die Sekunden, welche durch schnelles Rollen gespart werden, sind kaum messbar; die hierdurch entstehenden Vorfälle schon.

Etliche FOs greifen nicht durch Callouts ein, sondern verfallen in eine Beifahrermentalität: „Ich mag es auch nicht, wenn mir einer beim Autofahren reinredet". Persönliches Unwohlsein ist hier ein starker Indikator, der zum verbalen Eingreifen auffordern sollte.

Noch eine Anmerkung der Autoren: Es hilft den FOs in ihrer Monitoring-Rolle, wenn sie, wo technisch möglich, ab und zu selber rollen.

Gerätebedienung Die Crew kennt ihr Flugzeug und seine Funktionen; täglich und hundertfach wiederholt sie die Geräteeingaben. Dass hier keine Nachlässigkeit auftritt, erfordert ein hohes Maß an Selbstdisziplin. Nur so lassen sich die Bedienfehler vermeiden, welche 18 % aller Vorfälle ausmachen:

- 30 % falsche Eingaben
- 20 % irrtümliches Nichteinschalten der Komponenten
- 14 % falscher Knopf bedient
- 14 % Falscher Mode

Gegenmaßnahmen:

- Bewusstes Verifizieren der Eingabe am FMA und Einhalten der FMA-Callouts
- Auch der andere CM soll das Ergebnis überprüfen.

1.4.3 Die Boeing Studie

Was kann man gegen Unfälle tun? Diese Frage stellte sich der amerikanische Flugzeughersteller Boeing. Er untersuchte 232 weltweite Unfälle von Verkehrsflugzeugen über 60.000 Pfund maximalem Abfluggewicht von 1982–1991 daraufhin,
welche Vermeidungsstrategie jeden einzelnen Unfall in seiner Entstehung verhütet
hätte. Die Anzahl der möglichen Strategien variierte zwischen 1 (in 39 Unfällen)
und 20 (in einem Unfall) mit einem Durchschnitt von knapp vier Strategien pro
Unfall (Boeing 1993).

Tabelle 1.8 zeigt in Prozent, wie viele dieser 232 Unfälle durch die jeweilige Strategie hätten verhütet werden können. Aufgrund der spezifischen Fachterminologie
wurde auf eine Übersetzung verzichtet.

Im Einzelnen ist damit gemeint (s. Tab. 1.9):

Tab. 1.8 Vermeidungs-
strategien

Strategie	%
Pilot Flying adherence to procedure	42
Other operational procedural considerations/CRM-Training	38
Embedded piloting skills	25
Pilot Non Flying adherence to procedure	23
Design improvement	21
Maintenance	19
Captain exercise of authority	16
Approach path stability	15
Go-around decision	14
ATC	13
Eliminate runway hazards	11
FO crosscheck - performance as Pilot Non Flying	11
Weather information and accuracy	8
Response to GPWS	7
Airport services	6
Pilot Flying awareness and attention	6
ATC/Crew communications	5
Pilot experience in aircraft type	5
Pilot Flying communication or action	5
Pilot Non Flying communication or action	5
Crew fatigue	4
Fire and rescue services	4
Captain's crosscheck – performance as Pilot Non Flying	3
Training for abnormal condition	3
Availability of approach aids	2
Manufacturing process	2
Performance data	2
Pilot incapacitation	2
Use of all available approach aids	2
Weight and balance control	2

Tab. 1.9 Erklärung zu den Vermeidungsstrategien

Strategie	Erklärung
Pilot Flying adherence to procedure (42 %) und Pilot Non Flying adherence to procedure (23 %)	Das Befolgen veröffentlichter Verfahren hätte den Unfall verhindert
Other operational procedural considerations/CRM-Training (38 %)	Andere Faktoren, als die hier genannten, auf die die Geschäftsleitung eines Flugbetriebes direkten Einfluss hat. Hierzu zählt die Studie ausdrücklich besseres CRM-Training
Embedded piloting skills (25 %)	Besseres Basic Flying und Technical Skills hätten den Verlust der Kontrolle über das Flugzeug verhindert
Design improvement (21 %)	State-of-the Art Ausrüstung war nicht ins Flugzeug eingebaut
Maintenance (19 %)	Maintenance Verfahren soweit verbessern, dass Inflight-Notfälle seltener auftreten können
Captain exercise of authority (16 %)	Rechtzeitige Intervention des Kapitäns bei Fehlverhalten der Crew fehlte. Sachliche Arbeitsatmosphäre nicht gegeben
Approach path stability (15 %)	Stabilisierter Anflug: Konfiguration, Geschwindigkeit, Höhen, Flight Path
Go-around decision (14 %)	Besseres Go-around Training unter erschwerten operationellen Bedingungen im Simulator. Sicherstellen, dass Go-around Entscheidungen auf der Basis der veröffentlichten Sicherheitsempfehlungen gefällt werden
ATC (13 %)	ATC Hardware, Controller Performance und Management verbessern
Eliminate runway hazards (11 %)	Kollisionsrisiken an Runways besser vermeiden. Bessere Beleuchtung der Rollwege und Bahnen. Bessere Haltepunktmarkierungen. Bahnoberflächen grooven, bessere Drainage
FO crosscheck – performance as Pilot Non Flying (11 %) und Captains's crosscheck – performance as Pilot Non Flying (3 %)	Unabhängig, kritisch, kompetent und sofort den Kollegen, wenn er Pilot Flying ist, kontrollieren und seine Fehler verbessern
Weather information and accuracy (8 %)	Präzisere Wettervorhersagen zur Verfügung stellen
Response to GPWS (7 %)	Das Terrain Avoidance Verfahren besser trainieren
Airport Services (6 %)	Entfernung von Schnee, Eis und Fremdkörpern verbessern. Vögel besser aus der Platznähe fernhalten. Bessere Enteisungsmöglichkeiten bereitstellen
Pilot Flying awareness and attention (6 %)	Ablenkungen vermeiden. Sterile Cockpit einhalten. Complacency und Unaufmerksamkeit vermeiden
ATC/Crew communications (5 %)	Alle Daten, Clearances, Bestätigungen aktiv kontrollieren. Standard R/T nutzen
Pilot experience in aircraft type (5 %)	Keine unerfahrenen Piloten zusammen in einem Cockpit einsetzen. Unerfahrene Piloten besser trainieren
Pilot Flying communication or action (5 %) und Pilot Non Flying communication or action (5 %)	Bei Abweichungen von der Norm sofort, klar und deutlich intervenieren. Die Kompetenz, die Aufmerksamkeit, das Engagement und die Unverzüglichkeit dazu trainieren
Crew fatigue (4 %)	Müdigkeit besser managen

Tab. 1.9 (Fortsetzung)

Strategie	Erklärung
Fire and rescue services (4 %)	Alarmierungszeiten und Crash/Fire/Rescue-Services verbessern. (Hiermit können keine Unfälle vermieden, aber ihre Konsequenzen eingegrenzt werden.)
Training for abnormal condition (3 %)	Abnormal Training stärker unfallorientiert durchführen. Die Schwerpunkte dabei besser herausarbeiten
Availability of approach aids (2 %)	Genauere Anflughilfen installieren
Manufactoring process (2 %)	Komponentenzuverlässigkeit in der Produktion verbessern
Performance data (2 %)	Fehlermöglichkeiten bei der Performance-Berechnung durch bessere Procedures vermeiden
Pilot incapacitation (2 %)	Die Erkennung von Incapacitation (medizinisch, physiologisch, psychisch) und ihr Handling trainieren
Use of all available approach aids (2 %)	Beispiel: Auch bei Visual Approaches ein sendendes ILS nutzen
Weight and balance control (2 %)	SOP entwickeln, die die irrtümliche Nutzung eines falschen Startgewichtes verhindern

Die Boeing Studie bestätigt weitgehend die beiden zuvor dargestellten Studien des NTSB und der Lufthansa.

1.4.4 Fazit

Aus den Studien ergeben sich empirisch drei Ansätze zu effektiverer Unfallprävention:

1. Stringentere Anwendung von SOP
2. Besseres CRM
3. Besseres Basic Flying

In dieser Liste taucht nicht die Forderung nach mehr Training der obligatorischen „Abnormal Procedures" auf. Da die Mehrzahl der Unfälle jedoch während der „Normal Operation" geschehen, sollte hier ein wesentlich größerer Trainingsschwerpunkt liegen.

1.5 Konsequenzen

1.5.1 Flugbetrieb

- Pilotenauswahl und Training sollen auf den gewünschten Sicherheitslevel eines Flugbetriebes optimiert werden.
- Bei einem Arbeitgeberwechsel sollen Piloten ein Training erhalten, wie sie ihre individuelle Arbeit verändern müssen, damit sie dem Sicherheitsniveau ihres neuen Betätigungsfeldes genügen.

- Der Geschäftsführung einer Fluggesellschaft sollte bewusst sein, wie viel in Sicherheit investiert werden muss, damit die langfristige wirtschaftliche Basis der Gesellschaft nicht durch kurzfristiges Profitstreben zerstört wird.
- In Konzernen, die aus mehreren Flugbetrieben bestehen, sollte auf ähnliche, möglichst einheitliche Auswahl- und Trainingsstandards aller Teilflugbetriebe geachtet werden. So kann ein einheitliches Sicherheitsniveau produziert werden.
- SOP sind der Hauptschlüssel zur Flugsicherheit. Sie müssen bekannt sein und angewandt werden. Die „Need-to-know"-Inhalte sind zu definieren und in Theorie und Praxis ausführlich zu schulen. Die Flugbetriebsleitung sollte darauf achten, dass es keine SOP gibt, die nicht oder nur unzulänglich eingehalten werden.
- Unter sehr strengen Bedingungen (Datenschutz, außerhalb der Disziplinar-Hierarchie, mit Vetorecht des Betriebspartners) ist ein personalisiertes FDM-Feedback sinnvoll. Werden SOP identifiziert, die nicht ausreichend eingehalten werden, muss der Flugbetrieb aktiv werden: Sie müssen geändert oder detailliert begründet werden und verstärkt im „Recurrent Training" behandelt werden. Alle Multiplikatoren wie Management-Piloten und Ausbilder sollten einen einheitlich hohen Standard bei der Nutzung der SOP haben. Grauzonen dürfen nur möglichst wenig Interpretationsspielraum bilden und müssen an der Spitze der Flugbetriebshierarchie geklärt werden. Die weiter unten aufgeführten Mechanismen, die zu einer Schwächung bei der disziplinierten Anwendung der SOP führen, sollen allen Piloten bekannt sein.
- Ferner sollten Piloten eine Möglichkeit haben, an den Sicherheitspiloten vertrauliche Sicherheitsreports abzugeben ohne disziplinarische oder rechtliche Konsequenzen befürchten zu müssen. Außerdem sollte sich eine Kultur im Flugbetrieb etablieren, in der diese vertraulichen Reports auch tatsächlich geschrieben werden. Nach den begründeten Schätzungen einer großen deutschen Fluggesellschaft werden nur etwa 1 % aller sicherheitskritischen Vorfälle in dieser Weise berichtet.
- Vor allem neue FOs sind unfallgefährdet. Das „Initial Training" bei einer für sie neuen Fluggesellschaft soll so ausführlich sein, dass sie auf ihrem ersten Flug mit einem Kapitän allein (ohne zusätzlichem FO) möglichst alle seine Fehler erkennen und ansprechen können.
- CRM gehört von den Flugbetrieben genau definiert und in jedes Trainingsereignis integriert. Wird CRM beim Training beurteilt, kann es individuell besser weiter entwickelt werden. Voraussetzung für eine Beurteilung ist, die Entwicklung einer flugbetrieblichen CRM-Assessment-Policy, die der Willkür einzelner Ausbilder keinen Raum lässt. Für all das soll dieses Buch im Folgenden einen Leitfaden geben.
- Das „Basic Flying" gehört verbessert. In das Initial Training gehört die sichere Beherrschung aller Automation-Level, Basic Jet Flying, das Erfliegen der Performancegrenzen des Flugzeuges und das Training der Monitoring Skills. Vor allem für Piloten auf Langstrecken sind Maßnahmen zu ergreifen, die ihre operationell bedingte geringe „Stick-Time" effektiv ausgleichen. Dazu kann verstärktes Basic-Flying-Training im Simulator gehören, sowie eine Aufforderung im täglichen Flugbetrieb, unter genau definierten Zuständen von Ermüdung, Wetter und Verkehrsdichte, mehr von Hand zu fliegen und verschie-

dene Automationsgrade zu verwenden. Northwest Airlines hat diese Zustände in ihrem Flugbetriebshandbuch definiert und ermutigt somit ihre Piloten in der Normal Operation mit reduzierten Automationsgraden zu fliegen (Landry 2006).

1.5.2 Individuell „ausreichende" Sicherheit vs. Objektiv notwendige Sicherheit, Teil II

Weiter oben, besonders im Rahmen der Lufthansa-Studie, wurden schon zahlreiche individuelle Konsequenzen aufgelistet. Dieser Abschnitt bleibt deshalb jetzt weitgehend grundsätzlich und beschäftigt sich mit den Schwierigkeiten der disziplinierten Befolgung von SOP als Sicherheitsregeln.

Einem einzelnen Piloten wird im Laufe seines Berufslebens von etwa 20.000 Flugstunden sehr wahrscheinlich kein Unfall passieren.

Da ihm Monat für Monat nichts wirklich Gravierendes passiert, könnte er intuitiv und unbewusst diese Sicherheitsregeln infrage stellen. Es kann sich mit der Zeit eine gewisse Lockerheit entwickeln, die zwar dem Einzelnen nicht direkt schaden muss, aber in der Gesamtheit zu einem signifikanten Sicherheitsrisiko führt.

Die Entwicklung dieses Verhaltens ist zwar – analog zum Straßenverkehr – für das Individuum normal, aber unzweckmäßig. Im Falle eines Unfalls können die resultierenden Konsequenzen für den Flugbetrieb und damit auch für das gesamte Pilotencorps unter Umständen katastrophal sein.

Das im Initial Training der Airline vermittelte *objektiv notwendige Sicherheitsniveau* tendiert wieder zum *individuell ausreichenden Sicherheitsniveau* zu degenerieren.

Piloten sind immer in einem Zwiespalt: Einerseits sollen sie sich penibel an die SOP halten, andererseits diese aber auch flexibel infrage stellen, wenn sich bei ihrer Missachtung mehr Sicherheit ergibt. Flexibel gerade dann, wenn z. B. der Treibstoff knapp wird, ein Passagier dringend ärztliche Betreuung braucht, wenn es raucht oder brennt etc.

Die genannten Punkte sind Fälle, in denen eine Abweichung von Standardverfahren die Sicherheit eventuell erhöht. Solche Abweichungen sollen und können sich tatsächlich nur auf wenige Einzelfälle beschränken.

Rein operationelle Gründe rechtfertigen kein Abweichen von SOP. Verläuft ein Anflug zu hoch oder zu schnell, sind die SOP die Rettungslinie, die ein akzeptables von einem inakzeptablen Risiko unterscheidet. Beim SOP-Verstoß wird die Grenzlinie zwischen objektiv notwendiger und individuell ausreichender Sicherheit überschritten.

In einer weiteren Studie der Lufthansa äußerten viele Piloten, dass sie in der täglichen Operation auf Anforderung von ATC oder Management häufig gezwungen sind, von SOP abzuweichen. Diese Abweichungen werden im täglichen Flugbetrieb als unvermeidlich angesehen. Das verbleibende Sicherheitsniveau wird dabei als ausreichend erachtet. Die Studie weist ausdrücklich darauf hin, dass dies sehr kritisch ist. Jeder, der bewusst von einer Regel abweicht, tut dies meist in dem Glauben, vermeintlich sicher zu handeln. So könnten Risiken aber nicht im erforderlichen Maße minimiert werden (Lufthansa 2009).

Das folgende Beispiel zeigt die Risikoerhöhung für ein Abkommen von der Landebahn (Landing Overrun), die sich ergibt, wenn bei unstabilisierten Anflügen von SOP abgewichen wird. Hierzu analysierte das holländische Nationale Luft- und Raumfahrtlaboratorium (NLR) diese Unfallart (Van Es 2005), wonach sich zwischen 1970 und 2005 400 Landing Overruns ergaben. Bei etwa 800 Mio. Landungen in dieser Zeit betrug das Risiko 0,5 Unfälle/Million Landungen. 53 % der Overruns passierten auf „slippery" oder „contaminated Runways". Die folgenden Umstände erhöhten das Risiko von der Bahn abzukommen um die angegeben Faktoren (s. Tab. 1.10):

Eine Unfallquote von 0,5 Unfällen pro Million Landungen bedeutet für einen großen Flugbetrieb mit 500.000 Cycles pro Jahr, dass es statistisch alle zwei Jahre zu einem Landing Overrun kommt: Ein objektiv hohes Risiko.

Ein einzelner Pilot fliegt in seiner Karriere etwa 10.000 Cycles. Statistisch wird also nur jedem 50ten Piloten in seinem Berufsleben einmal ein solcher Vorfall passieren: ein individuell eventuell akzeptables Risiko.

Dem disziplinierten Befolgen von SOP steht einiges entgegen: Es kann mühsam und penibel sein.

• Zum Beispiel soll man immer unter 10.000 Fuß Höhe alle privaten Gespräche und Ablenkungen vermeiden. Wird dies immer konsequent eingehalten?
• Normal-Checklisten liest man viele Tausend Mal. Da kann es leicht passieren, dass diese in Überroutine oberflächlich gelesen wird.
• Das Callsign soll beim R/T-Readback zuerst genannt werden. Auch dies fällt in der Praxis schwer.

Bequemlichkeit, Lässigkeit, Überroutine und Nachlässigkeit (Complacency) verleiten permanent dazu, gegen vermeintlich weniger wichtige Verfahren zu verstoßen.

Operationelle Entscheidungen müssen in erster Linie immer auf Risikovermeidung und Fehlerminimierung basieren. Wirtschaftliche Überlegungen (Delay,

Tab. 1.10 Risikofaktoren Landing Overrun	Umstand	Faktor
	Long Landing	55
	Excessive Approach Speed	38
	Visual Approach	27
	High on Approach	26
	Non Precision Approach	25
	Slippery Runway	12
	Significant Tailwind	5

Fuel) dürfen nur eine untergeordnete Rolle spielen. Private Interessen (Proceeding, Shutteln) haben gar keinen Einfluss auf sicherheitsrelevante Entscheidungen. Zur kritischen Selbsteinschätzung sollte sich jeder Pilot die Frage stellen, wie der jeweilige Flug im Rahmen einer Flugunfalluntersuchung beurteilt werden würde. Diese Frage sollte der Maßstab sein, mit dem die Professionalität gemessen wird.

Auch der Flugbetrieb muss sich selbstkritisch fragen, ob die in den Handbüchern veröffentlichten SOP praktikabel sind, tatsächlich umgesetzt werden und richtig gelehrt werden. Sonst kann der Eindruck entstehen, dass SOP nur dem juristischen Selbstschutz z. B. der Flugzeughersteller oder Flugbetriebe dienen.

Darüber hinaus gibt es zur Selbstdisziplin der Piloten psychologische Erkenntnisse, auf die nachfolgend kurz eingegangen wird.

1.5.3 Erlernte Sorglosigkeit

Wie in vielen Bereichen des privaten und beruflichen Lebens ist auch in der Fliegerei häufig zu beobachten, dass Piloten bestehende Risiken ignorieren und elementare Vorsichtsregeln missachten. Dieses Verhalten kann durch die „Theorie der erlernten Sorglosigkeit" erklärt werden (Frey u. Schulz-Hardt 1998).

Im Zustand der Sorglosigkeit geht man demnach davon aus, dass z. B. Fehler keine wirklich negativen Konsequenzen haben werden. Von „erlernter Sorglosigkeit" spricht man, weil Piloten nicht „von der Flugschule her" sorglos sind, sondern durch bestimmte Lernerfahrungen die Sorglosigkeit erwerben. Diese Erfahrungen kann man katalogisieren:

Individuelle Erfahrungen Sorglosigkeit entsteht, wenn wiederholt gefährliches Verhalten (z. B. Verstöße gegen SOP) ohne negative Konsequenzen bleibt. Je häufiger und intensiver dies geschieht, desto eher entsteht Sorglosigkeit. Da sich gerade in der Fliegerei viele SOP aus nur einem Unfall entwickelt haben, heißt das, dass Verstöße gegen sie unter Umständen erst nach vielen Jahren zu einer Wiederholung dieses Unfalles führen können. Gerade das Unwahrscheinliche zu verhindern ist aber das Ziel.

Eigene positive Erfahrungen, beispielsweise aus Schlechtwetter-Anflügen, sind gefährlich: Mit jedem erfolgreichen Anflug in konvektivem Wetter steigt wegen des positiven Ausganges die Wahrscheinlichkeit, beim nächsten Mal das gleiche oder sogar ein höheres Risiko einzugehen. Ein erfahrener Pilot kann daher nach mehrfachem positiven Ausgang risikobehafteter Anflüge zu einer Unterschätzung des tatsächlichen Risikos neigen. Dieser Umstand wird im Bericht zum Landeunfall der Air France in Toronto 2005 als erschwerender Faktor genannt (TSB 2007).

Hedonismus Unter Hedonismus versteht man das Streben nach und das Bewahren von positiven Umständen, wobei den kurzfristigen Folgen mehr Bedeutung beigemessen wird als den langfristigen. Sorglosigkeit kann ein solch positiver

Zustand sein, während Sorgfalt zunächst kurzfristig Aufwand bedeutet. Eine unkritische, gehobene Stimmung wird unter Umständen lieber, bewahrt als SOP einzuhalten.

80 % aller Incidents passierten, wenn wenigstens ein Flight Crew Member die Arbeitsatmosphäre für gestört hielt. Ein Drittel davon waren Fälle dieser gehobenen, zu positiven Stimmung (Lufthansa 1999). Ein gutes Mittel dagegen ist die Einhaltung des Sterile Cockpit Concept.

Nachahmung Wenn man beobachtet, dass Mitmenschen mit sorglosem Verhalten scheinbaren Erfolg haben, ahmt man dieses oft nach. Das Vorbild des Kapitäns (und jedes Multiplikators) ist hier besonders wichtig, damit es nicht heißt: „Vorsicht ist Feigheit".

Kontrollillusion Menschen neigen dazu, ihre eigenen Einflussmöglichkeiten zu überschätzen. Die Illusion „Ich habe alles im Griff" ermöglicht riskantes Verhalten – selbst dann, wenn Risiken wahrgenommen werden.

Unrealistischer Optimismus Piloten wissen zwar von der Entstehung und prinzipiellen Bedeutung der SOP zur Vermeidung einer Gefährdung, glauben möglicherweise aber, nicht persönlich davon betroffen zu werden: „Mir wird es schon nicht passieren."

Fatalismus Eine fatalistische Haltung dient dazu, trotz drohender Gefahren das eigene Verhalten nicht zu ändern. Motto: „Es gibt so viele Procedures, die kann man sowieso weder alle kennen, noch sie immer einhalten – warum soll man sich dann überhaupt anstrengen und sie lernen?"

1.6 CRM, Human Factors und Non-Technical-Skills

Viele Piloten stehen dem CRM, vielleicht durch schlechte Erfahrungen beeinflusst, skeptisch gegenüber. Das ist insofern nachvollziehbar, weil häufig die physiologischen und psychologischen Grundlagen des CRM und die detaillierten gewünschten sicherheitsrelevanten Verhaltensweisen nicht ausreichend definiert und veröffentlicht sind.

Daher ist es bereits seit Anfang der 90er Jahre das Bestreben der Vereinigung Cockpit (VC), das CRM so praxisorientiert und effizient wie möglich zu machen.

Verbesserungsmöglichkeiten sieht die VC in einem systematischeren Training auch außerhalb von Seminaren im Simulator und im Flugzeug.

Die weiter oben genannten Zahlen sprechen eindeutig für ein verbessertes CRM-Training:

- 90 % aller Incidents: Vorhandene Fakten werden nicht berücksichtigt.
- 80 % aller Incidents passieren bei gestörter Arbeitsatmosphäre.

- 80 % aller Unfälle zeigen Mängel in der Führung und Zusammenarbeit der Crew.
- 70 % aller Unfälle treten nach falschen oder unterlassenen Entscheidungen auf.
- 53 % aller Incidents zeigen Kommunikationsprobleme.
- 30 % aller Unfälle basieren auf falscher Situational Awareness.
- 25 % aller Unfälle zeigen Symptome zu hohen Stresses.
- 16 % aller Unfälle ließen sich durch effektivere Nutzung der Autorität des Kapitäns verhindern.
- 14 % aller Unfälle ließen sich durch rechtzeitige Go-around Entscheidung verhindern.
- 12 % aller Incidents: „Kapitän geht solo."
- 4–7 % aller Unfälle passieren übermüdeten Crews.

Aufgrund dieser Zahlen ist es offensichtlich, dass sich durch gutes CRM eine große Zahl der Unfälle verhindern ließe. Dafür ist ein in sich geschlossenes Konzept des Trainings und der konsequenten Umsetzung durch den einzelnen Piloten notwendig.

Wir werden im Folgenden ein umfassendes CRM-Trainingskonzept darstellen, das folgende Inhalte umfasst:

- die Grundlagen der Informationsverarbeitung
- den grundsätzlichen Umgang mit Fehlern
- die Kommunikation,
- das Stressmanagement,
- die Entscheidungsfindung,
- Führungs- und Teamverhalten
- das Management von Müdigkeit und Aufmerksamkeit
- die Umsetzung in das Training
- einen Vorschlag für eine Assessment Policy

> Nur sehr wenige Mitarbeiter auf den höchsten Hierarchiestufen können von einer Fluggesellschaft einen so hohen Schaden abwenden wie ein Pilot.

Literatur

Airbus (2009) Flight Safety Overview. Präsentationen auf dem Dt. Flight Safety Forum 2008

Bundesanstalt Für Flugunfalluntersuchung (BFU) (2008) Jahresbericht 2007. Braunschweig

Boeing (1993) Accident prevention strategies 1982–1991. Seattle

Boeing (2009) Statistical summary of commercial Jet Airplane Accidents, Worldwide Operations, 1959–2008. Boeing Commercial Airplanes, Seattle

Flouris T (2006) Vortrag beim EASS der Flight Safety Foundation, San Jose State University, Athen

Flight Safety Foundation (FSF) (2009) http://www.flightsafety.org/gap.html. Zugegriffen: 10.Sept 2009

Frey D, Schulz-Hardt S (1998) Erlernte Sorglosigkeit. Psychologie Heute März 1998

IATA (2009) IATA safety report 2008. Montreal

Landry D (2006) Vortrag auf dem IASS der Flight Safety Foundation, Paris

Lufthansa (1999) Cockpit safety survey. Abt. FRA CF, Frankfurt a. M.

Lufthansa (2009) Commercial aviation safety survey. Abt. FRA CF, Frankfurt a. M.

National Civil Aviation Review Commission (1998) „A safe flight into the next millenium", in Flight Safety Foundation, Flight Safety Digest Jan. 1998

National Transportation and Safety Board (NTSB) (1994) Safety Study NTSB/SS-94/01. Washington

Reason J (1991) Identifying the latent causes of aircraft accidents before and after the event. Vortrag auf dem 22nd Annual Seminar, The International Society of Air Safety Investigators, Canberra

Simon J, Mitchell LeM (2009) Präsentation auf dem ESASI Seminar 2009, Cranfield University

Transportation Safety Board (TSB) (2007) Aviation investigation report A05H0002. Minister of Public Works and Government Services Canada

Van Es G (2005) Landing overrun study. NLR, Vortrag auf dem EASS der Flight Safety Foundation, Moskau

Kapitel 2
Informationsaufnahme und -verarbeitung

Dr. Gerhard Fahnenbruck

2.1 Einleitung

Versuchen Sie doch mal, einem Computer das Tennisspielen beizubringen. Es wäre unmöglich und allein dieser Satz verdeutlicht, zu welchen herausragenden Leistungen ein Mensch in der Lage ist. Die Intelligenz, die sensorischen und motorischen Fähigkeiten des Menschen sind enorm.

Durch die Fähigkeit des Menschen, mit Werkzeug umzugehen, hat er schließlich gelernt, Luftfahrzeuge zu bauen, mit denen er Beschleunigungen und Geschwindigkeiten erreicht, für die er nicht „gebaut" ist. Da diese Entwicklung in wenigen Generationen vollzogen wurde, war eine genetische Anpassung des Menschen nicht möglich.

Im vorliegenden Kapitel wird zunächst beschrieben, mit Hilfe welcher Mechanismen diese enormen Leistungen des Menschen möglich sind, wo seine Grenzen liegen und welche Probleme speziell in der Fliegerei bei ihm auftreten können.

Im Abschnitt „Informationsaufnahme" werden die physiologischen Grundlagen der für die Fliegerei besonders wichtigen Sinne Sehen und Hören beschrieben.

Um die aufgenommenen Informationen verarbeiten zu können, müssen sie mit bereits im Gedächtnis gespeicherten Informationen verglichen werden. Alte Informationen müssen verändert, neue hinzugefügt werden. Diese Prozesse benötigen unterschiedliche Arten von Speichern, die im Abschnitt „Verarbeitung von Information" beschrieben sind. Deren Möglichkeiten und Grenzen werden erläutert.

Zur Verarbeitung der im Gedächtnis gespeicherten Informationen gibt es in der psychologischen Literatur zwei gängige Modelle. Beide umfassen nur einen Teil der „Wirklichkeit", sind aber gleichwohl in der Lage, die Probleme bei der Infor-

Dr. G. Fahnenbruck (✉)
Vereinigung Cockpit e. V., Main Airport Center,
Unterschweinstiege 10, 60549 Frankfurt, Deutschland
E-Mail: gerhard.fahnenbruck@human-factor.biz

J. Scheiderer, H.-J. Ebermann, *Human Factors im Cockpit,*
DOI 10.1007/978-3-642-15167-5_2, © Springer-Verlag Berlin Heidelberg 2011

mationsverarbeitung und Entscheidungsfindung in komplexen Situationen (z. B. in einem Flugzeug) zu beschreiben.

Sämtliche Erläuterungen und Beispiele sind so gewählt, dass sie in der Verkehrsfliegerei Anwendung finden können. Sie sind der angegebenen Literatur entnommen, jedoch der besseren Verständlichkeit halber zum Teil modifiziert.

Insgesamt stellt das hier vorliegende Kapitel Informationsaufnahme und -verarbeitung die Grundlage für die meisten Kapitel in diesem Buch dar, speziell für die Kapitel „Menschlicher Irrtum" und „Entscheidungsfindung". Aber auch im weiteren Sinne für die Kapitel „Kommunikation", „Führungs- und Teamverhalten" und „Stress".

2.2 Informationsaufnahme: Die menschlichen Sinne

2.2.1 Allgemeine Betrachtungen

Die wichtigsten Sinne zur Durchführung eines Fluges sind Sehen und Hören. Nahezu alle relevanten Informationen werden über diese beiden Sinne aufgenommen und bilden daher den Schwerpunkt dieses Abschnitts. Hinzu kommt der Gleichgewichtssinn. Dieser spielt zwar für die Flugdurchführung eine untergeordnete Rolle, jedoch werden seine Informationen im Flugzeug leicht und häufig fehlgedeutet. Die sich ergebenden Probleme sollen hier ebenfalls erwähnt werden.

Natürlich stehen dem Piloten auch die anderen Sinne hilfreich zur Verfügung. Ein Pilot wird, sollte im Flugzeug eine Küche zur Verfügung stehen, Essensgerüche wahrnehmen. Er wird Gerüche aus der Klimaanlage oder auch den Geruch von Rauch wahrnehmen. Für die Durchführung eines Routinefluges sind diese Wahrnehmungen in der Regel nicht wichtig. Sollten sie dennoch einmal wichtig sein, funktionieren sie wie am Boden. Täuschungen des Geruchsinnes haben bisher selten zu Fehlentscheidungen bei der Flugdurchführung geführt. Ähnliches gilt für die Wahrnehmungen von Druck, Schmerz und Temperatur. Aus diesem Grund wird in diesem Kapitel auf eine Beschreibung dieser Sinne verzichtet.

2.2.2 Das menschliche Auge

Die meisten Piloten verfügen im Vergleich zur übrigen Bevölkerung über überdurchschnittlich gute Augen. Es gibt jedoch Wahrnehmungstäuschungen, die durch die Funktionsweise des Sehapparates hervorgerufen werden und gegen die auch gute Augen nicht helfen können.

Im folgenden Abschnitt wird auf die Funktionsweise gesunder Augen eingegangen, auf mögliche optische Täuschungen und deren Konsequenzen für die Fliegerei.

2.2.2.1 Funktionsprinzip

Licht wird vom Menschen durch das Auge (s. Abb. 2.1) wahrgenommen. Dabei durchdringt es zunächst die Hornhaut, passiert die Iris und wird durch die Linse gebrochen. Durch ein geschicktes Zusammenspiel von Iris und Linse wird sichergestellt, dass wahrgenommene Gegenstände auf der Netzhaut scharf und mit optimaler Lichtstärke abgebildet werden. Dieses Zusammenspiel geschieht weitestgehend automatisch, ist also nur bedingt bewusst beeinflussbar. Als Beispiel versuchen Sie doch einfach einmal, einen Gegenstand bewusst unscharf zu sehen. Wenn Sie es noch nie probiert haben, werden Sie feststellen, dass es nur kurzfristig und unter Anstrengung möglich ist.

Auf der Netzhaut befinden sich vier Arten von Rezeptoren, die Licht in elektrische Signale umwandeln. Sie unterscheiden sich durch die Wellenlänge des Lichts, das bei ihnen zu maximaler Erregung führt, und durch die Intensität, die notwendig ist, um sie zu erregen.

Drei von ihnen nennt man Zapfen. Sie reagieren besonders intensiv auf blau (445 nm), gelbgrün (535 nm) und gelbrot (570 nm). Sie sind sehr dicht angeordnet und mit jeweils einer Nervenfaser verbunden, so dass mit ihnen scharfes Sehen möglich ist. Zapfen benötigen jedoch relativ große Lichtstärken, um den jeweiligen Farbeindruck an das Gehirn weiterzugeben, so dass sie nur bei Tageslicht bzw. ausreichender Beleuchtung funktionieren.

Die vierte Rezeptorart wird als Stäbchen bezeichnet. Sie reagiert besonders intensiv auf grünes Licht (500 nm). Im Gegensatz zu den Zapfen benötigen die Stäbchen sehr wenig Licht um zu reagieren. Sie sind weiter voneinander entfernt als die Zapfen. Außerdem reizen oft mehrere Stäbchen lediglich eine Nervenzelle (s. Abb. 2.2).

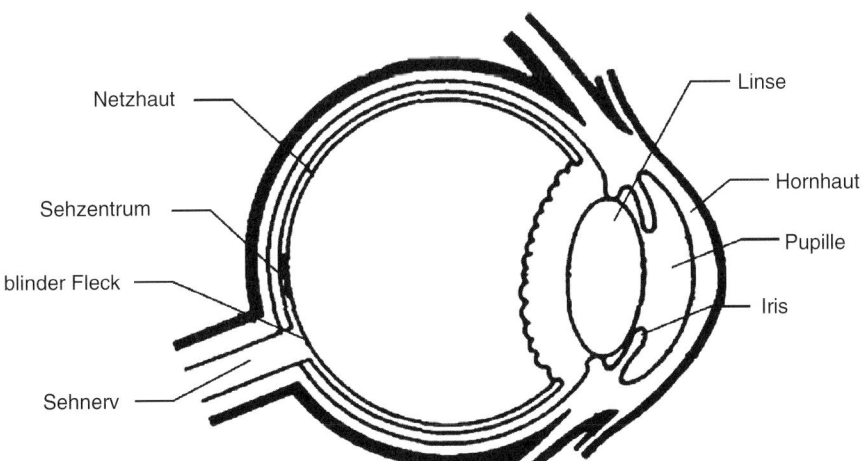

Abb. 2.1 Das menschliche Auge

Abb. 2.2 Reizbarkeit über
Wellenlänge je Rezeptor

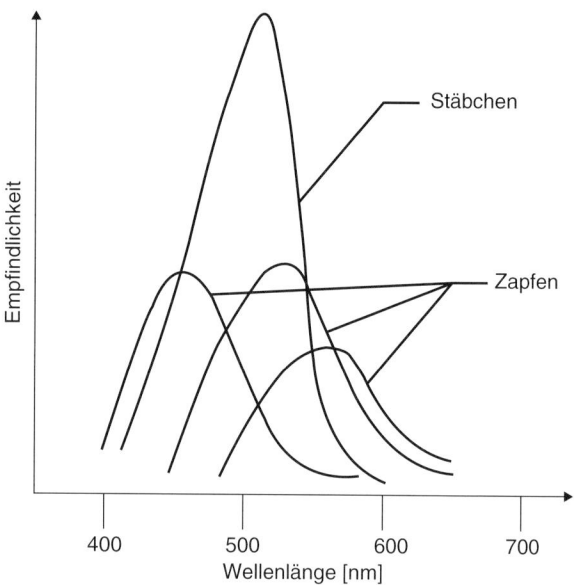

Zapfen (insgesamt ca. 6 Mio.) und Stäbchen (ca. 120 Mio.) verteilen sich nicht gleichmäßig über die Netzhaut. Vielmehr befinden sich im Sehzentrum nur Zapfen (ca. 400.000 je mm^2), während sich im Randbereich ausschließlich Stäbchen befinden. Diese Anordnung stellt speziell bei Tageslicht sicher, dass Gegenstände, die wir betrachten, scharf und farbgetreu wahrgenommen werden können.

Durch eine kontrastverstärkende Verschaltung der Stäbchen untereinander ist gewährleistet, dass Hell-Dunkel-Effekte im Randbereich unseres Sehfeldes sehr deutlich wahrgenommen werden. Zudem sind sie auf Bewegungswahrnehmung spezialisiert. Bewegt sich etwas im Randbereich unseres Sehfeldes, erfassen wir dies extrem schnell. Eine spezielle Verarbeitung im Gehirn ist hierzu nicht notwendig. Scharfes Sehen ist demgegenüber in diesem Bereich nicht möglich. Entwicklungsgeschichtlich betrachtet dient diese Bauweise der Augen dazu, dass auf Angriffe von der Seite schnell reagiert werden kann. Scharfes Sehen im Randbereich wäre im Angriffsfall kontraproduktiv, da sich wegen der dann vergleichsweise hohen Datenmenge die Reaktionszeiten verlängern und somit die Überlebenschancen verringern würden.

Zur weiteren Verarbeitung der „Daten" der Netzhaut müssen diese über Nerven an das Gehirn weitergeleitet werden. Dies geschieht mit Hilfe des Sehnervs, der etwas nach innen vom Sehzentrum versetzt aus dem Auge austritt. Diese Stelle des Auges wird blinder Fleck genannt, da sich dort keinerlei Rezeptoren befinden.

Solange mit beiden Augen gesehen werden kann, spielt dieser blinde Fleck kaum eine Rolle, da sich die blinden Flecken beider Augen nicht auf korrespondierenden Netzhautstellen befinden. Unter korrespondierenden Netzhautstellen versteht man in diesem Zusammenhang die Stellen der Netzhaut des rechten bzw. linken Auges, auf denen ein und dieselbe Wahrnehmung abgebildet wird.

Der Mensch benutzt seine beiden Augen auch zur Entfernungswahrnehmung. Um Gegenstände mit einer Entfernung unter 12 m auf den korrespondierenden Netzhautstellen abbilden zu können, müssen die Augen umso stärker zueinander verdreht werden, je näher sich der Gegenstand vor den Augen befindet. Aus dem Drehwinkel „errechnet" sich das Gehirn den Abstand zwischen dem betrachteten Gegenstand und den Augen. Bei größeren Entfernungen ist der Winkelunterschied zur Fokussierung ins Unendliche so gering, dass bei der gegebenen Auflösung der Augen keine genaue Entfernungsschätzung mehr möglich ist.

Zur Verarbeitung der Informationen der Augen müssen diese an die „richtigen" Stellen im Gehirn weitergeleitet werden. Was sind jedoch die richtigen Stellen? Der linke Arm des Menschen wird z. B. von seiner rechten Gehirnhälfte gesteuert, ebenso das linke Bein. Sämtliche Motorik, aber auch die gesamte Sensorik (Druck-, Schmerz- und Temperaturempfindung) der linken Körperhälfte wird in der rechten Gehirnhälfte abgebildet. Entsprechend ist die rechte Körperhälfte in der linken Gehirnhälfte abgebildet.

Diese „Arbeitsteilung" zwischen rechter und linker Gehirnhälfte im Hin-blick auf Sensorik und Motorik der Körperhälften funktioniert im Prinzip ebenso bei den Augen (s. Abb. 2.3). Alles was man links sieht (sowohl mit dem rechten als auch mit dem linken Auge), wird in der rechten Hirnhälfte verarbeitet und umgekehrt.

Durch die Teilung der Sehnerven nach rechtem und linkem Gesichtsfeld ist es z. B. möglich, die Steuerung des linken Armes durch die Augen vollständig der rechten Gehirnhälfte zu überlassen. Diese „Konstruktion" birgt den Vorteil, dass kein Datentransfer zwischen rechter und linker Gehirnhälfte notwendig wird. Ein solcher Datentransfer wäre nur über den sogenannten Balken möglich, der die einzige Verbindung zwischen den beiden Hälften der Großhirnrinde darstellt und damit zum Engpassfaktor wird. Wäre ein Datentransfer notwendig, wäre die Steuerung der Motorik zeitaufwendig und fehleranfällig.

Zur Verarbeitung der optischen Informationen wird zunächst ein Abbild des Wahrgenommenen in der sog. „Area 17" im hinteren Teil des Gehirns erstellt. Auf dieses Abbild greifen Nervenzellen zu, die in der Lage sind, bestimmte Muster wie Linien, Kreise oder andere einfache Figuren zu erkennen. Außerdem gibt es Nervenzellen in der Großhirnrinde, die auf höhere Verarbeitung spezialisiert sind (z. B. das Ablesen von Instrumentenanzeigen). Sie greifen sowohl auf die Nervenzellen zu, in denen das Abbild gespeichert ist, als auch auf die Nervenzellen, die für die Mustererkennung zuständig sind.

Die Verarbeitungsprozesse im Gehirn funktionieren sehr schnell, weil das Gehirn hochgradig parallel arbeitet. Ein Pilot weiß sofort, dass es sich bei einem Balken in einem Kreisbogen an einer bestimmten Stelle auf einem Bildschirm oder dem Instrumentenbrett um eine Drehzahlanzeige handeln muss. Alle Gedächtnisinformationen stehen bei der Beobachtung sofort zur Verfügung. Demgegenüber müsste ein Computer sie sequentiell abfragen. Die Leitungsgeschwindigkeit im menschlichen Gehirn ist zwar vergleichsweise gering, durch die Parallelität bei der Verarbeitung

Abb. 2.3 Verschaltung der
Sehnerven im Gehirn

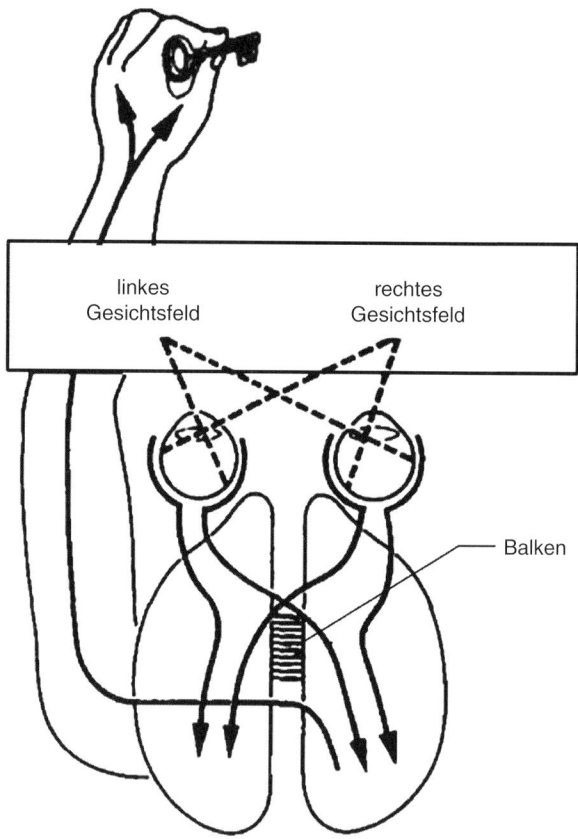

wird aber eine Geschwindigkeit erreicht, die im Vergleich zu einem Computer nach
wie vor beeindruckend ist.

2.2.2.2   Optische Täuschungen

Die hohe Leistungsfähigkeit des Gehirns bei der Verarbeitung optischer Reize ist
nur durch die beschriebene parallele Verarbeitung und durch konsequente Reduktion der Daten möglich. Zum einen werden fast alle Informationen aus dem peripheren Bereich des Sehens nicht bewusst wahrgenommen. Die Verarbeitung dieser
Daten geschieht, wenn überhaupt, nur unbewusst.

Zum anderen werden aber auch die bewusst wahrgenommenen Informationen vereinfacht verarbeitet. Bereits in der Mitte des neunzehnten Jahrhunderts haben Psychologen herauszufinden versucht, nach welchen Regeln diese Verarbeitung funktionieren könnte.

Im Folgenden soll durch einige Beispiele optischer Täuschungen gezeigt werden,
dass nicht immer alles so ist, wie man es sieht. Die nachfolgend beschriebenen

a) Müller Lyer: Das rechte Teilstück erscheint länger.

b) Ponzo: Die obere Waagerechte erscheint länger.

c) Orbison: Quadrat und Kreis scheinen verzerrt.

d) Hering: Die parallelen Linien scheinen verbogen.

e) Hering: Die Kreuzungspunkte der weißen Balken erscheinen grau.

Abb. 2.4 Optische Täuschungen

optischen Täuschungen sind aus Versuchsanordnungen hervorgegangen und deshalb nicht immer in den Alltag übertragbar. Welche Auswirkungen jedoch selbst „kleine" optische Täuschungen in der Fliegerei haben können, wird im nächsten Abschnitt diskutiert (s. Abb. 2.4).

Bei Täuschung (a) sieht das linke Teilstück der Waagerechten länger aus als das rechte. Bei (b) wirkt die obere Waagerechte länger als die untere. Beide lassen sich als Täuschung durch Hinzufügen der dritten Dimension beschreiben. Stellt man sich in Fall (a) die waagerechte Linie als Mauerkante vor, dann schaut man links auf eine hervorspringende und rechts auf eine zurückspringende Kante. Die hervorspringende Kante muss dem Betrachter näher vorkommen, als sie tatsächlich ist, weil sie aus der Bildebene hervorspringt. Da sie sich anscheinend näher am Betrachter befindet (eigentlich also durch die Nähe größer sein müsste), wirkt sie subjektiv kleiner.

Bei (b) kann man sich die schrägen Linien als Eisenbahnschienen, die waagerechten als Schwellen vorstellen. Die obere Schwelle ist dann weiter entfernt, berührt fast die Schienen und müsste somit breiter sein.

Bei (c) bzw. (d) kommt die Verzerrung nicht durch die räumliche Interpretation einer zweidimensionalen Figur, sondern eher durch die unterschiedliche Informationsdichte an verschiedenen Stellen der Bilder zustande. Wenn sich zwischen zwei Linien an einer Stelle sehr viele andere Linien befinden, dann muss an dieser Stelle zwischen den Linien mehr Platz sein. Sie würden ja sonst nicht dazwischen passen. Oder der Kreis bzw. das Quadrat, die an einer Seite durch die Linien in viele Segmente geteilt werden: Die jeweils zerteilte Seite muss größer sein, sonst hätte man sie ja nicht so oft teilen können.

Bei der Kontrasttäuschung (e) führt die Fähigkeit des Auges in kontrastarmer Umgebung Kontraste wahrnehmen zu können dazu, dass in der kontrastreichen Umgebung der Täuschung helle Teile der Darstellung dunkler wahrgenommen werden.

Trotz der offensichtlichen Schwächen des Sehapparates sind die Augen das dominante Wahrnehmungsorgan zur Bestimmung der Lage des Körpers. Jeder hat schon in einem Zug gesessen und gedacht, er würde losfahren, nur weil am Nachbargleis ein Zug abgefahren ist.

2.2.2.3 Auswirkungen auf die Fliegerei

Die in den beiden vorhergehenden Abschnitten beschriebenen Prozesse spielen praktisch während des gesamten Fluges eine Rolle. Allein ein „Schätzfehler" um ein halbes Grad im Endanflug kann darüber entscheiden, ob eine Landung hart oder weich ist, ob man am 1000-ft-Punkt oder woanders aufsetzt, ob man bis zum Bahnende zum Stehen kommt oder nicht.

In der Parkposition kann sich beispielsweise eine Fahrgastbrücke, ein Passagierbus oder ein anderes Fahrzeug in der Nähe so bewegen, dass der Eindruck entsteht, dass sich das eigene Flugzeug bewegt. Die natürliche Reaktion wäre, der Versuch sofort zu bremsen. Kritisch wird es, wenn man diese „Wahrnehmungsstörung" kennt und deshalb nicht reagiert. Bewegt sich dann vielleicht wirklich das Flugzeug, so kann dies erheblichen Schaden verursachen.

Ähnliches kann beim Rollen passieren. Durch „Drifting Snow" kann man den Eindruck gewinnen, eine Kurve zu rollen, obwohl das Flugzeug exakt geradeaus rollt oder umgekehrt.

Ein spezielles Problem findet man bei der Umschulung von kleineren auf größere Flugzeuge in Form von überhöhten Rollgeschwindigkeiten. Durch den größeren

Abstand zum Boden wirkt die Geschwindigkeit langsamer, als sie tatsächlich ist, mit der Folge dass man schneller rollt.

Beim Start gibt es das Problem der Richtungskontrolle aufgrund von Niederschlag. Hinzu kommen Täuschungen der Fluglage durch hügeliges bzw. bergiges Gelände oder Wolken, die den Eindruck eines Horizontes erwecken.

Beim Start und im Reiseflug besteht die Gefahr eines Zusammenstoßes. Unsere Augen sind darauf spezialisiert, im peripheren Bereich Bewegungen wahrzunehmen. In der Fliegerei ist die Zusammenstoßgefahr besonders groß, wenn sich ein anderes Flugzeug relativ zur eigenen Position (bezogen auf die Richtung) nicht ändert, wenn also eine sog. stehende Peilung vorliegt (s. Abb. 2.5).

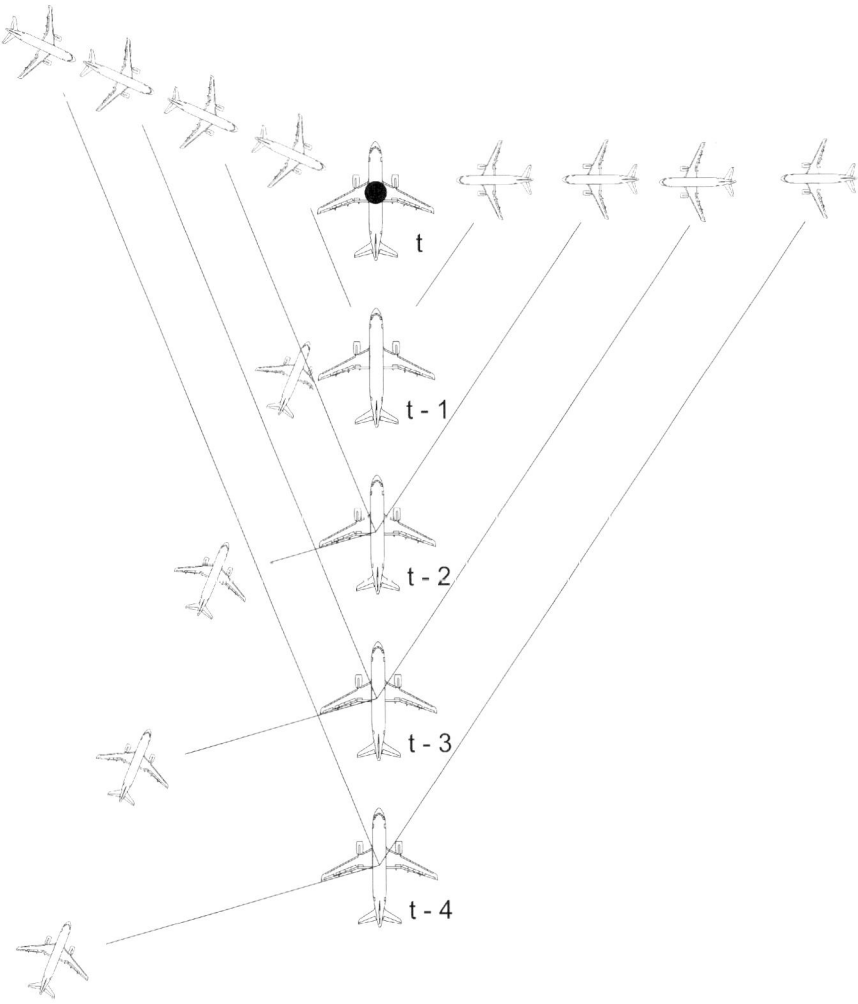

Abb. 2.5 Relative Position von Flugzeugen

In Abb. 2.5 sind die Positionen des eigenen Flugzeugs und verschiedener anderer Flugzeuge zu den Zeitpunkten t-4 bis t aufgezeichnet. Zum Zeitpunkt t kommt es zum Zusammenstoß.

Gemeinsam ist allen Situationen, dass eine stehende Peilung vorliegt. Liegt eine solche vor, kann es zum Zusammenstoß kommen. Ist dies nicht der Fall, ist ein Zusammenstoß nicht möglich, vorausgesetzt Richtung und Geschwindigkeit der Flugzeuge ändern sich nicht.

Vor allem im Reiseflug gibt es eine weitere Schwierigkeit, die durch die automatische Scharfstellung des Gesehenen durch die Linse bedingt ist. Zunächst ist zu betonen, dass das Auge seine Aufgabe bei Tageslicht sehr gut bewältigt. Wird es jedoch zu dunkel bzw. werden die Kontraste zu schwach, können Probleme auftreten.

Findet das Auge keinen Kontrast, der scharf genug wäre, um sich daran zu orientieren, stellt sich bei den meisten Menschen das Auge auf eine Entfernung von knapp unter einem Meter ein (in etwa die Entfernung vom Auge bis zur Cockpitscheibe). Schaut ein Pilot in den blauen und häufig wenig kontrastreichen Himmel, findet das Auge unter Umständen bessere Kontraste an eben diesen möglicherweise verkratzten, verschmutzten oder regennassen Scheiben. Die Folge: Flugzeuge können wegen der mangelnden Tiefenschärfe nicht mehr entdeckt werden. Nachts tritt dieses Problem ebenfalls auf, weil die Lichtstärke nicht ausreicht, um deutliche Kontraste zu erzeugen. Vermindert man darüber hinaus die Durchblutung der Augen (z. B. durch Rauchen im Cockpit), dann wird die automatische Funktion des Scharfstellens der Augen zusätzlich erschwert. Alterungsprozesse der Augen, normalerweise nach Überschreitung des vierzigsten Lebensjahrs, tun ihr übriges.

Der blinde Fleck spielt normalerweise keine große Rolle. Er ist nur dann von Bedeutung, wenn die Sicht für eines der beiden Augen eingeschränkt ist, während das andere Auge freie Sicht hat. Die Chance dazu ist im Cockpit umso höher, je breiter die Holme zwischen den Scheiben sind.

Auch die „Verschaltung" der Augen untereinander macht normalerweise keinerlei Probleme, d. h. dass alles, was im rechten Gesichtsfeld gesehen wird, in der linken Gehirnhälfte abgespeichert wird und umgekehrt. Jeder, der auf dem gleichen Flugzeugmuster vom Copiloten zum Kapitän umgeschult oder Trainingskapitän wird und vom anderen Sitz aus fliegen muss, kennt das Phänomen, dass man mehr Zeit benötigt, die entsprechenden Schalter zu finden. Die entsprechende Information ist dann möglicherweise einfach in der „falschen" Hirnhälfte abgespeichert. Sobald sie jedoch auf beiden Seiten gespeichert ist, ist ein Sitzwechsel kein Problem mehr, vorausgesetzt der Platz wird regelmäßig gewechselt.

Die Funktionsweise und Verteilung von Stäbchen und Zapfen auf der Netzhaut ist für die Nutzung bei Tageslicht optimiert. Nachts treten hingegen Schwierigkeiten auf: Die Stäbchen sind in der Dunkelheit „blind". An der Stelle, an der der Mensch unter Tageslichtbedingungen am schärfsten sehen kann, nämlich im Sehzentrum, sieht der Mensch nachts nichts. Der Reflex, dort hinzuschauen, wo sich etwas bewegt bzw. wo einen etwas interessiert, ist nachts zumindest nutzlos, wenn nicht sogar schädlich. Das Verhalten, etwas neben die Stelle zu schauen, die man eigentlich betrachten möchte, ist schwer trainierbar und hilft nur eingeschränkt, da sowohl scharfes Sehen als auch Farbsehen damit nicht möglich sind.

Zum anderen tritt nachts der sogenannte Autokineseeffekt auf: In einer dunklen Umgebung scheint sich ein einzelnes stationäres Licht zu bewegen. Hierfür gibt es im Wesentlichen zwei Ursachen: Erstens benötigt das Auge zur Stabilisierung der Blickrichtung das vestibuläre System der Ohren. Dieses ist aber nicht genau genug, um alleine die Augen vollständig stabil zu halten. Zweitens bewegen sich die Augen autonom, um nicht immer die gleichen Rezeptoren mit der gleichen Information zu reizen. Dies würde sehr schnell zur Ermüdung oder sogar kurzzeitigen „Erblindung" der entsprechenden Rezeptoren führen. Beide Effekte zusammen lassen einen ruhenden Gegenstand speziell nachts bewegt erscheinen. Tagsüber wird dieser Effekt durch Erfahrung vollständig ausgeglichen. Jeder Pilot weiß, dass sich die Landebahn im Anflug nicht bewegt. Dieses Wissen stabilisiert die Wahrnehmung. Nachts dagegen kann man eine unbeleuchtete Landebahn unter Umständen nicht erkennen, so dass die Stelle, an der sie sich befindet, bewegt erscheinen kann.

Bei Anflügen, speziell bei schlechtem Wetter, treten weitere Probleme auf.

Entfernungen werden bei **guten Sichten** unterschätzt, bei **schlechten Sichten** werden Entfernungen jedoch überschätzt. Dadurch, dass das Gesehene schlechter erkannt wird, wird der Eindruck vermittelt, es sei weiter entfernt. Die Konsequenz für die Fliegerei kann darin bestehen, zu tief anzufliegen. Ähnliches gilt für Nachtflüge über unbeleuchteten Gebieten (Wasser, Wüste …). Durch die fehlende Referenz wähnt man sich höher, als man tatsächlich ist, und fliegt ebenfalls tiefer.

Eine weitere mögliche Interpretation des zu tiefen Anfliegens bei schlechtem Wetter bzw. bei Nacht geht davon aus, dass man für einen Anflug nach Sicht normalerweise den Winkel zwischen dem natürlichen Horizont und dem Aufsetzpunkt konstant hält, was zu einem konstanten Anflugwinkel führt. Ist der Horizont nicht sichtbar, verwendet das Auge den am weitesten entfernten Punkt, der eben noch sichtbar ist (z. B. das Bahnende), als Ersatzhorizont. Bei konstantem Winkel zwischen Ersatzhorizont und Aufsetzpunkt ergibt sich automatisch ein nach unten gewölbtes Anflugprofil.

Ein weiteres Problem bei Schlechtwetteranflügen kann die Sitzposition der Piloten darstellen. Abbildung 2.6 veranschaulicht das Problem: Sitzt der Pilot nur ein wenig zu tief, verliert er einen Teil der Sicht nach vorne. Zwar werden die am weitesten entfernten, noch wahrnehmbaren Lichter tatsächlich wahrgenommen, die weiter vorne liegenden werden jedoch durch das eigene Flugzeug verdeckt. Eine Ausrichtung auf die Landebahn wird dadurch unnötig erschwert.

Unterschiedliche Anstellwinkel durch unterschiedliche Anfluggeschwindigkeiten oder Klappenstellungen können einen ähnlichen Effekt haben, wie eine falsche Sitzposition. Der Horizont wird an einer anderen Stelle im Fenster gesehen, der Anflugwinkel dadurch anders wahrgenommen und die Flugbahn möglicherweise falsch korrigiert.

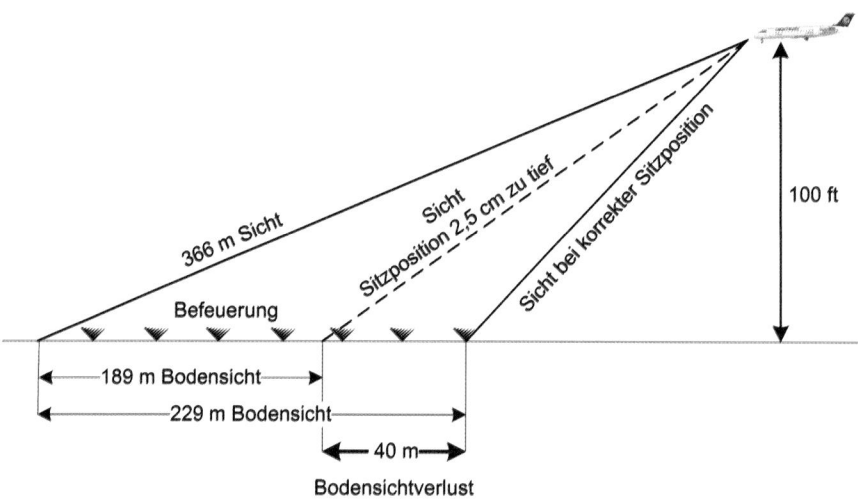

Abb. 2.6 Sichtverlust durch falsche Sitzposition

Auch Landebahn- bzw. Geländeneigungen können zu Fehleinschätzungen der Höhe führen. Abbildung 2.7 veranschaulicht vier Möglichkeiten einer solchen Höhentäuschung. Auch Mischformen der Gelände- und Bahnneigung sind möglich.

Hat die Landebahn zudem eine nicht konstante Neigung, sondern „Täler" oder „Hügel", dann wird die Länge der Bahn über- bzw. unterschätzt. Ungewöhnliche Abmessungen der Landebahn (in Länge oder Breite) haben einen ähnlichen Effekt. Auf der vermeintlich zu kurzen Bahn wird unter Umständen unnötig stark, auf der vermeintlich zu langen Bahn zu schwach gebremst. Beides mit möglicherweise gefährlichen Folgen.

2.2.2.4 (Kein) Schutz vor optischen Täuschungen

Einen Schutz gegen optische Täuschungen gibt es nicht. Es ist ein Phänomen, dem alle unterliegen. Es liegt in der Natur des Menschen, dass sein Sehapparat Täuschungen unterliegt. Ein Training für alle Situationen, in denen Täuschungen auftreten, kann es nicht geben. Es sind schlicht unendlich viele.

Trotzdem gibt es Möglichkeiten, sich vor den Konsequenzen dieser Täuschungen weitestgehend zu schützen: Zunächst sollte man Täuschungen als natürlich akzeptieren. Man sollte sich mit den Situationen vertraut machen, in denen sie auftreten können, und man sollte sich immer aller Hilfsmittel bedienen, die zu einer Vermeidung von Täuschungen führen.

Cockpitscheiben lassen sich vor dem Flug reinigen, die Sitzposition in Verkehrsflugzeugen ist eindeutig definiert. Das Wissen um den blinden Fleck kann man dazu benutzen, sich seine Sicht durch die Holme zwischen den Cockpitscheiben

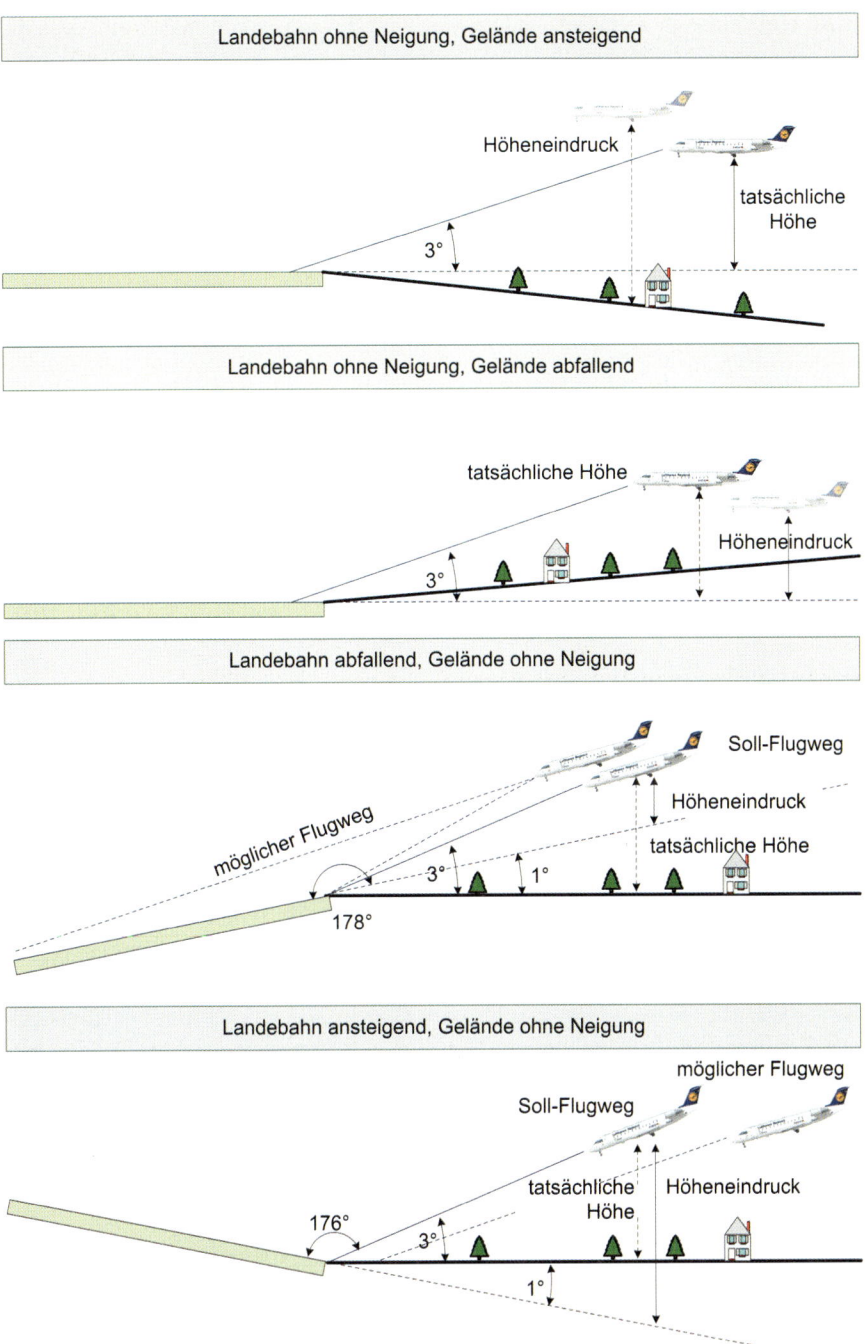

Abb. 2.7 Höhentäuschung durch Landebahn und Geländeneigung

nicht einschränken zu lassen, indem man sich bewegt. Wenn man weiß, dass die Flugzeuge gefährlich werden, die sich nicht bewegen, kann man gezielter danach suchen. Die Einstellung, dass man sie aus dem Augenwinkel sowieso sehen wird, wenn es kritisch wird, ist gefährlich. Genau das Gegenteil ist der Fall. Man würde sie erst dann erkennen, wenn sie deutlich größer werden, und dann ist es bei den Geschwindigkeiten, um die es in der Fliegerei geht, wahrscheinlich zu spät.

Als Hilfsmittel zur Stabilisierung von Anflügen steht häufig ein PAPI (bzw. VASIS) zur Verfügung. Grundsätzlich sollte bei Sichtanflügen ein vorhandenes ILS genutzt werden. Das nicht fliegende Crewmitglied kann speziell bei Nicht-Präzisionsanflügen aufgefordert werden, die Kontrolle der Höhe über DME oder GPS zu übernehmen und Abweichungen anzusagen. Auf das Rauchen sollte vor Nachtanflügen auf schlecht beleuchtete Plätze verzichtet werden.

Darüber hinaus sollen Behörden und der eigene Arbeitgeber aufgefordert werden, Verfahren in der Form zu gestalten, dass die Täuschungsphänomene keine Konsequenzen haben.

2.2.3 Das menschliche Ohr

Das menschliche Ohr erfüllt zwei Funktionen: Zum einen dient es dem Hören und zum anderen dient es der Bestimmung der Lage im Raum und steuert somit das Gleichgewicht. Beide Funktionen werden in den folgenden Abschnitten beschrieben.

Da in der Fliegerei Störungen des Hörvorgangs vergleichsweise selten sind und entweder auf die Überlastung des Arbeitsgedächtnisses zurückzuführen oder Folge des Stressors Lärm sind (siehe hierzu das Kapitel „Stress"), erfolgt in diesem Kapitel lediglich eine kurze, vereinfachte Beschreibung des Hörvorgangs.

Demgegenüber stellt sich die Funktion des Ohres als Gleichgewichtsorgan (vestibuläres System) in der Fliegerei als extrem fehleranfällig dar. Ähnlich dem Auge ist das Ohr für langsame Bewegungen am Boden „konzipiert". Beschleunigungen und Bewegungen wie sie in einem Flugzeug auftreten, werden zwar wahrgenommen, können aber nicht immer richtig verarbeitet werden. Die Folgen reichen von Unwohlsein und Übelkeit bis zu räumlicher Desorientierung. Den Störungen des Gleichgewichtorgans ist deshalb ein eigener Abschnitt gewidmet.

2.2.3.1 Das Innenohr

Schallwellen dringen über das Außenohr, das Trommelfell und die Gehör-Knöchelchen ins Innenohr vor und versetzen dort (in der sog. Schnecke) eine Flüssigkeit in Schwingungen. Diese Schwingungen werden von kleinsten Haarzellen aufgenommen und über den Gehörnerv an das Gehirn zur Verarbeitung weitergeleitet (s. Abb. 2.8).

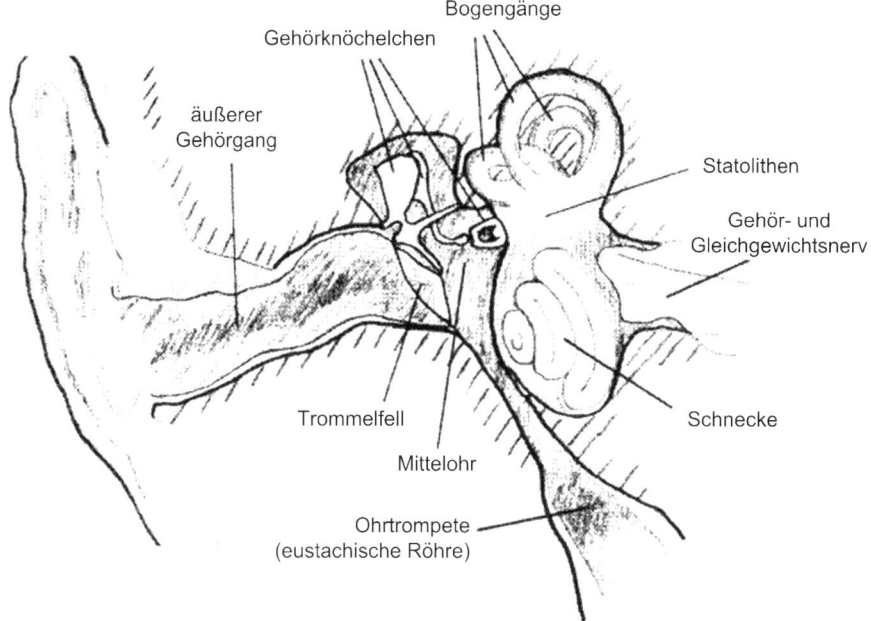

Abb. 2.8 Das menschliche Ohr

In der Schnecke werden Frequenzen von ca. 20 Hz bis 16.000 Hz verarbeitet, wobei das menschliche Ohr zwischen ca. 1.000 Hz und 4.000 Hz besonders sensibel reagiert. Dies ist zugleich der Frequenzbereich der menschlichen Sprache. Anders als beim Sehnerv, der nach rechtem und linkem Gesichtsfeld geteilt ist, versorgen die Hörnerven beider Ohren jeweils beide Hirnhälften mit ihren Informationen.

Lediglich für das Richtungshören erfolgt eine getrennte Analyse der Informationen beider Ohren. Dabei wird einerseits der Zeitunterschied zwischen dem Auftreffen der Schallwellen auf das rechte bzw. das linke Ohr gemessen und ausgewertet und andererseits eine genaue Frequenzanalyse durchgeführt. Ein Geräusch, das auf das eine Ohr direkt und auf das andere erst über einen Umweg auftrifft (am Gesicht oder dem Hinterkopf vorbei) oder lediglich die beiden Ohrmuscheln in einem anderen Winkel trifft, verändert in charakteristischer Weise seine Frequenzverteilung. Die Analyse dieser Verteilung wird mit Bandpassfiltern im Gehirn durchgeführt, die beispielsweise Töne von 1.000 Hz und 1.002 Hz eindeutig unterscheiden können. Auf diese Weise lässt sich die Richtung eines Geräusches bestimmen.

2.2.3.2 Das vestibuläre System

Zur Bestimmung der Lage im Raum stehen dem Ohr sowohl drei senkrecht aufeinander stehende sog. Bogengänge zur Feststellung von Drehbewegungen zur Verfügung, als auch zwei Bereiche mit sog. Statolithen, die die Richtung der resultierenden Kraft auf den Körper registrieren (s. Abb. 2.8). Bogengänge und Statolithen zusammen werden vestibuläres System genannt.

Die Bogengänge sind mit einer Flüssigkeit gefüllt. Wird der Kopf in der Ebene eines Bogengangs gedreht, dann bleibt die Flüssigkeit zunächst in Ruhe. Es entsteht eine relative Bewegung zwischen der Flüssigkeit und den Haarzellen im Bogengang. Die Reizung der Haarzellen wird an das Gehirn als Drehbewegung in der entsprechenden Ebene weitergegeben. Solange die Drehbewegung nicht über einen längeren Zeitraum anhält, funktioniert das Prinzip sehr gut. Es ist überhaupt kein Problem, den Körper um einen definierten Winkel zu drehen, ohne dabei die Orientierung zu verlieren. Ebenso wenig macht es Schwierigkeiten, einen Gegenstand mit den Augen zu fixieren und dabei Kopf und/oder Körper zu bewegen.

Erfolgt die Drehbewegung jedoch über einen längeren Zeitraum, dann kommt die Flüssigkeit in dem entsprechenden Bogengang relativ zu diesem Gang durch Reibung zur Ruhe (ähnlich wie in einem Glas, das man längere Zeit dreht, die Flüssigkeit die Drehgeschwindigkeit des Glases annimmt und somit relativ zum Glas zur Ruhe kommt). Die Haarzellen melden in dieser Ebene dann keine Bewegung mehr. Stoppt die Drehbewegung, wird aufgrund der Trägheit der Flüssigkeit dem Körper eine Drehbewegung in Gegenrichtung vorgespielt, was entsprechende Reflexe auslöst. Jeder kennt dieses Phänomen aus der Kindheit: Man wird mit geschlossenen Augen mehrfach gedreht, gestoppt und losgelassen. Der Körper hat den Eindruck er dreht in Gegenrichtung, so dass die entsprechenden Reflexe dazu führen, dass man sich nicht mehr auf den Beinen halten kann.

Auch die Statolithen funktionieren am Boden sehr gut. Sie dienen der Bestimmung der Richtung der Schwerkraft, da diese bei natürlicher Fortbewegung praktisch die einzige ist, die konstant auf den Körper wirkt. In einer mit Kalzitkristallen angereicherten Gallertschicht befinden sich Haarzellen, die in senkrechter Richtung die ihnen zugeordneten Sinneszellen gleichmäßig, und bei Schräglage mehr oder weniger einseitig reizen.

Im Flugzeug jedoch wird durch die Statolithen die Resultierende aus Zentrifugal- und Schwerkraft als Schwerkraft interpretiert. Die sich ergebenden Fehlinterpretationen können nur mittels einer Kontrolle durch die Augen ausgeglichen werden.

2.2.3.3 Störungen des Gleichgewichtorgans in der Fliegerei

Störungen des Gleichgewichtssinnes in der Fliegerei ergeben sich aus der Bauweise des vestibulären Systems. Mit Einleiten einer Kurve nehmen die Nervenfasern der Bogengänge eine Drehbewegung wahr, die auch stattfindet. Die Statolithen registrieren hier jedoch bereits das Scheinlot, das nicht zu der soeben durchgeführten Rotation passt. Bei gleicher Rotation am Boden bestünde die Gefahr des Umfallens. Entsprechende Reflexe müssen unterdrückt werden.

Dauert die Drehbewegung an, kommt die Flüssigkeit in den Bogengängen durch Reibung zur Ruhe. Die Statolithen registrieren das Scheinlot, so dass das Gleichgewichtsorgan einen unbeschleunigten Horizontalflug annimmt.

Beim Ausleiten der Kurve wird dem Gleichgewichtssinn eine Drehbewegung in die andere Richtung vorgespielt. Entsprechend gibt es auch hier die Möglichkeit von Fehlreaktionen.

Alle Zwischenstadien von drehendem Körper und drehender Flüssigkeit in den Bogengängen sind möglich. Eine Abschätzung der Fluglage mit dem menschlichen Gleichgewichtssinn ist demzufolge unmöglich. Dies ist auch der wesentliche Grund, warum VFR-Piloten bei Einflug in IFR-Wetter oft verunglücken. Sie trauen ihrem Gleichgewichtssinn mehr als ihren Instrumenten.

Bringt man ein Flugzeug ins Trudeln, werden die gleichen Effekte noch viel stärker, weil hierbei alle Drehachsen betroffen sind. Die mögliche Reaktion bei der Beendigung des Trudelns ist die Einleitung des Gegentrudelns.

Die Signale des Gleichgewichtsorgans sind natürlich und nicht zu unterdrücken. Das einzige, was Piloten dagegen machen können, ist während des Instrumentenfluges Kopfbewegungen zu vermeiden und unbedingt ihren Instrumenten zu trauen.

Ist ein Pilot so trainiert, dass er nur dem traut, was er sieht, dann unterliegt er trotzdem den zuvor beschriebenen optischen Täuschungen. Zusätzlich gibt es Täuschungen, die das Zusammenspiel von Auge und Ohr betreffen. Strobe Lights, Scheibenwischer oder der Propeller können Bewegungen vortäuschen, die tatsächlich gar nicht oder anders stattfinden. Da die Reaktion auf solche Täuschungen jedoch nicht einheitlich ist, gibt es auch hier nur den Hinweis, seinen Instrumenten zu trauen. Ist man sich als Pilot nicht sicher, sollte man seinen Autopiloten (sofern vorhanden) einschalten. Ihn zu überwachen ist in jedem Fall einfacher, als sich gegen eine Wahrnehmungstäuschung zu wehren und dabei das Flugzeug selbst zu fliegen.

2.3 Die Verarbeitung von Informationen

Zuvor wurde gezeigt, wie Informationen mit den Augen und Ohren aufgenommen werden. Es ist dort z. T. bereits beschrieben worden, wie die ersten Schritte der Informationsverarbeitung ablaufen und welche systembedingten Fehler dabei auftreten (können).

Will man jedoch zu einer Beschreibung der höheren, kognitiven Verarbeitung beim Menschen gelangen, so kommt man nicht umhin, sich mit dem Gedächtnis zu beschäftigen. Ohne das Gedächtnis wäre jede aufgenommene Information „neu". Der Zustand wäre ähnlich dem eines Säuglings. Einem Wesen, dem noch alle Erfahrung fehlt.

Da zur Entscheidungsfindung im Cockpit insbesondere das Langzeitgedächtnis eine bedeutende Rolle spielt, werden die beiden heute gängigen Vorstellungen darüber ausführlicher beschrieben.

Abschließend werden die Möglichkeiten und Grenzen der menschlichen Informationsverarbeitung in Bezug auf die Fliegerei dargestellt. Einschränkungen dieser Möglichkeiten aufgrund spezieller Situationen finden sich in praktisch allen Kapi-

teln dieses Buches. Dazu gehören die Kapitel Menschlicher Irrtum, Kommunikation, Entscheidungsfindung sowie das Kapitel Stress.

2.3.1 Das menschliche Gedächtnis

Zwei verschiedene Modellvorstellungen über das menschliche Gedächtnis sind heute gängig. Die eine unterscheidet zwischen sensorischem Register, Kurzzeit- und
Langzeitgedächtnis. Sie kommt der Erfahrung nahe, dass man nicht alle Informationen jederzeit zur Verfügung hat („Wie hieß der Freund von Peter noch?") und man
nicht immer alle verfügbaren Informationen gleichzeitig aufnehmen bzw. verarbeiten kann. Diesem Mehrspeichermodell über das Gedächtnis entspricht die Vorstellung der Verarbeitung von Informationen mit Hilfe von Schemata bzw. Skripten.

Die andere Modellvorstellung über das Gedächtnis geht von nur einem einzigen
Speicher, jedoch verschiedenen Zuständen in diesem Speicher aus.

Während sich das oben genannte Mehrspeichermodell eher auf den Aspekt der zu
verarbeitenden Information konzentriert, rücken im Einspeichermodell die Verarbeitungsprozesse in den Mittelpunkt der Betrachtung. Mentale Modelle zur Verarbeitung von Informationen passen eher zu dieser letztgenannten Vorstellung über
das Gedächtnis.

Welche dieser Modellvorstellungen die „richtige" ist, ist für die Fliegerei unerheb-
lich. Von Bedeutung ist vielmehr, dass die Sichtweisen beider Modellvorstellungen
dazu beitragen können, Probleme der Informationsverarbeitung in der Fliegerei zu
verstehen.

2.3.1.1 Das Mehrspeichermodell des Gedächtnisses

Die mit den Sinnesorganen aufgenommenen Informationen gelangen zunächst in
das sogenannte sensorische Register. Dieses hat vom Umfang her eine praktisch un-
begrenzte Kapazität. Die dort gespeicherten Informationen weisen jedoch nur eine
Halbwertzeit von ca. 100–150 ms auf. Nach dieser Zeit ist dort bereits die Hälfte
der Informationen verloren gegangen.

Das sensorische Register wird verwendet, um der eintreffenden Information Zeit
zu geben, verarbeitet zu werden. Diese Verarbeitung geschieht im Kurzzeit- bzw.
Arbeitsgedächtnis. Neben den Informationen aus dem sensorischen Register nimmt
das Arbeitsgedächtnis auch Informationen aus dem Langzeitgedächtnis auf, die dort
bereits gespeichert sind. Die Speicherkapazität des Arbeitsgedächtnisses ist jedoch
relativ beschränkt. Wird die Aufmerksamkeit von einem Gegenstand bzw. einer
Fragestellung abgewendet, geht die Information im Arbeitsgedächtnis nach einigen wenigen Sekunden verloren. Zeitgleich kann das Arbeitsgedächtnis nur 7 ± 2
Informationseinheiten verarbeiten. Dieses Verarbeitungsprinzip gilt auch im motorischen Bereich: Gute Jongleure beispielsweise können mit maximal neun Gegen-
ständen gleichzeitig jonglieren.

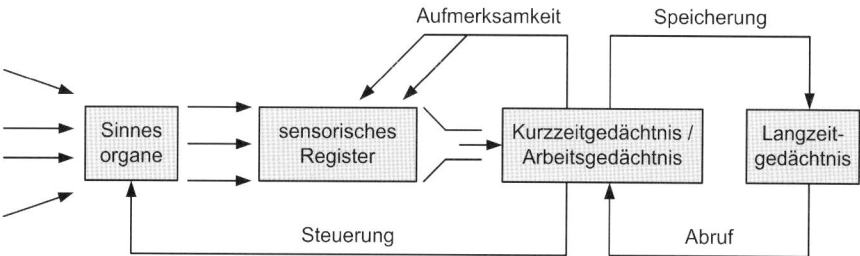

Abb. 2.9 Mehrspeichermodell des Gedächtnisses

Das jeweilige Leistungslimit ist tagesform- und personenabhängig.

Werden die ca. 7 Einheiten überschritten, kommt es zu einer Überlastung des Arbeitsgedächtnisses. Zusätzliche Informationseinheiten werden ausgeblendet und es entsteht der Tunnelblick. Spätestens jetzt muss die Belastung erheblich reduziert werden (Delay Vector, Nutzung des Autopiloten etc.). Darüber hinaus treten dann auch Fehler innerhalb der ca. 7 Einheiten auf: Jemand, der sich ohne Schwierig-keiten eine 7-stellige Zahl merken kann, wird wahrscheinlich weniger als 7 Ziffern behalten, wenn er versucht, sich eine 8-stellige Zahl zu merken.

Trotz der Einschränkung auf ca. 7 Einheiten ist das Arbeitsgedächtnis enorm leis-tungsfähig, denn es hat jederzeit Zugriff auf das Langzeitgedächtnis (s. Abb. 2.9). Von dort können Erfahrungen aktiviert und z. B. mit neuen Informationen im Arbeitsgedächtnis kombiniert werden.

Informationen aus dem Arbeitsgedächtnis können sowohl bewusst als auch unbe-wusst in das Langzeitgedächtnis gelangen. Dieses ist praktisch unbegrenzt und ent-hält das Wissen des jeweiligen Menschen über die Welt. Lange nicht benutztes Wis-sen ist zwar nicht immer leicht zu erinnern, geht aber in der Regel nicht verloren. Selbst Wissen, an das man sich auch nach längerer Überlegung nicht erinnern kann, wird unter Hypnose erinnert, ein in der täglichen Fliegerei zugegebenermaßen nicht praktikables Verfahren.

Lernen, d. h. die Übernahme von Informationen ins Langzeitgedächtnis funktio-niert in diesem Modell über die Bearbeitung im Arbeitsgedächtnis. Bleibt eine zu lernende Information lange genug im Arbeitsgedächtnis aktiviert, wird sie dauerhaft im Langzeitgedächtnis abgelegt. Dies geschieht z. B. durch ständige Wiederholung, durch die Verknüpfung mit möglichst vielen, bereits gespeicherten Gedächtnisin-halten oder durch die aktive Suche nach neuen Informationen, die mit dem zu ler-nenden Inhalt noch zu verknüpfen sind.

2.3.1.2 Das Einspeichermodell des Gedächtnisses

Das Einspeichermodell des Gedächtnisses nimmt lediglich einen Speicher an. Sämtliche von außen eingehenden Informationen werden in diesem Speicher ent-weder sofort verarbeitet oder gehen verloren. Ein eigenes Langzeitgedächtnis ist in diesem Modell nicht enthalten. Vielmehr geht man beim Einspeichermodell davon aus, dass es sich beim Arbeitsgedächtnis nur um einen Erregungszustand des Gedächtnisses handelt.

Werden durch den Erregungszustand von Teilen dieses Gedächtnisses Teile der neu eintreffenden Reize erfasst, dann können diese gespeichert werden. Die hohen Verluste bei der Informationsaufnahme werden in diesem Modell durch eine geringe Verarbeitungstiefe erklärt: Es können nicht alle eingehenden Informationen verarbeitet werden, weil nicht immer das gesamte Gedächtnis aktiv sein kann. Dadurch gingen nicht verarbeitete Informationen verloren.

2.3.2   Schemata und Skripte

In Theorien über das im Langzeitgedächtnis gespeicherte Wissen spielen die Begriffe Schema und Skript eine große Rolle. Beide Begriffe behandeln dort gespeicherte Wissenszusammenhänge. Während der Begriff Schema das Wissen über Begriffe beschreibt, beschreiben Skripte das Wissen über Handlungsabläufe.

Ein Beispiel für ein Schema ist der Begriff Vogel. Ein Vogel kann fliegen, er hat Flügel, legt Eier etc. Ein typischer Vertreter dieser Gattung ist das Rotkehlchen, während beispielsweise ein Huhn oder Strauß schon eine deutliche Abweichung von dem skizzierten Schema Vogel aufweist.

Skripte sind gespeicherte Informationen über Handlungsabläufe. Ein Beispiel ist das Skript Restaurantbesuch. Es besteht aus: Eintreten, Platzanweisung, Speisekarte lesen, Bestellung, Essen, Bezahlen, Gehen.

Schemata und Skripte können individuell sehr verschieden sein. Sie hängen stark von der Erfahrung des Individuums ab. So dürfte der Punkt Platzanweisung im Skript Restaurantbesuch bei Amerikanern anders gespeichert sein als bei Europäern. Während man in Amerika in fast jedem Restaurant einen Platz zugewiesen bekommt, ist dies in Europa eher die Ausnahme.

Schemata und Skripte können das Handeln eines Menschen erheblich vereinfachen: Man weiß sich zu verhalten, wenn man das entsprechende Skript gespeichert hat. Ähnlich wie Vereinfachungen bei der Informationsaufnahme in Grenzfällen Probleme machen können, birgt die Vereinfachung durch Schemata und Skripte die Gefahr von Verfälschungen: Erzählt man Versuchspersonen eine kurze Geschichte oder zeigt ihnen einen kurzen Film über einen Restaurantbesuch und fragt sie anschließend, ob die Gäste bezahlt haben, dann werden viele bestätigen, dies gehört bzw. gesehen zu haben, selbst wenn dies in der Geschichte nicht vorgekommen ist.

In der Fliegerei spielen Schemata und Skripte ebenfalls eine Rolle. Das Schema Triebwerk sieht bei einem Jetpiloten sicher anders aus als bei einem Sportflieger, bei einem Ingenieur anders als bei einem Piloten. Das Skript über einen Flugablauf wird sich zwischen einem Linienpiloten und einem Kunstflieger ebenfalls deutlich unterscheiden.

Welche Probleme sich ergeben können, wenn Schemata oder Skripte falsch gespeichert sind oder wenn verschiedene Personen im Cockpit über unterschiedliche Schemata oder Skripte verfügen, wird später beschrieben.

2.3.3   Mentale Modelle

Geht man von nur einem Speicher für das gesamte Gedächtnis aus, dann liegt die Vorstellung eines großen Netzes mit vielen Knoten nahe, in dem jeder Knoten eine Wissenseinheit bildet. Jeder Knoten kann wiederum mit mehr oder weniger vielen anderen Knoten verknüpft sein. Durch Aufmerksamkeit kann das Netz angehoben werden. Ist eine bestimmte Höhe erreicht, steht die entsprechende Information zur Verfügung. Neue Informationen gelangen in dieses Netz, indem ihnen ebenfalls Aufmerksamkeit geschenkt wird. Solch ein Netz kann „mentales Modell" genannt werden.

Beispiel: Ein Kollege, sagen wir Peter, hat eine Frau und drei Kinder. Ich bin mit ihm vor zwei Monaten das letzte Mal nach Rom geflogen. Will ich mich an die Wetterverhältnisse an diesem Tag erinnern, also an einen speziellen Knoten in meinem Wissensnetz, dann habe ich die Möglichkeit, dies direkt zu versuchen. Gelingt es mir nicht, kann ich versuchen, benachbarte Knoten zu erinnern. Denn wird ein Knoten in einem Netz angehoben, werden die benachbarten Knoten ebenfalls ein Stück nach oben gezogen. Ich erinnere vielleicht, dass wir eine kleine Slot-Verspätung hatten, dass die beiden Mädchen von Peter Julia und Andrea heißen, dass mir Peter dies auf dem Flug nach Rom erzählt hat und dass wir uns über den schönen Tag gefreut haben!

Die Vorstellung über das Gedächtnis als Netz ist allgemein hilfreich, um sich an etwas zu erinnern, was nicht einfach zu erinnern ist: man versuche einfach das Netz in der Nähe des zu erinnernden Inhalts anzuheben. Irgendwann ist auch die zu erinnernde Information so weit aktiviert, dass sie tatsächlich erinnert wird. Dieses Verfahren braucht etwas Zeit, funktioniert jedoch sehr zuverlässig.

2.3.4   Informationsverarbeitung in der Fliegerei

Aus den Vorstellungen über das Gedächtnis und dessen Funktionsweise lassen sich verschiedene Problemfelder ableiten, die auch für die Fliegerei von Bedeutung sind.

Aus der Einschränkung des Arbeitsgedächtnisses auf 7 ± 2 Einheiten ergeben sich gleich mehrere zu berücksichtigende Aspekte.

Erstens schränken Belastungen, die man von außen mit ins Cockpit bringt, das Arbeitsgedächtnis ein. Einzelne Einheiten können beispielsweise durch die familiäre Situation, den Hausbau oder ein anderes Thema „belegt" sein, so dass für die Flugdurchführung nur die verbleibenden Einheiten übrigbleiben (siehe dazu auch das Kapitel Stress).

Zweitens bringt eine schlechte Flugvorbereitung kleinere Wissenseinheiten mit sich. Einzelne Informationen müssen unter Umständen während des Fluges neu erarbeitet werden und können damit die Kapazität des Arbeitsgedächtnisses erheblich einschränken.

Drittens führt eine zu kurze oder schlechte Ausbildung von Piloten ebenfalls dazu, dass die Größe der zu verarbeitenden Einheiten kleiner als möglich oder nötig ist. In diesem Fall dürfte das Arbeitsgedächtnis bereits bei normalem Flugbetrieb an seiner Kapazitätsgrenze operieren. Fehler in kritischen Situationen werden dadurch wahrscheinlicher.

Die oben dargestellten Beschränkungen des Arbeitsgedächtnisses vermindern grundsätzlich die „Situational Awareness".

Ermüdung, ungünstig gestaltete Cockpits etc. tragen ebenfalls einen Teil dazu bei, dass sich Piloten ihrer Situation nicht immer vollständig bewusst sind. Zwar lässt sich die Sicherheit im Cockpit durch günstige Randbedingungen, wie z. B. eine vernünftige Darstellung auf dem Navigationsbildschirm oder durch sorgfältige Briefings erhöhen. Der gesamte Sicherheitsgewinn geht aber wieder verloren, wenn die Kapazität der Piloten durch die oben angeführten Faktoren einschränkt wird.

Es liegt selbstverständlich in der Verantwortung der Piloten, sich auf den Flugdienst gut vorzubereiten. Es liegt ebenfalls in der Verantwortung des Piloten nicht zu fliegen, wenn eine belastende Situation seine Flugtauglichkeit einschränkt. Nicht in seiner Verantwortung liegen die Cockpitgestaltung und die Ausbildungsrichtlinien.

Befinden sich im Cockpit Besatzungsmitglieder mit unterschiedlicher fliegerischer Geschichte, besteht immer sowohl die Gefahr als auch die Chance von verschiedenem Wissen über fliegerische Zusammenhänge. Skripte, Schemata oder mentale Modelle können deutlich voneinander abweichen. Ein Beispiel ist der Militärpilot, der mit einem umgeschulten Flugingenieur fliegt. Aber auch Piloten aus der Geschäftsfliegerei haben fliegerisch andere Erfahrungen als Linienpiloten.

In solchen Crew-Zusammensetzungen besteht immer ein besonderes Risiko von Missverständnissen. Es besteht umgekehrt allerdings auch die Chance, dass das eine Besatzungsmitglied besonders schnell die Fehler des anderen entdeckt, gerade weil das Wissen um Zusammenhänge ein anderes ist. Durch eine geschickte Kommunikation ist es möglich das gesamte Wissen der Crew zu nutzen und dadurch Synergien zu erzielen. Hilfreiche Hinweise zu diesem Thema finden sich in den Kapiteln „Kommunikation" und „Führungs- und Teamverhalten". Eine solche Synergie oder Ergänzung unterschiedlicher Wissensbereiche zeigt folgendes Beispiel:

Ein Kapitän ist neu auf einem Flugzeugmuster. Sein Copilot hat dort bereits einige Erfahrung. Auch wenn der Kapitän eine höhere Gesamtflugerfahrung hat, kann der Copilot bessere Erfahrungen mit einzelnen Aspekten der Operation haben. Der Kapitän sollte dies bewusst nutzen. Beide zusammen werden den Flug besser durchführen als jeder von ihnen alleine dies könnte.

Zur Klarstellung: Trotz der Einschränkungen, die sich jeder Pilot, jeder Flugzeughersteller, jeder Arbeitgeber, jeder Mitarbeiter einer Luftfahrtbehörde bewusst machen sollte, sind ausschließlich Menschen anpassungsfähig genug, mit der komplexen Umwelt eines Cockpits sicher umzugehen.

Natürlich hat der Mensch Grenzen, er macht Fehler. Er hat sich nicht zu einem Wesen entwickelt, das große Mengen an Daten parallel verarbeiten kann. Dies sollten sich alle Beteiligten immer wieder verdeutlichen, um Piloten nicht in Situationen zu bringen, in denen die Entstehung von Fehlern begünstigt wird.

Kapitel 3
Menschlicher Irrtum

Rolf Wiedemann

3.1 Einleitung

Errare humanum est. (Cicero)   Piloti humani sunt. (VC)

Pilotenfehler – menschliches Versagen – Bedienungsfehler – Überforderung – Übermüdung – … dies alles sind Begriffe, die wir immer wieder im Zusammenhang mit
gefährlichen Vorfällen oder sogar Unfällen hören und lesen. Sie alle sprechen verschiedene Tatsachen an, beleuchten verschiedene Aspekte der Ursache, besagen jedoch, dass ein Mensch bei der Bedienung einer Maschine einen Fehler gemacht hat.

Wie wir wissen, schreibt die Statistik einen hohen Prozentsatz der Unfälle in der
Zivilluftfahrt diesen Fehlern zu (Lufthansa 1999).

Jedem Unfall folgen lange Bemühungen, den „Schuldigen" und die Ursache seines
„Fehlverhaltens" ausfindig zu machen. Ist man fündig geworden, wird versucht,
die erkannte Schwachstelle zu beseitigen, werden Vorschriften und Verfahren optimiert, Umgebungsbedingungen geändert und manchmal auch auf technischer Seite
Änderungen oder Neuerungen eingeführt. Dieses Vorgehen beschränkt sich auf die
Reaktion, anstatt einen gezielt vorbeugenden Prozess in Gang zu setzen. Dies gilt
vor allem dann, wenn nicht ein technischer Fehler, sondern der so schwer fassbare
„Human Factor" die Ursache war. Ein technisches Versagen ist häufig leicht aufzu-
decken, nachzuvollziehen und zu beheben. Menschliche Fehler und deren Ursachen
können dagegen oftmals nur schwierig nachvollzogen werden.

Warum aber fällt es gerade hier so schwer, Fehlern auf den Grund zu gehen, mit
denen wir doch vermeintlich viel „Erfahrung" haben?

Jeder kennt die täglich vorkommenden Verwechslungen, Missverständnisse oder
Bedienungsfehler. Wieso dreht man einen falschen Squawk ein, obwohl man ihn

R. Wiedemann (✉)
Vereinigung Cockpit e.V., Main Airport Center,
Unterschweinstiege 10, 60549 Frankfurt, Deutschland
E-Mail: rolf@wiedemanns.com

J. Scheiderer, H.-J. Ebermann, *Human Factors im Cockpit,*   61
DOI 10.1007/978-3-642-15167-5_3, © Springer-Verlag Berlin Heidelberg 2011

doch korrekt zurückgelesen hat, wieso hat keiner bemerkt, dass das falsche ILS eingedreht wurde und man dann den Flughafen zur Rechten und nicht, wie erwartet, zur Linken auftauchen sieht? Immer wieder kommen solche und ähnliche Situationen vor, und wir wissen, dass sie selbst bei höchster Aufmerksamkeit nicht ganz auszuschließen sind.

Jedem ist klar, dass Übermüdung leicht zu Unaufmerksamkeit führt, dass allzu klein geratene Einstellknöpfe die Bedienung erschweren, oder dass allzu viele Routinearbeiten den Blick für das Wesentliche verstellen können.

Doch so offensichtlich diese Beispiele sind, so unerklärlich scheinen andere Vorfalle zu sein. Jedoch nur deshalb, weil eine analytische Untersuchung, analog zu technischen Fehlern, aus welchen Gründen auch immer, nicht durchgeführt wird.

Wir müssen uns jedoch darüber klar werden, dass nicht nur der technische Fehler eindeutige Ursachen hat, sondern sich auch der menschliche Fehler auf seine Ursachen zurückführen lässt. Er geschieht meist nicht unvermittelt und zufällig, sondern ist das Ergebnis einer längeren Kette von Ursachen. Auch für ihn existieren bestimmte Schemata, Situationen und Vorbedingung, die immer wieder zu gleichen fehlerträchtigen Situationen führen.

Umso wichtiger ist es, den Fehler nicht als Endprodukt vieler Zufälle zu akzeptieren. Es darf nicht ausreichen, im Nachhinein den Fehler im System zu suchen, wir müssen uns vorher mit dem System im Fehler beschäftigen. Nur so lässt sich eine Arbeitsumgebung schaffen, die auftretende, fehlerträchtige Situationen frühzeitig erkennen und auf sie zu reagieren hilft. Nur durch ein besseres Verständnis um die Entstehung von Fehlern lässt sich gezielt gegen sie vorgehen, ihre Häufigkeit senken und ihre schadenbringende Auswirkung minimieren.

Welche Faktoren sind nun aber beteiligt, wo liegen die grundlegenden Probleme und wo muss man ansetzen, um eben jene fehlertolerante Arbeitsumgebung zu schaffen? Um diese Fragen zu beantworten, hilft nur eine sorgfältige Analyse der Arbeitsumgebung des Menschen.

Das von Prof. Eldwin Edwards und Cpt. Frank Hawkins (1987) eingeführte SHELL-Modell beschreibt die einzelnen Komponenten dieser Arbeitsumgebung und deren wechselseitige Beeinflussung.

Danach soll der Versuch gemacht werden, Fehler zu klassifizieren und dabei etwas näher auf die Ursachen einzugehen. Dieses Wissen wird dann auf das Modell des arbeitenden Piloten angewandt, ehe wir uns mit der Fehlerkette und dem Weg vom Fehler zum Unfall beschäftigen.

Zum Schluss ein Blick auf die Möglichkeiten der Fehlervermeidung und des Fehlermanagements. Beide Wege müssen beschritten werden, denn nur gemeinsam ist ein optimales Ergebnis zu erwarten.

Da Irren menschlich ist, muss durch eine sinnvolle Arbeitsplatzgestaltung die Auswirkung von Fehlern begrenzt werden.

Abb. 3.1 Human Factor
SHELL-Modell

3.2   SHELL-Modell

Im Mittelpunkt des SHELL-Modells (ICAO 1989) steht der Mensch (s. Abb. 3.1).

Liveware I

Die Leistungsfähigkeit dieser zentralen Komponente ist wei-testgehend erforscht. Größe und Gestalt, Ernährungs- und Schlafgewohnheiten, Informationsaufnahme und -verarbeitung, Ausdrucksmöglichkeiten, Reaktions-und Anpassungsfähigkeit sind bekannt. Diese Faktoren bilden eine natürliche Grenze für die Belastbarkeit des gesamten Systems. Die übrigen Komponenten müssen diesen Grenzen sorgfältig angepasst werden, wenn man Reibungsverluste und Fehler vermeiden mochte. Diese Kompo nenten sind:

Liveware II

Kollegen an Bord und Boden, Fluglotsen, Techniker und viele andere, die, jeder in seinem Bereich, mit ihm zusammenarbeiten. Sie versorgen ihn mit Informationen, erteilen ihm Anweisungen und unterstützen ihn durch ihr Wissen und ihre Mitarbeit. Natür-lich sind auch sie Mittelpunkt eines eigenen SHELL-Systems, sind wie er Menschen mit all ihren Schwächen und Beschränkun-gen, aber auch mit ihren unübertroffenen Fähigkeiten und ihrer Flexibilität.

Hardware

Sein Flugzeug und dessen Systeme, Anzeigen und Bedienein-heiten, mit denen er arbeitet, die ihn mit Informationen ver-sorgen und deren Fehler er auffangen muss. Ganz wichtig sind dabei nicht nur die technischen Möglichkeiten dieser Geräte. Auch ihre Ergonomie ist es, die zum erheblichen Teil über den Nutzen, die Verwendbarkeit und letztlich über die Sicherheit entscheidet.

Software

Richtlinien und Verfahren, aber auch alle Informationen, die für die Arbeit benötigt werden, wie Flugplan, Notams, Karten etc. Hier müssen ergonomische Gesichtspunkte mindestens den glei-chen Stellenwert haben wie bei der Hardware. Verständlichkeit von Verfahren, Lesbarkeit von Kartenmaterial und Notams sowie einheitliche, sinnvolle Arbeitsabläufe sind hier ein Beispiel.

Environment

Seine Umgebung, geographische und klimatische Bedingungen und andere äußere Komponenten, die den Flugbetrieb beein-flussen. Ebenso andere Umstande, auf die nur bedingt Einfluss genommen werden kann, wie Arbeits- und Ruhezeitregelungen, wirtschaftliche und auch politische Bedingungen.

Besonders im Bereich Hardware – Liveware sind Flugzeug- und Avionik-Hersteller gefordert, ihre Produkte nicht nur am technisch Möglichen, sondern mehr als bis-her an den Fähigkeiten und Möglichkeiten des Benutzers zu orientieren. Gleiches gilt auch für die Schnittstelle Software – Liveware, bei der es ganz besonders auf eine sinnvolle Auswahl und eine unzweideutige Darstellung der Informationen an-kommt.

Neben den zentralen Verknüpfungen zwischen dem Menschen im Mittelpunkt und den vier ihn umgebenden Faktoren lässt sich noch eine fünfte Schnittstelle hinzu-fügen:

Liveware – Liveware (L-L)

Gemeint sind die persönlichen Verhältnisse, die psychische und physische Verfassung, die im großen Maße die berufliche Leis-tungsfähigkeit beeinflussen kann.

3.3   Klassifizierung von Fehlern

Die Einteilung von Fehlern in Gruppen und Kategorien kann uns helfen, deren Hintergründe und Ursachen besser zu erkennen. Wie überall ist auch hier eine Klassifizierung nie eindeutig, es gibt deshalb eine Vielzahl von möglichen, sich teilweise überschneidenden Einteilungen, von denen wir nur einige vorstellen wollen.

3.3.1   Fehlerformen und Fehlerarten

Während Fehlerformen (Error Forms) die theoretischen Grundlagen für Fehler beschreiben, orientieren sich Fehlerarten (Error Types) am Handlungsablauf in der Praxis (Reason 1990). Error Forms liefern dazu den theoretischen Hintergrund.

3.3.1.1   Fehlerformen

Fehlerformen (Error Forms) sind Fehler, die ihre Ursache in der Art und Weise haben, wie Informationen im Gehirn gespeichert und verarbeitet werden. Sie sind das Ergebnis der Funktionsweise unseres Gehirns und somit Grundlage jedes menschlichen Fehlverhaltens.

Sie sind in grundsätzlichen kognitiven Mechanismen begründet. Eine zentrale Rolle spielen dabei das Erinnerungsvermögen und die Vorgänge beim Zugriff auf gespeichertes Wissen und dessen Verarbeitung.

Reason nennt hauptsächlich zwei Modelle, die die Arbeitsweise unseres Langzeitgedächtnisses beschreiben: Similarity Matching und Frequency Gambling.

Bei der Verbindung von einzelnen Informationen zu einem Gesamtbild wird zunächst die gespeicherte Situation (Schema) als Grundlage herangezogen, zu der die meisten der vorhandenen Informationen passen, die also der aktuellen Situation am ähnlichsten ist (Similarity Matching).

Bei mehreren passenden Möglichkeiten wird das bisher am häufigsten verwendete Schema bevorzugt (Frequency Gambling).

Beispiel: Im Sinkflug fällt ein Generator aus. Ohne weitere Informationen wird ein Schema aktiviert, das die ganze Palette der möglichen Konsequenzen und Aktionen enthält. Eine zusätzliche Information (z. B. Low Oil Pressure) bewirkt den Aufruf eines ganz anderen Schemas, Engine Failure.

Tversky und Kahnemann nennen diese beiden Mechanismen Rule of Availability und Rule of Representativeness (Tversky u. Kahnemann 1973, 1974).

Sie tauchen im Abschn. 3.4.2 im Zusammenhang mit Entscheidungen noch einmal auf. Ausführlicher wird im Kapitel Entscheidungsfindung darauf eingegangen. Mit dem Begriff „Schema" setzen wir uns im Abschn. 3.4.1 noch etwas näher auseinander.

Abb. 3.2 Basic error types.
(Reason 1991)

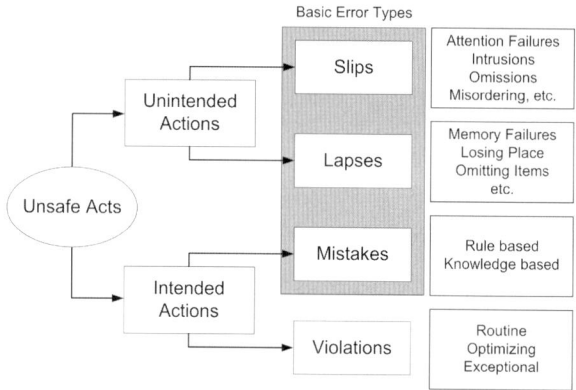

3.3.1.2   Fehlerarten

Fehlerarten (Error Types) sind die einer Handlungsphase zugeordneten Fehlermöglichkeiten. Eine Handlung wird hierbei in drei Phasen aufgeteilt:

• Planung
• Verarbeitung
• Ausführung

Der in der folgenden Abb. 3.2 verwendete Begriff „Unsafe Acts" verbindet die drei
grundlegenden Fehlertypen wertfrei mit den Violations. Er taucht im Abschn. 3.5.1
bei der Fehlerkette noch einmal auf.

Während Lapses und Slips „passieren", werden Mistakes „gemacht". Absichtlich
begangene Mistakes heißen Violations.

3.3.1.3   Mistakes und Violations

Mistakes werden in der Planungsphase gemacht, z. B. aufgrund falscher Planungs-
daten oder falscher Schlussfolgerungen. Man spricht von:

Rule-based Mistakes, wenn auf eine bekannte Situation die falsche Regel, oder aber
die richtige Regel falsch angewandt wird.

Knowledge-based Mistakes, wenn eine unbekannte Situation aufgrund mangelnder
oder falscher Informationen falsch beurteilt wird (Falsche Checklist, unbekannter
Flugplatz).

Violations beinhalten alle Arten des Regelverstoßes (Verfahrensabkürzung durch
Routine, gut gemeinte Optimierung, Emergency Authority). Violations sind kein
Basic Error Type, da ihre Entstehung jeweils wieder Planung, Verarbeitung und
Ausführung bedingt.

3.3.1.4 Lapses und Slips

Fehler bei der Informationsverarbeitung: Lapses haben meist etwas mit der Art zu tun, wie der Mensch Informationen aufnimmt und verarbeitet (vergessen, falsch erinnern). Hier ist die ganze Palette der unter Error Forms beschriebenen Fehlermöglichkeiten anzusiedeln.

Fehler bei der Ausführung: Slips sind Verhaltensmuster, die zum falschen Zeitpunkt abgerufen werden (Verwechslungen, Auslassungen, Fehlbedienungen). Hier sind unter anderem die vielfältigen Fehler durch unsere antrainierten Verhaltensweisen, den sogenannten Motorprogrammen, angesprochen, z. B. junger Kapitän meldet sich bei der Ansage als Copilot, alle Arten von Versprechern, etc.

3.3.2 Weitere Klassifizierungen

3.3.2.1 Active Failure und Latent Failure

Diese Einteilung (Reason 1990) unterscheidet nach der zeitlichen Relation zwischen Handlung und Auswirkung.

Ein Active Failure hat meist sofortige, negative Folgen. Er tritt normalerweise im täglichen Betrieb auf. „Gear up" anstelle von „Flaps up" beim Touch and Go ist wohl das bekannteste Beispiel dafür.

Ein Latent Failure wird meist lange vor dem eigentlichen Unfall begangen. Er ist das Ergebnis einer Entscheidung oder einer Handlung, deren Folgen lange Zeit unentdeckt bleiben. Diese Fehler werden meist von Menschen verursacht, die zeitlich und räumlich von der eigentlichen Aufgabe weit entfernt sind. Beispiele dafür sind Management, Gesetzgebung und betriebliche Verfahren.

3.3.2.2 Commission, Omission, Substitution

Diese Einteilung (Hawkins 1987) klassifiziert nach der grundsätzlichen Art eines Fehlers. Bei Commission wird eine Handlung ausgeführt, die zum gegenwärtigen Zeitpunkt nicht angebracht ist. Bei Omission wird eine angebrachte Handlung vergessen, bei Substitution am falschen Objekt ausgeführt.

3.3.2.3 Reversible, Irreversible

Hier sind die Folgen maßgeblich für die Einteilung. Ein Fehler, der rückgängig gemacht werden kann und daher nicht zwangsläufig gravierende Auswirkungen hat, heißt reversible (falscher Squawk, falsche Frequenz, falsches Flapsetting). Die Folgen des irreversiblen Fehlers jedoch lassen sich nicht mehr beeinflussen (Fuel Dumping).

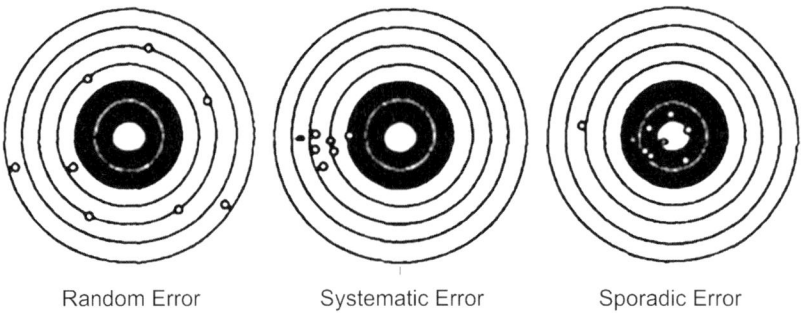

Random Error   Systematic Error   Sporadic Error

Abb. 3.3 Klassifizierung des fehlers. (Hawkins 1987)

3.3.2.4   Design Induced, Operator Induced

Ein Fehler an den Schnittstellen Liveware-Hardware oder Liveware-Software kann z. B. durch eine dem Benutzer unangepasste Bedienung entstehen (Hawkins 1987). Dies ist in erster Linie ein Ergonomieproblem und wird daher „Design Induced" genannt. Für diesen Typ gibt es viele Beispiele, wie etwa nahe beieinanderliegende, ähnlich aussehende Schalter und Hebel oder eine missverständliche Darstellung von Informationen.

Ebenso kann die Ursache aber rein „Operator Induced" sein, wenn es sich um einen einfachen Bedienungsfehler ohne äußere Beeinflussung handelt.

3.3.2.5   Random, Systematic, Sporadic

Hinsichtlich Häufigkeit und Verteilung von Fehlern unterscheidet man in

- *Random* zufällige Fehlerverteilung
- *Systematic* systematische Fehlerverteilung
- *Sporadic* sporadische Fehlerverteilung

Bei einer zufälligen bzw. willkürlichen Streuung (Random) ist die Bandbreite möglicher Ursachen sehr groß, bei einer systematischen Abweichung sehr klein. Am schwersten zu bekämpfen ist der sporadische Fehler. Sein Auftreten lässt sich nicht vorhersehen und kann unterschiedliche Ursachen haben (s. Abb. 3.3).

3.4   Ein vereinfachtes Modell eines arbeitenden Piloten

Das in Abb. 3.4 stark vereinfachte Ablaufschema der Arbeit im Cockpit soll hauptsächlich eines verdeutlichen:

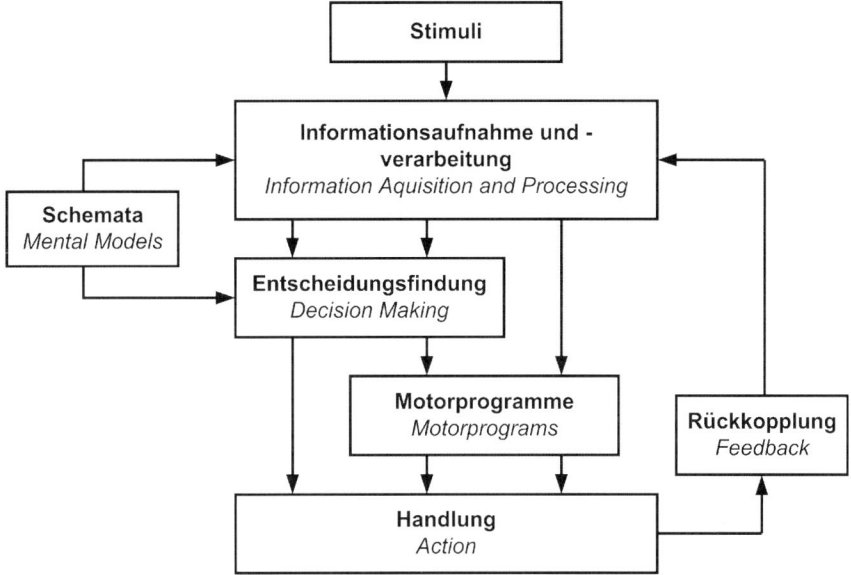

Abb. 3.4 Handlungsdiagramm

Wie beim SHELL-Modell sind Fehlermöglichkeiten sowohl in jedem einzelnen Schritt der Handlungskette als auch beim Übergang zwischen ihnen gegeben.

Wir gehen hier auf einige Punkte nur stichwortartig ein, da sie in den entsprechenden Kapiteln ausführlicher beschrieben werden.

3.4.1   Informationsaufnahme und Informationsverarbeitung

We can only perceive that which we can conceive (Green et al. 1991).

3.4.1.1   Schemata (Mental Models)

Wie die Aufnahmefähigkeit des Auges auf den Bereich des sichtbaren Lichtes beschränkt ist, so kann unser Verstand nur Dinge wahrnehmen, die seiner Vorstellung von der Welt entsprechen. Umgekehrt werden alle Wahrnehmungen in das bestehende Modell der Welt gepresst, auch wenn sie eigentlich gar nicht passen.

Dieses Modell der Welt in unserem Kopf besteht aus einer Vielzahl von Einzelmodellen, sogenannten Schemata (Reason 1990; Bartlett 1932). Diese werden von frühester Jugend an im Langzeitgedächtnis gespeichert und dort durch Schlüsselreize aktiviert.

Schemata vermindern den Arbeitsaufwand der Informationssammlung, indem sie ein vorgefertigtes mentales Modell bereitstellen, in welchem nur noch einzelne Punkte abgeändert bzw. angepasst werden müssen.

So ruft das Wort „Zimmer" ein Schema auf, welches die grundlegenden Eigenschaften eines Zimmers bereits enthält (vier Wände, Tür, Fenster, Decke, etc.). Dieses Bild wird jetzt mit den weiteren Informationen angefüllt. Die Auswahl der Schemata erfolgt, wie im Abschn. 3.3.1 Error Forms bereits angesprochen, durch Frequency Gambling und Similarity Matching. Je unbekannter eine Situation, desto geringer ist die Wahrscheinlichkeit, ein gültiges Schema zu treffen.

Existiert kein passendes Schema (unbekannte Situation), beginnt ein sehr aufwendiger und arbeitsintensiver Prozess, der letztendlich die Bildung eines neuen Schemas zur Folge hat. Unter Zeit- und Entscheidungsdruck werden dabei allerdings selten optimale Ergebnisse erzielt.

Die Fehlermöglichkeiten sind offensichtlich dort, wo das Schema Informationen enthält, die in der Realität fehlen. Wir sind sehr geübt darin, dem aufgerufenen Schema neue Daten hinzuzufügen, es ist jedoch sehr schwer, Details daraus zu entfernen sowie gesammelte und gespeicherte Informationen im Nachhinein zu unterscheiden. Ein einmal aktiviertes Schema ist außerdem sehr langlebig, da laufend nach Bestätigungen gesucht wird, Widersprüche aber ignoriert werden.

3.4.1.2 Informationsverarbeitung beim Menschen

Although the human is an exquisite processor of information by almost any measure, all of these means of acquiring information are subject to error. Thus, it is not only possible but likely that pilots will suffer lapses in their ability to maintain an adequate theory of the situation (Bohlman 1979).

Die Grafik (s. Abb. 3.5) zeigt eines von vielen möglichen Modellen, mit denen versucht wird, die Arbeitsweise des menschlichen Gehirns bezüglich Informationsaufnahme und -verarbeitung zu beschreiben und soll in diesem Zusammenhang nur der Anschauung dienen.

Grafiken dieser Art existieren in einer erstaunlichen Vielfalt und Komplexität, abhängig vom jeweiligen Phänomen, das damit erklärt werden soll. Dieses Modell beinhaltet einen „Central Decision Maker" (CDM), welcher die anfallende Arbeit quasi seriell abarbeitet. Damit lässt sich die beschränkte Aufnahmefähigkeit des Menschen für Informationen sehr gut erklären.

Arbeitet der CDM an seiner Kapazitätsgrenze, müssen wichtige Informationen zwischengespeichert werden. Dafür hat jeder Sinn (Sehen, Hören, Fühlen, etc.) einen eigenen kleinen Kurzzeitspeicher mit stark limitierter Kapazität. So können wir einen Sinnesreiz (z. B. ein Geräusch) unter bestimmten Umständen noch hören, wenn er physikalisch bereits nicht mehr vorhanden ist. Ist der Reiz dann im CDM

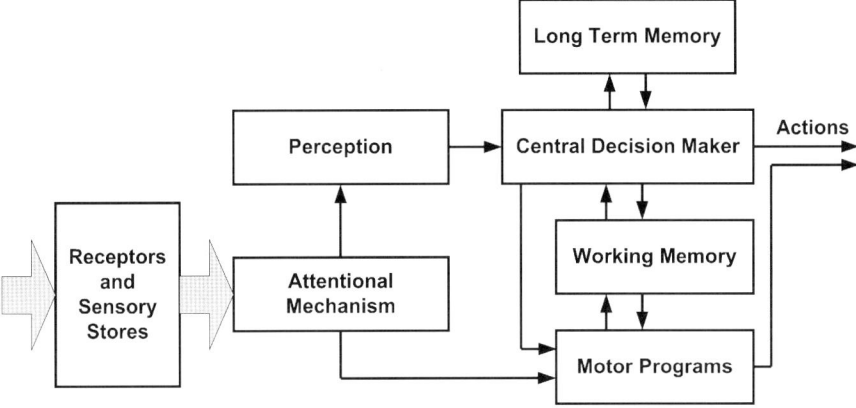

Abb. 3.5 Funktionsmodell menschlicher informationsverarbeitung

angekommen, kann er zur endgültigen Verarbeitung nochmals zwischengespeichert werden. Dies geschieht im sogenannten Working Memory oder Kurzzeitgedächtnis. Wie wir alle nur zu gut wissen, ist auch dessen Kapazität sehr klein, die Lebensdauer der darin enthaltenen Informationen sehr kurz.

Neuere Modelle verwenden auch eine parallele Informationsverarbeitung.

3.4.1.3   Fehler bei der Informationsaufnahme

Our direct senses are often compelling indicators of the state of the world, even when they are in error (Nagel 1988).

Bei der Informationsaufnahme im Cockpit spielen die folgenden drei Wahrnehmungen die größte Rolle:

- Sehen
- Hören
- Gleichgewichtssinn (Gleichgewichtsorgan und Kraftsinn)

Daraus resultieren auch die dabei entstehenden Fehler, Missverständnisse und Täuschungen. Bei der Informationsaufnahme entstehende Fehler haben ihre Ursache aber häufig in den Schnittstellen zur Soft- und Hardware. Information, die falsch oder zum falschen Zeitpunkt angeboten wird, kann auch nicht aufgenommen werden.

- Sehen (s. Tab. 3.1)
- Hören (s. Tab. 3.2)

Bei der Informationsübermittlung entstehen etwa 85 % aller Fehler durch die verbale Kommunikation (Nagel 1988).

Tab. 3.1 Sehen

Fehlerart	Beispiel
Helligkeits- und Entfernungsan- passung des Auges	
Falsche Interpretation	Three Pointer Altimeter
Schlechte Lesbarkeit	Instrumentenbeleuchtung
Verwechslungen	Auto Pilot Heading/Speed
Nicht erkennbare Ausfälle	Fehlende Flags
Täuschungen, Fehlorientierung	VOR inbound/outbound
Mangelhafte Überwachung	Engine Indication

Tab. 3.2 Hören

Fehlerart	Beispiel
Kommunikation	Readback, Hearback
Aural Warnings	Anzahl, Lautstärke, Unterscheidung
Noise and Stress	Cockpit Noise, Kommunikation

Da wir bei aller Technik überall mit Menschen zusammenarbeiten (Crew, Flugsicherung, Technik, Abfertigung, etc.), kommt unserer Fähigkeit zu kommunizieren eine übergeordnete Bedeutung zu. Die Problematik der Schnittstelle L-L wird ausführlich im Kapitel Kommunikation beschrieben.

• Gleichgewichts- und Kraftsinn

Allgemein wird heute die Tendenz sichtbar, immer mehr Informationen visuell aufnehmen zu müssen (FMS, EFIS). Um diesen Aufnahmekanal nicht zu überlasten, bzw. in kritischen Situationen eine erhöhte Kapazität zu besitzen, wäre eine bessere Aufteilung der Informationen auch auf andere Sinne wünschenswert. Dabei wird oft der taktile Sinn vernachlässigt bzw. seine Bedeutung unterschätzt. (Moveable Throttle, Autopilot-Control Connection, Interconnected Controls).

Wenn in Situationen mit hoher Arbeitsbelastung der visuelle Kanal seine maximale Aufnahmefähigkeit erreicht hat, können zusätzliche Informationen nur noch auf anderen Kanälen verarbeitet werden. Ein Beispiel ist die Auto Speedbrake.

Bei einer Landung unter kritischen Wetterbedingungen ist die visuelle Arbeitsbelastung sehr hoch. Es macht daher einen Unterschied, ob man die Funktion eines automatischen Systems hören, durch eine entsprechend große Bewegung im peripheren Gesichtsfeld wahrnehmen kann, oder dies durch einen gezielten Blick (wohlgemerkt nach innen) auf eine Anzeige verifizieren muss.

Auch ein sich bewegender Schubhebel gibt dem Piloten bei eingeschaltetem Auto Throttle die Information über die Funktion der Schubregelung durch den Kraftsinn und entlastet damit den Gesichtssinn.

Da, wie wir gesehen haben, jeder Sinn seinen eigenen kleinen Kurzzeitspeicher besitzt, führt diese Verteilung auch zu einer Verbesserung der Gesamtkapazität.

3.4.2   Entscheidungsfindung und mentale Modelle

Im Fluge hat die Fähigkeit, schnell Entscheidungen zu fällen, eine herausragende Bedeutung. Trotzdem unterscheidet sich der Mechanismus, mit dem hier Entscheidungen getroffen werden, nicht von dem anderer Entscheidungsträger.

> Experts tend to make the same errors as do the rest of us under certain circumstances (Nisbett u. Ross 1980).

Die von den Sinnen erfassten Informationen werden, wie bereits beschrieben, vom Gehirn zu einem mentalen Modell verarbeitet.

3.4.2.1   Entscheidungsfindung bei Datenmangel

Je weniger Informationen die Sinne liefern, desto ungenauer ist natürlich das entsprechende Modell. Der Trick liegt darin, dass das Gehirn die fehlenden Teile des Mosaiks ergänzt. Es benutzt dazu das Langzeitgedächtnis als „Database", indem es auf die bereits erwähnten Schemata zurückgreift. Aufgrund der Unzulänglichkeiten dieser Database kann es dabei natürlich zu Fehlern kommen. Außerdem ist so verständlich, dass Unterschiede in der Database vorkommen, sprich verschiedene Menschen für die gleiche Situation durchaus unterschiedliche Modelle entwickeln können.

Leider hängen wir an unseren Modellen, wir suchen laufend nach weiteren Sinnesdaten, die dieses Modell bestätigen, und wenn sich Hinweise ergeben, die es widerlegen, so werden sie zunächst verdrängt. Sie „passen nicht ins Bild", sprich zum mentalen Modell.

Hier liegt einer der Schlüssel für das im Nachhinein oft unverständliche Verhalten von Besatzungen.

> Once having made a decision, people persevere in that course of action, even when evidence is substantial that the decision was the improper one (Nagel 1988).

3.4.2.2   Entscheidungsfindung durch Daumenregeln

Unser Gehirn macht sich die Sache auf den ersten Blick recht einfach. Untersuchungen haben ergeben, dass dabei keine hochkomplexen Lösungsalgorithmen ablaufen, sondern es werden einfache logische Verknüpfungen gebildet. Entscheidungen basieren auf sogenannten „Heurismen" oder, auf gut Deutsch, Daumenregeln (Nagel 1988).

Beispiele für die Funktionsweise dieser Daumenregeln sind die im Abschn. 3.3.1 Error Forms bereits erwähnten Funktionsprinzipien unseres Gehirns.

- Rule of Representativeness

Aus der Situation A folgt B, weil es das letzte Mal ebenso war. Offensichtlich hat diese Methode eine gewisse statistische Erfolgschance, mehr aber auch nicht.

- Rule of Availability

Das Langzeitgedächtnis speichert Ereignisse und Informationen (Schemata) wie in einem Aktenordner. Je älter das Ereignis, desto weiter hinten ist es abgelegt und umso aufwendiger ist die Aktivierung desselben.

Werden nun Ereignisse und Informationen benötigt, um ein neues Mentales Modell aufzubauen, so bevorzugt das Gehirn den einfachen Weg zu frischeren Erinnerungen, auch wenn weiter zurückliegende Erfahrungen vielleicht besser auf die aktuelle Situation passen würden. Kritische Informationen müssen also immer wieder neu vorne „abgeheftet" werden, um eine optimale Entscheidungsfindung zu gewährleisten. Aber selbst die beste Entscheidung kann falsch sein. Murphy's Law, wissenschaftlich in der Chaostheorie verankert, gilt auch für einmal getroffene Entscheidungen.

Ein Weg aus der Sackgasse ist die bewusste Umkehr von Verhaltensweisen. Das Stichwort heißt Situational Awareness, und wir werden später noch genauer darauf eingehen. Im Falle von Mental Models heißt das: Versuche Dein derzeitiges Modell der Umwelt nicht mit neuen Daten zu untermauern, sondern im Gegenteil, suche nach Daten, die es widerlegen! Stelle also Entscheidungen immer wieder zur Disposition, denn:

> Most all of us are confident in our decisions than we typically have any right to be (Bohlman 1979).

3.5   Vom einfachen Fehler zum Unfall

3.5.1   Die Fehlerkette

„Ein Fehler kommt selten allein" und „Ein Fehler macht noch keinen Unfall" sind häufig gebrauchte Redensarten. Tatsächlich lässt sich ein Accident oder Incident selten auf einen einzigen verursachenden Fehler zurückführen (Reason 1990, 1991).

Es bedarf einer ganzen Reihe von Vorbedingungen, um einer Ereigniskette das nötige Moment zu geben, auch die letzten Verteidigungslinien zu durchbrechen.

James Reason beschreibt diesen trichterartig verlaufenden Prozess (s. Abb. 3.6) von seinen Ursprüngen bis hin zum letztendlich auslösenden Ereignis, über das wir dann in der Zeitung lesen.

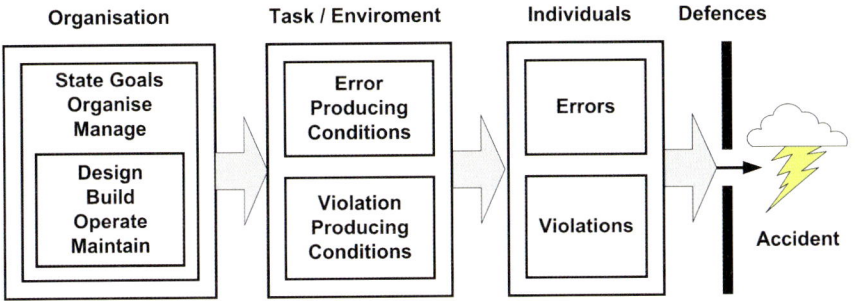

Abb. 3.6 The elements of an organizational accident. (Reason 1991)

Der erste Schneefall legt den Grundstein für die spätere Lawine und so beginnt der Fehlerprozess schon auf der organisatorischen Ebene in ihrer ganzen Breite. Gesetzliche Bestimmungen wie Flugdienstzeitregelungen oder Bauvorschriften, organisatorische Strukturen bei Flugzeugherstellern, deren kulturelle Unterschiede und Bauphilosophien, sowie die interne Organisation innerhalb der Fluggesellschaften sind Beispiele.

Die gestellte Aufgabe und das dafür notwendige Arbeitsumfeld sind das nächste Glied der Kette. Die Umgebung muss der Aufgabe und dem Ausführenden sehr sorgfältig angepasst werden, um ein fehlerarmes Arbeiten zu ermöglichen.

Am Ende der Kette steht das handelnde Individuum mit all seinen Stärken und Schwächen. Als letzte Instanz auf dem Weg zum Unfall ist es in der Lage, vorher eingebaute Fehler und Systemschwächen noch auszugleichen oder durch einen Active Failure die oben erwähnte Lawine auszulösen.

Fehler und Schwachstellen in den einzelnen Systemgruppen summieren sich und schwächen die Fehlertoleranz des Gesamtsystems. In unserer Klassifizierung wurden sie als Latent Failures (verborgene Schwachstellen) bezeichnet.

3.5.2 Erhöhung der Fehlerwahrscheinlichkeit

Wie sehr die Fehlerhäufigkeit des Individuums von seinem Umfeld, den Latent Failures und den spezifischen Schwierigkeiten der jeweiligen Situation beeinflusst wird, zeigt Tab. 3.3 (Williams 1988).

Deutlich lässt sich auch die Bedeutung der Schnittstellen im SHELL-Modell ablesen.

Die meisten dieser Umstände lassen sich vom Piloten nicht beeinflussen. Umso wichtiger ist, dass sie an der entsprechenden Stelle des Gesamtsystems berücksichtigt werden.

Tab. 3.3 Erhöhung der Fehlerwahrscheinlichkeit[a]

Bedingung	Faktor	Fehlerquelle
Unfamiliarity with the task	17	Training, Experience
Time shortage	11	System, Environment
Poor signal/noise ratio	10	Environment, Design
Poor human system interface	8	Design
Designer/user mismatch	8	Design
Irreversibility of errors	8	Design, System
Information overload	6	Design, System
Negative transfer between tasks	5	Design
Misperception of risk	4	Attitude, Selection
Poor feedback from system	4	Design
Inexperience (not lack of training)	3	System, Experience
Inadequate checking	3	System
Educational mismatch of person with task	2	Selection
Disturbed sleep patterns	1,6	Environment
Hostile environment	1,2	Environment
Monotony and boredom	1,1	Environment

[a] Der Faktor gibt an, um wie viel sich die Fehlerwahrscheinlichkeit einer bestimmten Tätigkeit erhöht, wenn die erwähnte Bedingung vorliegt

3.5.3 Erhöhung der Verstoßwahrscheinlichkeit

Violations sind oft Ursache für Unfälle; allerdings sind hierbei die Zusammenhänge nicht so gut erforscht. Folgende Tabelle (Reason 1991) zeigt, dass auch hierbei das Gesamtsystem mitverantwortlich am Verhalten des Individuums sein kann, ganz im Sinne der Latent Failures.

Aufgeführt sind äußere Bedingungen, aber auch persönliche Einstellungen, die in einer Vielzahl von untersuchten Unfällen ausschlaggebend waren für eine Violation, also eine bewusste oder in Kauf genommene Überschreitung gegebener Vorschriften und Grenzen.

- Manifest lack of organisational safety culture
- Conflict between management and staff
- Poor morale
- Poor supervision and checking
- Group norms condoning violations
- Misperception of hazards
- Perceived lack of management care and concern
- Little élan or pride in work
- A macho culture that encourages risk-taking
- Reliefs that bad outcomes won't happen
- Low self-esteem
- Learned helplessness („Who gives a damn anyway")
- Perceived license to bend rules

- Ambiguous or apparently meaningless rules
- Age and Sex: Young men violate

Ein Beispiel ist die unterschiedliche Art der Piloten verschiedener Gesellschaften und verschiedener Nationalitäten, ihre Uniform mehr oder weniger „korrekt" zu tragen. Wenn auch sicher nicht unfallrelevant, lässt sich die Bereitschaft zu einer solchen soziologischen „Violation" doch auf mehrere der obigen Punkte zurückführen.

3.5.4 Hazardous Thoughts

Der Mensch trägt durch die persönliche Einstellung zu sich und seiner Umgebung zur Entstehung von Fehlern bei. Sein Urteilsvermögen und seine Handlungsweise werden bei diesem Modell (Eberstein 1990) von fünf Grundhaltungen beeinflusst, die bei jedem vorhanden und unterschiedlich stark ausgeprägt sind.

Zu starke Betonung einzelner Komponenten machen den Menschen hier zum Latent Failure. In einem vereinfachten Modell (ausführlich wird im Kapitel Entscheidungsfindung unter dem Titel „Hazardous Attitudes" darauf eingegangen) werden sieben Grundhaltungen definiert (s. Tab. 3.4):

Durch einfache Tests, kritische Selbstbeobachtung sowie Feedback kann jeder seine persönliche Verhaltensweise bestimmen und durch bewusste Kontrolle beeinflussen. Jeder dieser Haltungen wird ein Gegengedanke (Antidote) zugeordnet, durch dessen bewusste Anwendung eine zu stark ausgeprägte Grundhaltung entschärft werden soll (s. Tab. 3.5).

Tab. 3.4 Hazardous Thoughts

Antiautorität	SOPs sind für andere, nicht für mich.
Impulsivität	Jetzt aber schnell.
Unverletzlichkeit	Das kann mir nicht passieren.
Selbstüberschätzung	Ich kann das.
Resignation	Was bring's schon?
Nachlässigkeit	Passt schon.
Übertriebene Rücksichtnahme	Er wird schon recht haben.

Tab. 3.5 Hazardous Thoughts – Antidotes

Antiautorität	Folge den SOPs.
Impulsivität	Nicht so schnell, erst mal nachdenken.
Unverletzlichkeit	Es kann auch mir passieren.
Selbstüberschätzung	Kein Risiko eingehen.
Resignation	Ich kann was bewirken.
Nachlässigkeit	Immer genau bleiben.
Übertriebene Rücksichtnahme	Angemessene Rücksichtnahme

3.6   Fehlervermeidung und Fehlerbehandlung

> If you always do, what you always did, you will always get, what you always
> got (Wiener 1993).

Folglich nützt auch viel Forschen nach den Ursachen nichts, solange die Ergebnisse
nicht in die alltägliche Arbeit eingebracht werden. Um aus den Fehlern der letzten
Jahre zu lernen, müssen nicht nur die Crew, sondern auch alle anderen am Luftverkehr Beteiligten ihr Arbeiten und Handeln auf neue Aspekte hin überprüfen und
an neue Erfordernisse anpassen. Die aus jahrelanger Unfallforschung gewonnenen
Daten und daraus entwickelten Theorien über die zugrundeliegenden Prozesse müssen in einer sicheren, fehlerfreieren Flugdurchführung umgesetzt werden.

Hawkins (1987) teilt das Vorgehen dabei in zwei Schritte auf:

- Fehlervermeidung (Minimising the Occurrence of Errors)
- Fehlerbehandlung (Reducing the Consequences of Errors)

In erster Linie müssen Vorkehrungen getroffen werden, um das Eintreten eines Fehlers so unwahrscheinlich wie möglich zu machen. Da Fehler jedoch nie gänzlich
ausgeschlossen werden können, müssen im zweiten Schritt Gegenmaßnahmen ergriffen werden, um die Folgen so gering wie möglich zu halten.

3.6.1   Fehlervermeidung

3.6.1.1   SHELL Interface

Aus der Betrachtung des SHELL-Modells und den kritischen Reibungspunkten ergibt sich eine Reihe von Ansätzen zur Vermeidung von Fehlern. Diese wurden zum
Teil schon angesprochen und sollen daher hier nur kurz erwähnt werden. Es handelt sich dabei zum großen Teil um Anforderungen, die nicht von der Besatzung,
sondern von den Herstellern, den Verantwortlichen der Luftfahrtgesellschaften, den
Behörden und dem Gesetzgeber zu erfüllen sind.

Auch wenn der Benutzer selbst keinen direkten Einfluss auf z. B. Design bedingte
Mängel hat, so sollte er immer wieder auf konkrete Schwachstellen hinweisen und
so langfristig auf eine Änderung einwirken. Nur so lassen sich im Laufe der Zeit
immer mehr systemimmanente Schwächen, Latent Failures, eliminieren. Die nachfolgend aufgeführten Punkte stellen nur eine kleine Auswahl aller möglichen und
relevanten Aspekte bei der Optimierung der Arbeitsumgebung dar, und jeder könnte die Reihe aus eigener Erfahrung fortsetzen. Umso erstaunlicher ist jedoch bei
genauerer Betrachtung festzustellen, dass sogar die „selbstverständlichen" Regeln
zum Teil nicht beachtet werden.

3.6.1.2   Liveware – Hardware, System Design

Anpassung der Maschine an den Menschen

- klar leserliche Anzeigen, die Informationen übersichtlich, im richtigen Umfang und leicht interpretierbar darstellen
- einheitliches System von Schaltern und Bedienelementen, das Verwechselungen ausschließt

Immer mehr setzt sich auch bei den Herstellern die Einsicht durch, dass das Cockpit nicht nur eine Ansammlung von System-Anzeigen ist, sondern in seiner Auslegung und Gestaltung in großem Maße zur sicheren Flugdurchführung beiträgt. Zugegebenermaßen ist die Bandbreite der zu berücksichtigenden Kriterien sehr groß. Das fängt an bei der Größe und Gestaltung von Schaltern, deren Positionierung, der Strukturierung von einzelnen Bedieneinheiten und Anzeigen, der Informationsdarstellung auf Bildschirminstrumenten und reicht bis hin zur Größe und Beleuchtung des gesamten Cockpits, um nur einige davon zu nennen.

Obwohl es z. B. bereits seit 1968 wissenschaftliche Untersuchungen über das Design von Displays gibt (Roscoe), haben sich die Hersteller oder Behörden der Länder bis heute auf keinen gemeinsamen internationalen Industriestandard geeinigt. Immer wieder stehen kurzfristige, wirtschaftliche Überlegungen im Vordergrund. Dabei orientieren sich die Konstrukteure mehr am technisch Möglichen und weniger am für den Menschen Sinnvollen.

3.6.1.3   Liveware – Software, Software Design

Übersichtliche Darstellung aller Informationen

- übersichtliche Gestaltung von Kartenmaterial, Notams, Flugzeugdokumentation und anderer Informationsquellen
- sinnvolle, nachvollziehbare Verfahren
- gut gestaltete Checklisten

Bei weitem nicht so schwierig zu beeinflussen und kurzfristiger zu ändern wie Hardwareteile ist die Software, zumindest wenn man den Versprechungen vieler Flugzeughersteller Glauben schenkt. Die Praxis hat jedoch gezeigt, dass Änderungen an der Software mindestens genauso schwer darstellbar sind wie der Einbau neuer Hardware. Eingriffe in eine hochkomplexe, der Zulassung unterliegenden Software sind mit einem hohen finanziellen Aufwand verbunden und bergen immer das Risiko, neue Fehlerquellen mit einzubauen. Kleinere Reibungspunkte bei der Schnittstelle zum Anwender werden dementsprechend nicht behoben, wenn sie sich, bei weitem billiger, durch neue Bedienvorschriften, sprich Procedures, auf der Anwenderseite beheben lassen.

Als Beispiel sei hier nur die Database für die Flight Management Systeme genannt, mit deren Schwächen Piloten zu leben gelernt haben. Denn auch hier gilt: Software und Database werden von Menschen gemacht, und Menschen irren eben. Wir begegnen täglich Informationsdarstellungen, die entweder schwer verständlich, unübersichtlich, unvollständig, missverständlich oder für die Situation unpassend sind.

Die Gestaltung einer Checkliste orientiert sich eben nicht nur daran, ob alle Systeme für den jeweiligen Fall richtig angesprochen werden, sondern auch, ob die Arbeit sinnvoll verteilt wird, ob Arbeitsspitzen entzerrt werden, und ob sie so angelegt ist, dass eine Zusammenarbeit der Crewmitglieder gefördert wird.

Viele Forschungsgruppen haben auf diesem Gebiet (Kommunikationsdesign) in den letzten Jahren Erkenntnisse zusammengetragen und veröffentlicht. Von der NASA liegt beispielsweise eine Sammlung von Berichten über Unfälle vor, die in erster Linie auf schlechte Dokumentation zurückzuführen sind. Jeder, der in der Luftfahrt Informationen auf Papier oder anderen Medien veröffentlicht, müsste demnach eigentlich über genügend Material verfügen, diese auch im Sinne der Human-Factor-Forschung optimal darzustellen.

So wäre es doch wesentlich angenehmer, das Datum eines Notams nicht aus der Zahlenreihe 0602080630 herauslesen zu müssen, sondern in einer gut lesbaren Form präsentiert zu bekommen: 8. Feb. 2006 ab 06:30. Es erleichtert nicht nur die Arbeit, sondern hilft auch, Fehler beim Umsetzen dieser Zahlengruppe zu vermeiden.

3.6.1.4   Liveware – Environment, Environmental Shaping

Wir benötigen eine fehlertolerante und stressfreie Arbeitsumgebung

- leises, angenehmes Cockpit
- stressfreie Zusammenarbeit der Crewmitglieder
- angenehmes Betriebsklima

An vielen äußeren Gegebenheiten können wir leider nichts ändern. 365 Tage CA-VOK und weltweit die Topografie des norddeutschen Flachlandes wären sicherlich wünschenswert. Andere Punkte jedoch müssen neu überdacht und daraufhin überprüft werden, ob durch sie nicht eine unsichere, sogar fehlerfördernde und dem Menschen unangepasste Umgebung geschaffen wird. Eine der Hauptstärken des Menschen ist zwar seine Flexibilität, aber welches sind seine physischen und psychischen Bedürfnisse, ohne deren Erfüllung er nicht lange motiviert und leistungsfähig bleibt?

Es muss eine Arbeitsumgebung geschaffen werden, die nicht von vornherein seine Flexibilität fordert, sondern in der er entspannt und konzentriert arbeiten und im Notfall alle seine Reserven einbringen kann. Dazu gehören sinnvolle gesetzliche und betriebliche Regelungen und optimierte physikalische Verhältnisse in Bezug auf Lärm, Temperatur und Feuchtigkeit genauso wie ein gutes „Betriebsklima".

3.6.1.5 Liveware – Liveware, Inter Human Relations

> Perhaps the best countermeasure is constant vigilance concerning the poten-
> tial for errors in the entire process of communication, whether it is between
> pilot and controller or pilot and first officer (Bohlman 1979).

Beeinflussung des zwischenmenschlichen Arbeitsklimas und Optimierung der Zusammenarbeit durch:

- Crew Resource Management
- Crew Coordination
- Crew Performance statt Pilot Performance

Kaum eine große Firma kann es sich heute noch leisten, nicht auch Fortbildungsmaß-
nahmen für ihre Angestellten anzubieten, die nichts direkt mit der beruflichen Quali-
fikation zu tun haben. Dazu zählen Seminare zur Selbsteinschätzung und Gruppenarbeit, Crew Resource Management und Mitarbeiterführung. Neben dem reinen Fachwissen und den manuellen Fähigkeiten wird es immer wichtiger, auch psychologische
Zusammenhänge zu verstehen und sich soziale und kommunikative Fähigkeiten anzu-
eignen. Ausführlich wird im Kapitel Kommunikation auf dieses Thema eingegangen.

3.6.1.6 Standard Operating Procedures (SOP)

Im heutigen Zweimann-Cockpit bedeutet der Ausfall eines Besatzungsmitglieds
einen Verlust von 50 % der Kapazität und 100 % der Redundanz.

Ein Besatzungsmitglied gilt bereits dann als ausgefallen, wenn sein mentales Modell nicht mehr mit der Realität übereinstimmt. Wir haben gezeigt, dass diesem
Modell das Gedächtnis als Database dient.

Verwenden wir nun überwiegend die gleiche Database, sind folglich auch die Abweichungen im mentalen Modell gering. Solange beide Piloten dieselben SOP gespeichert haben, sollte das mentale Modell z. B. eines ILS-Anfluges in seinen gro-
ben Zügen übereinstimmen, ohne dass dazu ein großer Kommunikationsaufwand
nötig wird.

SOP sind also auch eine Art vorweggenommener Kommunikation, eine Art grundlegende Absprache über die Arbeitsweise, die als bekannt vorausgesetzt werden
kann.

Zwangsläufig ergibt sich daraus, dass bei einer geplanten Abweichung von SOP
der Mitarbeiter über diese Absicht unterrichtet werden muss, um ihn in die Lage
zu versetzen, sein Verhalten (Mental Model) darauf abzustimmen bzw. Einwände
rechtzeitig geltend zu machen.

Im optimalen Fall muss der Mitarbeiter diese Information einfordern, wenn er
merkt, dass von seinem mentalen Modell abgewichen wird. Es ist die Aufgabe des

Kapitäns, für eine Arbeitsatmosphäre zu sorgen, die dieses Einfordern von Informationen jederzeit ermöglicht und unterstützt.

3.6.1.7 Auswahl, Training, Motivation

Auswahl Die natürliche Auslese nach Darwin ist eine Art der Selektion. Bei der Auswahl von Verkehrsflugzeugführern sollte sie allerdings vermieden werden. Aus der Sicht dessen, der die Ausbildung bezahlt, sei es Luftfahrtunternehmen oder Bewerber, bietet die Eignungsuntersuchung zunächst finanzielle Vorteile.

Häufig wird nicht die berufliche Eignung im eigentlichen Sinne ermittelt, sondern die statistische Wahrscheinlichkeit, die Pilotenausbildung mit Erfolg zu bestehen, das finanzielle Risiko zu verkleinern und eine hohe Produktivität zu sichern.

Ebenso wie sich die Umgebungsbedingungen bei der Arbeit im Cockpit geändert haben, so ist auch das Anforderungsprofil an den Piloten ein anderes als vor zwanzig Jahren. Im modernen Cockpit sind nicht mehr nur die manuellen Fähigkeiten bedeutend, sondern vermehrt auch Managementqualitäten, die Fähigkeit zur Teamarbeit, Abläufe zu koordinieren und flexibel mit den technischen Neuerungen Schritt zu halten. Der Trend geht weg vom „Handwerker" hin zum „Manager mit fliegerischen Fähigkeiten".

Die Auswahl von Personen nach bestimmten Kriterien führt im Ergebnis immer zu einer homogeneren Berufsgruppe. Bei Verkehrsflugzeugführern kann dies zu einer geringeren Fehleranfälligkeit führen, wenn dadurch Teamverhalten, Kommunikationsfähigkeit und Motivation innerhalb der Berufsgruppe gefördert werden.

Im Hinblick auf die Human-Factor-Forschung ist es besonders wichtig, Menschen für diesen Beruf auszusuchen, die von vornherein eine große Übereinstimmung mit dem Anforderungsprofil zeigen, um schon in diesem frühen Stadium die ersten Latent Failures zu vermeiden. Welche Eigenschaften nun testbar sind und nach welchen Kriterien ausgewählt werden muss, um ein optimales Ergebnis zu erzielen, ist Mittelpunkt jahrelanger Forschung und muss genauso regelmäßig dem Berufsbild angepasst werden, wie sich der spätere Verkehrsflugzeugführer den wechselnden Anforderungen seines Berufes anpassen muss.

Im Interesse aller Beteiligten, also auch der Passagiere, sollten Luftfahrtbehörden und Gesetzgeber daran interessiert sein, an dieser Stelle ihren Beitrag zur Sicherheit der Luftfahrt zu leisten.

Training

As with visual errors associated with the approach and landing, disorientation conditions are both compelling and avoidable if pilots are properly educated to the hazards and trained to either avoid the precursor conditions or to properly use flight instrumentation to provide guidance information (Bohlman 1979).

Es ist offensichtlich, dass gute fliegerische Fähigkeiten und technisches Wissen der Grundstein für eine sichere Flugdurchführung sind. Im herkömmlichen Sinne bedeutet Training dabei das Beherrschen der technischen Systeme des Flugzeuges und einiger „Standard Abnormals".

Schon die vermehrte Aktivität auf dem Feld der Crew Coordination aber lässt erkennen, dass über diese Grundfähigkeiten hinaus auch andere, eher soziale und psychologische Grundkenntnisse von großer Bedeutung sind und daher in das Training von Anfang an miteinbezogen werden müssen. Neben diesen neuen Inhalten müssen auch andere Aspekte der Ausbildung und des Trainings neu überdacht und geändert werden.

In einer Untersuchung konnte nachgewiesen werden, dass Schüler ihre Ausbildung besser absolvieren, wenn ihnen die Möglichkeit gegeben wird Fehler zu begehen, diese selbst zu erkennen und daraufhin eigene Lösungen zu entwickeln (Frese u. Altmann 1988). Im Gegensatz dazu wurde in der Vergleichsgruppe nach klassischem Muster der Fehler benannt und die Lehrmeinung trainiert.

Offensichtlich ist es notwendig, auch mit den eigenen Fehlern umgehen zu lernen und nicht nur mit den Fehlern oder Ausfällen von Systemen. Vor allem im Zusammenhang mit LOFT-Programmen, bei dem die Schüler ohne Hilfe und Anregung von außen, und vor allem ohne Unterbrechung, einen Flug in Echtzeit bewältigen müssen, spielt dieses neue Error Management eine wichtige Rolle.

Frese und Altmann (1988) beschreiben diesen neuen Ansatz folgendermaßen:

„Change the attitude of trainees from ‚I mustn't make errors' to ‚let me see what I can learn from this error'."

Das müssen auch die Ausbilder umsetzen. Neben den rein technischen Lehrinhalten müssen auch didaktische, pädagogische und psychologische Fähigkeiten vermittelt werden.

Motivation   Viele mit menschlichem Versagen betitelte Unfälle lassen sich weder auf schlechtes Design noch auf ungünstige Umgebungsbedingungen oder auf mangelndes Wissen und Fähigkeiten der Besatzung zurückführen. Häufig kann man sich die Ursachen nicht erklären.

In diesen Fällen trifft man auf das, was Psychologen unter Motivation verstehen: Warum handelt jemand so, wie er handelt? Motivation in diesem Sinne bezeichnet den Unterschied zwischen dem, was jemand kann, und dem, was er macht. Es gibt verschiedene Theorien darüber, welche Strukturen diesen Handlungsweisen zugrunde liegen. Allgemein einig ist man sich darüber, dass es verschiedene Stufen von Wünschen und Bedürfnissen gibt, die verschieden stark danach verlangen, befriedigt zu werden. Maslow (1943) unterscheidet fünf Stufen (s. Abb. 3.7):

Je weiter unten das unbefriedigte Bedürfnis angesiedelt ist, umso eher muss es befriedigt werden, und erst danach spielen die übergeordneten Punkte eine Rolle. Verschiedene Verhaltensweisen können dabei von mehreren Faktoren gleichzeitig und auch gegensätzlich beeinflusst werden. Durch eine entsprechende Umgebung

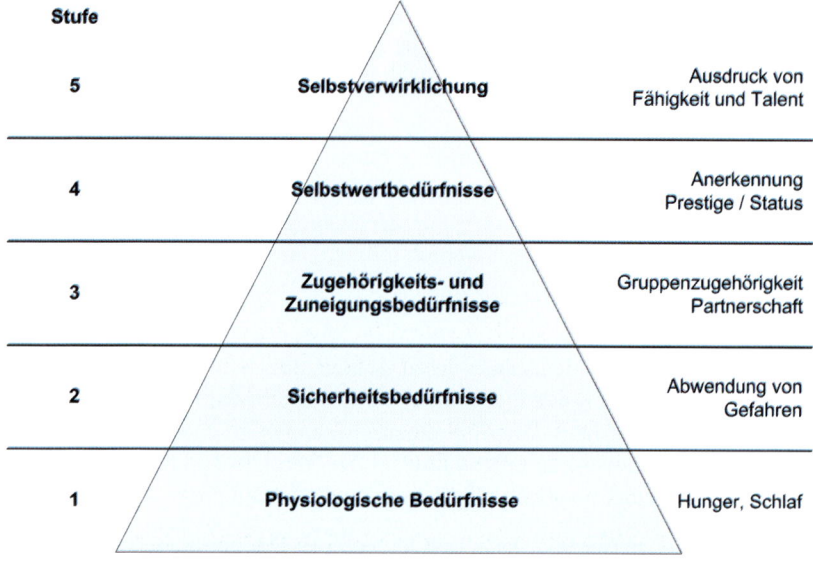

Abb. 3.7 Bedürfnispyramide nach Maslow (1943)

/Arbeitsfeld lässt sich der Grad an Befriedigung und damit die Motivation eines Menschen stark beeinflussen.

Wieder bezogen auf die Luftfahrt bedeutet dies, dass ein Umfeld geschaffen werden muss, das ein Höchstmaß an Befriedigung in der Arbeit verschafft und das eine zufriedenstellende Qualität des Arbeitslebens sichert. Drei Hauptziele sind dabei im Sinne einer sicheren und fehlermindernden Arbeitseinstellung zu erreichen:

- Vermeidung von Complacency
- Erreichen einer professionellen Einstellung
- Einhalten von Disziplin

Diese drei Punkte sind die Hauptursachen von Unfällen, die auf mangelnde Motivation zurückzuführen sind.

Führungskräfte sind für die Schaffung einer Arbeitsatmosphäre verantwortlich, die motiviertes Arbeiten ermöglicht. Wenn sie zu spät zur Arbeit kommen und vor allen anderen wieder gehen, so müssen sie davon ausgehen, dass die Angestellten eine ähnliche Arbeitshaltung annehmen.

Aber nicht nur das persönliche Vorbild beeinflusst, sondern auch die Anerkennung des Mitarbeiters, seiner Fähigkeiten und seines Einsatzes.

Eine große Rolle spielen auch Faktoren, wie die Anerkennung des Berufes in der Gesellschaft, Freizeit- und Ruheregelungen, Gestaltung der Einsatzpläne, das allgemeine gesellschaftliche Arbeitsklima und nicht zuletzt das Einkommen.

Es wäre jedoch falsch, die Verantwortung und die Notwendigkeit zum Handeln nur „den anderen" zu überlassen. Jeder muss an sich selbst überprüfen, ob er sich durch überzogene Erwartungen und eine negative Grundeinstellung nicht selbst Steine in den Weg legt und sich so demotiviert.

3.6.2 Fehlerbehandlung

3.6.2.1 System Design

Eine Möglichkeit, die Folgen von Fehlern zu begrenzen, ist sie rückgängig machen zu können. Es gibt eine Reihe von Beispielen, in denen dieses Konzept Anwendung findet. Beispielsweise bei der Eingabe von Daten in Bildschirmgeräte über ein sogenanntes „Scratch Pad". Alle Eingaben können zunächst überprüft werden, bevor sie in den Computer gelangen. Vorrichtungen wie das „Gear Interlock System" oder die Inaktivierung einiger Systeme im Flight- bzw. Ground Mode verhindern ebenfalls eine falsche Bedienung bzw. ermöglichen es, diese folgenlos rückgängig zu machen.

Wo immer möglich sollten Systeme, deren fehlerhafte Bedienung gravierende Folgen haben, so konstruiert werden, dass Bedienungseingaben rückgängig gemacht werden können.

Immer mehr wird die Überwachung des Menschen von technischen Systemen vorgenommen. Das reicht vom einfachen Interlock über Warnungen beim Überschreiten von operationellen Grenzwerten (Altitude Alert, Speed Clacker, etc.) bis hin zu ausgeklügelten Ground Proximity Warning-Systemen.

In der „Fly-by-Wire Technologie" werden die Eingaben des Piloten elektronisch auf Plausibilität geprüft und ihre Größe auf vorprogrammierte Werte beschränkt. In definierten Flugphasen hat der Mensch nur Zugriff auf „erlaubte" Funktionen, um die Möglichkeit einer Fehlbedienung auszuschließen. Die Fehlermöglichkeiten verlagern sich vom Cockpit in das Büro der Software-Entwickler, vom Active Failure zum Latent Failure.

3.6.2.2 Redundanz

Zum fehlerfreien Betrieb eines komplexen Systems, ob Flugzeug, Kraftwerk oder Chemiefabrik, ist eine Vielzahl funktionierender Einzelteile notwendig. Auch der Mensch ist bei dieser Betrachtungsweise ein Teil des Systems.

Soll der Ausfall eines Teils der Anlage nicht den Betrieb gefährden, so muss er rechtzeitig bemerkt und seine Aufgabe anderweitig übernommen werden.

Um dieses Ziel zu erreichen, gibt es eine Vielzahl von unterschiedlichen Ansätzen. Konzepte wie „Fail Operational" und „Fail Passive" sind Formen von Redundanz.

Technische Redundanz wird oft durch mehrere Systeme erreicht, welche die gleiche Aufgabe wahrnehmen. Je nach Bedeutung der Aufgabe für das System, erfolgt der Wechsel der Systeme mehr oder weniger automatisch.

Bezogen auf den Menschen, und hier besonders den Menschen im Cockpit, leben wir heute zunächst mit einer einfachen Redundanz. Der wohl einfachste Fall ist hierbei der erkennbare komplette Ausfall eines Piloten. Bei „Teilausfällen", Überlastungen und Fehlern ist eine funktionierende Redundanz jedoch von vielen Voraussetzungen abhängig. Dazu gehören ein ausgeglichenes Arbeitsklima, ein optimales Hierarchiegefälle, die Fähigkeit zur Kommunikation sowie Standard Operating Procedures, die eine gegenseitige Überwachung erst ermöglichen. Die Schlagworte hier sind Crew Coordination, Crew Resource Management und Kommunikation.

3.7   Fehlervermeidung in der Praxis

3.7.1   Akzeptieren Sie Ihre Fehleranfälligkeit

Fehleranfälligkeit ist kognitiv die Kehrseite unserer wichtigsten Eigenschaft als Piloten: unserer Flexibilität.

3.7.2   Sie ist prinzipiell unvermeidbar

Fehler treten gehäuft auf unter Zeitdruck, wenn eine Aufgabe neu ist und wenn man sich überschätzt („Young men make accidents"). Ergo soll versucht werden, der Entstehung von Fehlern **präventiv** entgegen zu treten, durch:

• Vermeidung von Zeitdruck

Keine übereilten Anflüge akzeptieren und keinen Anflug ohne abgeschlossene Anflugvorbereitungen beginnen. Ist man zu hoch oder zu schnell, sollte ein Vollkreis, Delay Vectors oder ein Missed Approach geflogen werden.

• Theoretisches Wissen

Alle „Need-to-know-items" sollen immer parat sein. Unkenntnis von Procedures oder Limitations ist unprofessionell. Unbekannte Situationen, wie der Erstanflug eines neuen Flugplatzes, sollen nach den entsprechenden Vorschriften vorbereitet sein.

• Verfahrenstreue

Abweichungen von SOP sind nur erlaubt, wenn sie zwingend notwendig sind; und auch dann nur **nach vorheriger Absprache**. Ein lockerer Umgang mit SOP ist kein Zeichen von „Expertentum", sondern eine (u. U. grobe) Fahrlässigkeit. Alle SOP sind das Ergebnis von sicherheitsrelevanten Vor-, meist sogar Unfällen.

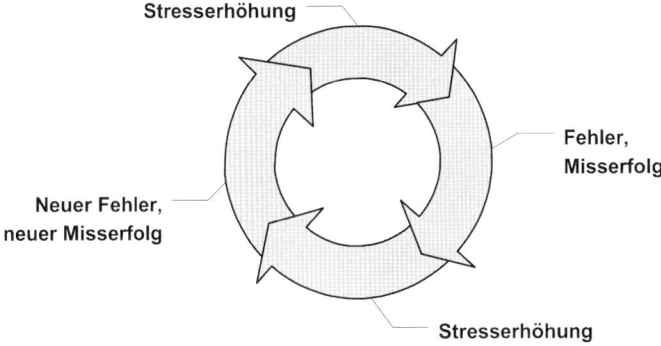

Abb. 3.8 Poor Judgement Chain

3.7.3 Poor Judgement Chain

Passiert trotz Prävention doch ein Fehler, wird das meist als individueller Misserfolg erlebt. Ein Misserfolg führt unweigerlich zu einer Erhöhung des Stressniveaus. Ein erhöhtes Stressniveau führt (siehe oben) zu einer erhöhten Fehleranfälligkeit und damit schnell zum nächsten Fehler, mit dem der Stress noch weiter steigt und noch ein Fehler passiert. Dieser Teufelskreis ist als „Poor Judgement Chain" bekannt (s. Abb. 3.8).

Durch die Stresserhöhung in dieser Fehlerkette kann es zur unbeabsichtigten Missachtung von SOP und Minima kommen. Sie ist bei zahlreichen Vor- und Unfällen zu beobachten. Deshalb ist jede unnötige und nicht abgesprochene Abweichung von SOPs eventuell ein Zeichen für einen Einstieg in eine gefährliche Fehlerkette.

- Daher muss jeder *erste* auftretende Fehler sofort angesprochen und beseitigt werden.
- Keine Fehler „unter den Teppich" kehren. Dazu gibt es keinen Grund, solange die Fehlerprävention in Ordnung war. Die dann noch entstehenden Fehler sind nicht zu vermeiden.
- Nicht vorher abgesprochene Abweichungen von SOP sind vom PNF sofort auszurufen.

3.8 Zusammenfassung

Jeder Mensch macht Fehler! Das ist die grundlegende Aussage, die hinter unserer Betrachtung steht. Im Laufe der Entwicklung hat sich der Mensch an seine Umwelt optimal angepasst. Er ist dabei nicht fehlerfrei geworden, konnte aber mit dieser

Eigenschaft hervorragend überleben. Vielleicht ist sie sogar ein Teil seiner Innovationsfähigkeit, denn aus Fehlern kann man ja bekanntlich lernen.

Im Zeitalter der industriellen Revolution begann der Mensch, sich systematisch für seine Fehlerhaftigkeit zu interessieren. Waren die Auswirkungen von Fehlern bis dahin auf den Irrenden selbst oder zumindest auf einen kleinen Kreis von Personen begrenzt, brachte der Einsatz von Maschinen und Technologie mit sich, dass Fehler einzelner Personen immer größere Auswirkungen hatten. Dampfmaschinen, Eisenbahn und der Beginn der automobilen Gesellschaft sind Beispiele dafür.

Diese Entwicklung hat sich bis in unsere Zeit erheblich verstärkt. Welche Folgen das Versagen einiger weniger für die gesamte Menschheit haben kann, wurde durch die Unfälle von Tschernobyl, Bhopal[1] und Teneriffa[2] deutlich. Diese Unfälle haben der Erforschung des Human Error weiteren Anschub gegeben.

Wir haben versucht, Fehler zu klassifizieren. Die dabei wohl wichtigste Aufteilung in *Active-* und *Latent Failures* stammt von James Reason.

Überall, nicht nur in der Luftfahrt, steht derjenige im Rampenlicht, der das Schlusslicht am Ende der Fehlerkette bildet. Es ist vorteilhaft einen Schuldigen zu haben. Für eine komplizierte Verknüpfung von Umständen interessiert sich kaum ein Zeitungsleser. Um aber aus Fehlern auch heute noch zu lernen, ist es wichtig, bei der Ursachenforschung nicht nur an der Oberfläche zu verweilen, sondern auch die Hintergründe aufzuhellen, und dabei gab es lange erhebliche Defizite.

Wir haben die Arbeit im Cockpit an einem einfachen Modell auf ihre Fehlermöglichkeiten untersucht. Von der Aufnahme einer Information, über ihre Verarbeitung, einer daraus resultierenden Entscheidung bis hin zur Aktion beinhaltet jeder dieser Schritte die Möglichkeit zu Fehlern. Immer wieder muss klar werden, dass es die Konstruktion des Menschen ist, die Art und Weise, wie er funktioniert, die ihn Fehler machen lässt. Gleichzeitig ist es aber auch diese Konstruktion, die es ihm ermöglicht, so vielseitig, intuitiv und schnell auf unbekannte Situationen zu reagieren. Das Eine ist ohne das Andere nicht zu haben.

Wir haben gezeigt, dass sich ein Fehler durch viele Vorstufen entwickelt. Er kann am Schreibtisch gemacht werden, bei der Entwicklung von Flugzeugen, bei Vorschriften und gesetzlichen Regelungen. Er kann von der Führung eines Unternehmens, einem Abteilungsleiter und letztendlich auch vom Mechaniker, Piloten oder einem anderen Menschen gemacht werden. Zur Katastrophe im oben beschriebenen Sinn führt jedoch selten ein einzelner, sondern immer eine unheilvolle Kombination von vielen derartigen Fehlern.

Um Katastrophen zu vermeiden, genügt es also nicht, nur an einer Stelle der Fehlerkette anzusetzen. Das Gesamtsystem muss verbessert werden, nicht nur das letzte Glied der Kette.

---

[1] Giftgasaustritt aus Chemiefabrik im Jahr 1984 in Bhopal/Indien mit über 20.000 Toten.
[2] Schwerstes Unglück der Luftfahrtgeschichte im Jahr 1977 mit 583 Toten.

Fehler und damit mögliche Katastrophen zu verhindern, muss ein kontinuierlicher Prozess sein. Es ist unmöglich, Latent Failures ganz zu vermeiden, und es ist immer noch am sichersten, gar nicht zu fliegen. Wir müssen also das System optimieren.

Deshalb die beiden Schritte:

• Fehler lassen sich nicht vermeiden, aber reduzieren.
• Wenn sie sich nicht vermeiden lassen, müssen ihre Auswirkungen minimiert werden.

Bei aller Diskussion über die Fehleranfälligkeit des Menschen darf man jedoch eines nicht außer acht lassen:

Auch heute noch ist es der Mensch, der dank seiner einmaligen und von keiner Maschine erreichten Fähigkeiten, die Sicherheit im Luftverkehr garantiert und erhöhen hilft. Sämtliche Versuche, ihn zu entmündigen, zu ersetzen oder einzuschränken erweisen sich als nur bedingt tauglich. Nicht gegen den Menschen, sondern auf den Menschen hin muss die Entwicklung gerichtet sein. Es mögen zwar 75 % aller Unfälle in der Luftfahrt auf die eine oder andere Art durch Piloten verursacht sein. Statistisch nicht erfassen lässt sich aber, wie viele Unfälle durch eben diese Piloten verhindert wurden.

Literatur

Bartlett FC (1932) Remembering: a study in experimental and social psychology. Cambridge University Press, Cambridge

Bohlman L (1979) Aircraft accidents and the theory of the situation, resource management on the flight deck. In: Proceedings of a NASA/Industry Workshop, NASA Conference Proceedings 2120

Eberstein (1990) Deutsche Lufthansa AG Senior First Officer Seminar. Seeheim

Frese M, Altmann A (1988) The treatment of errors in learning and training. Department of Psychology, Universität München, München

Green RG, Muir H, James M, Gradwell D, Green RL (1991) Human Factors for pilots. Avebury Technical, Aldershot

Hawkins FH (1987) Human Factors in flight. Ashgate, Aldershot

ICAO (1989) Human Factors digest No 1, ICAO Circular 216-AN/131

Lufthansa (1999) Cockpit safety survey. Abt. FRA CF, Frankfurt a. M.

Maslow H (1943) A theory of human motivation. Psychol Rev 50:370–396

Nagel C (1988) Human error in aviation operations in Human Factors in aviation. Academic Press, San Diego

Nisbett R, Ross C (1980) Human inference: strategies and shortcomings of social judgement. Prentice Hall, Engelwood Cliffs, NJ

Reason J (1990) Human error. Cambridge University Press, New York

Reason J (1991) Identifying the latent causes of aircraft accidents before and after the event. In: Vortrag auf dem 22nd Annual Seminar, The International Society of Air Safety Investigators, Canberra

Tversky A, Kahnemann D (1973) Availability, a heuristic for judgement of frequency and probability. Cogn Psychol 5:207–232

Tversky A, Kahnemann D (1974) Judgement under uncertainty, heuristics and biases. Science 211:453–458

Wiener E (1993) Vortrag auf dem IASS der Flight Safety Foundation, Kuala Lumpur

Williams J (1988) A data-based method for assessing and reducing human error to improve operational performance. In: Hagen W (Hrsg) IEEE fourth conference on Human Factors and power plants. Institute of Electrical and Electronic Engineers, New York

Kapitel 4
Kommunikation

Hans-Ulrich Raulf

4.1 Einleitung

Nicht erst seit der Entwicklung des SHELL-Modells durch Hawkins (1987) wird akzeptiert, dass die Leistung einer Cockpit-Crew von den zwischenmenschlichen Beziehungen der einzelnen Crewmitglieder abhängig ist.

Bereits 1961 wurde in Webster's New Collegiate Dictionary das Cockpit humorvoll als „region noted for many conflicts" bezeichnet.

Hawkins erwähnt in seinem SHELL-Modell die Schnittstellen des handelnden Menschen mit seiner Umwelt, also auch die Beziehung zu seinen Mitarbeitern, als mögliche Ursachen für Fehler. Grundlage und Entstehung einer zwischenmenschlichen Beziehung ist die Kommunikation zwischen zwei Menschen. Auch Foushee (1984) hebt die Wichtigkeit der zwischenmenschlichen Beziehung für die sichere Flugdurchführung hervor: „Interpersonal phenomena can affect air transport operations."

Es soll im Folgenden deutlich gemacht, dass eine effektive Kommunikation das Teambewusstsein und die Teamarbeit entscheidend fördern. Kommunikation ist das Bindeglied zwischen hochspezialisierten Experten und sie beugt Missverständnissen vor (Starck 1993).

Dieses Kapitel soll ein gezieltes Kommunikationstraining als eigenständigen Bestandteil eines Human-Factor-Trainings beschreiben. Dies umfasst auch die Lernziele für die Teilnehmer. Den größten Teil des Artikels nimmt die Entwicklung und Beschreibung der Trainingsinhalte ein. Am Ende werden Vorschläge über mögliche Trainingsmethoden und deren Wiederholung besprochen.

H.-U. Raulf (✉)
Vereinigung Cockpit e. V., Main Airport Center,
Unterschweinstiege 10, 60549 Frankfurt, Deutschland
E-Mail: uliraulf@t-online.de

J. Scheiderer, H.-J. Ebermann, *Human Factors im Cockpit,*   91
DOI 10.1007/978-3-642-15167-5_4, © Springer-Verlag Berlin Heidelberg 2011

4.2   Historie

Kommunikation wurde im Luftverkehr früher nur als „technische Kommunikation" berücksichtigt. Lehrinhalte waren dabei ausschließlich korrekte Phraseologie, standardisierte Kommandos bei Konfigurationsänderungen sowie ein lediglich aufgabenbezogenes „Challenge and Response" bei der Anwendung von Checklisten. Gleichzeitig war die gesamte Ausbildung individualzentriert.

Erst seit den 90er Jahren wird durch den Einsatz eines „Line Orientated Flight Training" (LOFT) im Simulator verstärkt die Bedeutung der Crew Coordination berücksichtigt.

Dabei wird allgemein anerkannt, dass bestimmte Kommunikationstechniken die Basis für eine sichere Zusammenarbeit darstellen: Standard Operating Procedures (SOP) verlangen eine vereinheitlichte Kommunikation. Das „Sterile-Cockpit-Concept" untersagt private Unterhaltungen während sicherheitskritischer Flugphasen.

Die Bedeutung der zwischenmenschlichen Kommunikation außerhalb der SOP und der kritischen Flugphasen wurde unterschätzt. Dabei können gerade durch diese „nicht-operationelle" Kommunikation entscheidende Voraussetzungen für die erfolgreiche Zusammenarbeit in Notfällen und unter extremem Zeitdruck geschaffen werden.

Dies wird in heutigen Ausbildungsrichtlinien für Cockpitpersonal zwar unter der Überschrift „CRM" behandelt (EU-OPS 2008). Die konkreten Ausbildungsinhalte werden aber modernen Anforderungen bisher noch nicht gerecht.

In den vergangenen Jahren wurde von Predmore (1991) bei der Analyse von relativ günstig verlaufenen Unfällen (UAL 811, Honolulu und UAL 232, Sioux City)festgestellt, dass eine außergewöhnlich gute Kommunikation innerhalb der Crews einen großen Einfluss auf den positiven Ausgang der Situation hatte. Die Studie kam zu dem Schluss, dass die Zusammenarbeit der Crew (besonders im Fall der UAL 232) durch eine effiziente Verteilung der Kommunikation auf sogenannte „Task Demands" und Crew-Mitglieder gekennzeichnet war. Hierbei wurde mit jedem Crewmitglied die Erfüllung einer spezifischen Aufgabe klar abgesprochen.

Predmore identifizierte ein gleichförmiges Muster der Kommunikation des Kapitäns, der seine Aufmerksamkeit regelmäßig auf die verschiedenen Problembereiche abwechselnd konzentrierte. Jedoch fehlte bisher der entscheidende Schritt, nämlich präzise zu beschreiben, welches die entscheidenden Merkmale dieser guten Kommunikation waren, und wie ein durchschnittlicher Pilot diese Fähigkeiten erlernen und trainieren kann.

Dies soll im Folgenden in Form eines möglichst praxisorientierten Kommunikationstrainings versucht werden. Wir erheben nicht den Anspruch, etwas grundlegend Neues zu präsentieren; vielmehr werden Bausteine aus verschiedenen Publikationen verwendet und zu einem umfassenden Trainingskonzept zusammengesetzt.

4.3   Aufgaben und Ziele eines Kommunikationstrainings

> In groups with highly structured tasks and powerful leader positions, such as the cockpit crew, task-oriented leaders performed better as long as interpersonal relationships within the crew remained relatively good. (Foushee 1984)

Innerhalb eines integrierten Human-Factor-Trainings bekommt das Kommunikationstraining die Aufgabe, die zwischenmenschliche Basis für teamorientiertes Verhalten zu schaffen. Die gezielte Anwendung eigener Verhaltensstärken bzw. die Vermeidung ungünstiger Verhaltensweisen wird gefördert.

Zusätzlich soll das Kommunikationstraining das Bewusstsein dafür schaffen, was der Einzelne für die optimale Funktion eines Teams tun kann.

Nach Hackman (1993) sollen die sogenannten „Low-Workload-Phasen" eines Fluges gezielt zur Integration der einzelnen Mitglieder in das Gesamtteam genutzt werden.

In einem Kommunikationstraining wird auch großen Wert auf die Teamentwicklung gelegt: Welchen Anteil hat der erste Eindruck, und was kann man persönlich tun, um gleich zu Beginn dem neuen Team zu einem guten Start zu verhelfen? Wie schafft man eine gute Arbeitsatmosphäre? Hier sind konkrete Verhaltensanalysen und Tipps notwendig, die dem Einzelnen helfen.

Hackman behauptet, dass es aussichtslos sei zu versuchen, alle Piloten auf eine bestimmte Verhaltensweise hin zu trainieren. Unter dem Einfluss von zu viel Stress fällt jeder wieder in die ihm angestammten, früh erlernten Verhaltensweisen zurück und ist nicht mehr in der Lage, die im theoretischen Unterricht empfohlenen Verhaltensweisen zu zeigen.

Daraus folgt, dass nur das Bewusstsein über das eigene Verhalten unter Stress dabei helfen kann, nach dieser Situation zu einer effektiven Arbeit zurückzufinden. Dies führt über die Erkennung des eigenen Gesprächsstils.

Zur Vorbereitung auf solche immer möglichen Stresssituationen kann man gezielt und bewusst auf erlernte Fähigkeiten (sog. Skills) zurückgreifen, d. h. situationsangepasst den eigenen Gesprächsstil mit den anderen Crewmitgliedern (oder Technikern, Passagieren, ATC-Controllern, etc.) variieren.

Das Erkennen bestimmter Gesprächsstile lässt im Anschluss auf mögliche Konfliktsituationen schließen. Mit entsprechenden Strategien und Fertigkeiten können diese Konflikte aufgegriffen und gelöst werden. Dies entwickelt die zwischenmenschlichen Fähigkeiten des Einzelnen.

Der Prozess der Selbsteinschätzung während des Trainings hebt nicht nur die Schwachstellen des eigenen Verhaltens hervor. Es wird sich zeigen, dass viele positive Verhaltensweisen bei vielen Teilnehmern bereits vorhanden sind, jedoch nicht gezielt angewendet werden. Es gilt, diese Stärken durch deutliches Feedback hervorzuheben und zu verstärken.

Die Kenntnis der Position in der beruflichen Hierarchie ist der Ausgangspunkt einer Zusammenarbeit. Erst die Anerkennung der Fähigkeiten und die persönliche Wertschätzung der Mitarbeiter auf der menschlichen Ebene schaffen eine Atmosphäre des gegenseitigen Respekts und Vertrauens. Dieses viel zitierte „gute Arbeitsklima" stellt die Grundlage für eine sichere und effektive Arbeitsweise einer Crew dar.

4.4   Verbale Kommunikation

4.4.1   Wahrhaftigkeit und Wirkungsbewusstsein

Als Einleitung vor dem eigentlichen Vermitteln von theoretischen Inhalten bzw. praktischen Übungen halten wir es für sinnvoll, die Balance zwischen „Wahrhaftigkeit" und „Wirkungsbewusstsein" zu erwähnen. Dies kann sehr eindrucksvoll anhand des Wertequadrats nach Schulz von Thun (1989) geschehen, welches exemplarisch mit den Teilnehmern entwickelt wird (s. Abb. 4.1):

Wahrhaftigkeit und Authentizität missraten zur naiven Unverblümtheit, wenn sie nicht mit dem Bewusstsein der Wirkung gepaart sind. Diese lässt entweder den Takt vermissen oder beinhaltet zu wenig Sinn für taktische Notwendigkeiten. Als Gegenpol dazu steht der „Volldiplomat", bei dem jedes Wort zum schmackhaften Köder gerät und dessen berechnende Rhetorik ihm zur zweiten Natur geworden ist: Der wahre Kern bleibt nicht nur dem Gesprächspartner, sondern auch dem Sprechenden selbst verborgen (Schulz von Thun 1981). Daraus resultiert auch die Überleitung zu der individuellen Zielsetzung der Teilnehmer: Die Fortsetzung des Wertequadrats zum Entwicklungsquadrat (s. Abb. 4.2) soll Anregungen aufzeigen, in welche Richtung eine Entwicklung sinnvoll ist, um den besonderen Herausforderungen der jeweiligen Berufspraxis gerecht zu werden.

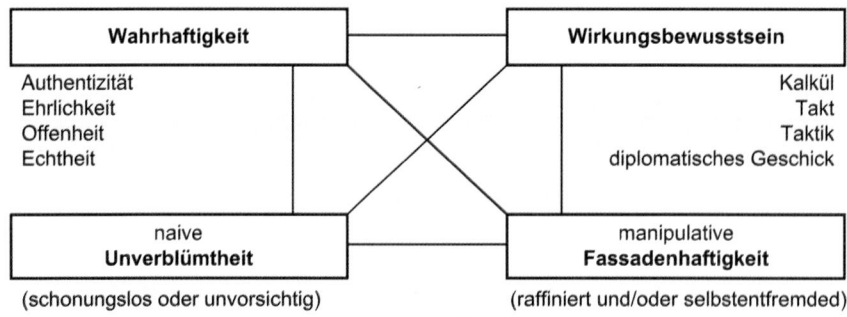

Abb. 4.1 Wertequadrat

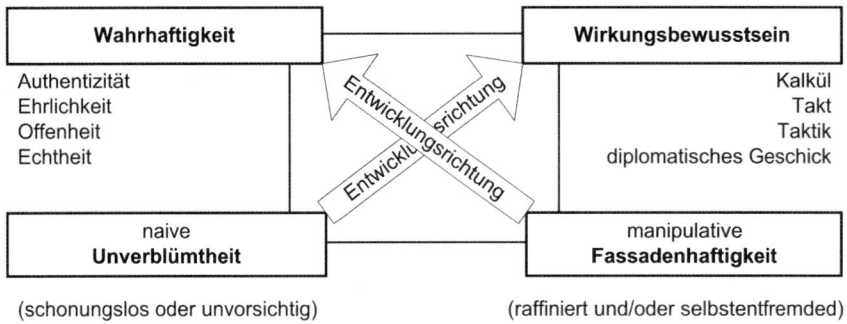

Abb. 4.2 Entwicklungsquadrat

4.4.2   Die Inhalte einer Nachricht

Schulz von Thun unterscheidet vier verschiedene Aspekte einer Nachricht, die immer gleichzeitig mit im Spiel und „seelisch wirksam" sind (1981).

- Der **Sachinhalt**, der Informationen über die mitzuteilenden Dinge und Vorgänge der Welt enthält.
- Die **Selbstkundgabe**, durch die der „Sender" etwas über sich selbst mitteilt.
- Der **Beziehungshinweis,** durch den der Sender zu erkennen gibt, wie er zum Empfänger steht.
- Der **Appell**, als Versuch, in bestimmter Richtung Einfluss zu nehmen.

Dabei ist es weiter von Bedeutung, dass diese Nachrichtenelemente nicht nur bewusst oder unbewusst vom Sender in seinen Worten (und Gesten) „verpackt" sind, sondern auch die Interpretationen des Empfängers beeinflussen: So ist es also durchaus möglich (und normal), dass ein und derselbe Satz von zwei unterschiedlichen Gesprächspartnern verschieden aufgenommen und bewertet wird.

Schulz von Thun hat dies in seinem Quadrat der Nachricht (1981) dargestellt (s. Abb. 4.3); dies ist eine Weiterentwicklung der Modelle von Bühler und Watzlawick.

In der Erläuterung seines Modells hebt Schulz von Thun hervor, dass die Seiten des Quadrats gleich lang sind: Die vier Aspekte können als gleichrangig angesehen werden, auch wenn in jeder einzelnen Situation der eine oder andere Aspekt im Vordergrund stehen mag. Dieser Auffassung entgegen steht die Überbetonung des Sachaspektes im Arbeitsleben. Nach Ansicht vieler Piloten zählt im Cockpit nur der Sachinhalt, die Cockpit-Kommunikation sei demnach wertfrei und emotionslos. Diese Unterdrückung der anderen Nachrichtenaspekte führt jedoch häufig dazu, auf der Sachebene vermeintlich wertfrei einen oder mehrere Beziehungskonflikte auszutragen. Dies beeinträchtigt die Qualität der Zusammenarbeit.

Abb. 4.3 Die vier Seiten
einer Nachricht

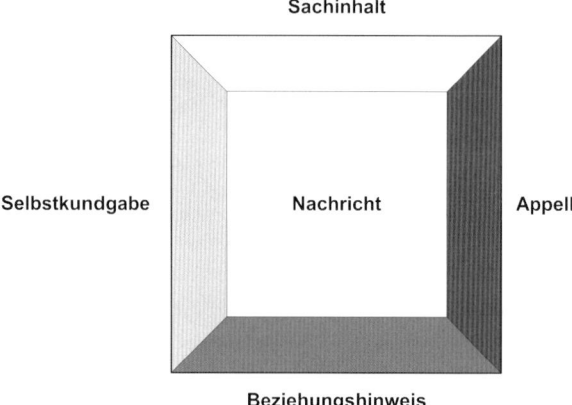

Es gilt den Teilnehmern zu vermitteln, dass bestimmte innere Verfassungen und Persönlichkeitsausrichtungen mit der Bevorzugung bestimmter Aspekte der Nachricht verbunden sind und entsprechend den Kommunikationsstil prägen.

4.4.2.1 Sachinhalt

Die Sachinformation steht in den meisten Fällen im Vordergrund der Nachricht. Sie bezieht sich z. B. auf Wahrnehmungen oder Organisationsabläufe. Im Cockpit sind hier „Standard Callouts" ein gutes Beispiel: „Speed is low" – „One dot high", etc. sind offene Hinweise auf bestimmte Ablagen vom Sollwert.

4.4.2.2 Selbstkundgabe

Zusätzlich beinhaltet jede Nachricht auch Informationen über die Person des Senders. Er wendet verschiedene Techniken (z. B. Selbsterhöhung oder Selbstverbergung) an, um sich beim Empfänger „ins rechte Licht zu setzen". So könnte ein Standard Callout beispielsweise den unausgesprochenen Hinweis enthalten: „Als PNF bin ich wachsam und nehme an der Flugdurchführung aktiv teil."

4.4.2.3 Beziehungshinweis

Aus der Nachricht geht ferner hervor, wie der Sender zum Empfänger steht, was er von ihm hält. Eine Nachricht senden heißt auch immer, zu dem Angesprochenen eine Art von Beziehung auszudrücken. Oft zeigt sich dies in der gewählten Formulierung, im Tonfall und non-verbalen Begleitsignalen. Für diese Seite der Nachricht hat der Empfänger ein besonders empfindliches Ohr. Denn hier fühlt er sich als Person in bestimmter Weise behandelt oder „misshandelt". Bei Beziehungshinweisen wird der Gegenüber direkt miteinbezogen – „betroffen", oft im doppelten Sinn des Wortes.

Dieser Aspekt der Nachricht beinhaltet zwei Arten von Botschaften: Zum einen die Einschätzung des Empfängers („Wie sehe ich Dich?"), zum anderen eine Beziehungsdefinition („So stehen wir zueinander").

Im Beispiel des Standard Callouts könnte z. B. der Kapitän als PNF in positiver Absicht ausdrücken wollen: „Ich will Dir helfen, wir sind ein Team und arbeiten gemeinsam!" Oder in abwertender Absicht: „Du fliegst nicht gut genug, ohne mich kommst Du da nie runter!"

Dies kann zu einer Störung der Teamarbeit führen, wenn der Empfänger sich gegen diese Beziehungsbotschaft wehrt. Er wird zwar nicht die Sachbotschaft ablehnen, doch auf der Beziehungsebene protestieren: „Stimmt schon, aber das macht doch nichts!" – Er fühlt sich „gegängelt".

4.4.2.4 Appell

Kaum etwas wird „nur so" dahin gesagt – fast alle Nachrichten haben die Funktion, auf den Empfänger Einfluss zu nehmen. So soll der Standard Callout eine Korrektur der Ablage veranlassen. Der Versuch Einfluss zu nehmen, kann mehr oder minder offen oder versteckt sein (Manipulation).

Der manipulierende Sender scheut sich nicht, auch die drei anderen Seiten der Nachricht in den Dienst der Appellwirkung zu stellen. Die Berichterstattung auf der Sachseite ist dann einseitig und tendenziös. Die Selbstdarstellung ist darauf ausgerichtet, beim Empfänger bestimmte Wirkung zu erzielen und auch die Beziehungsbotschaften sind von dem Ziel bestimmt, den anderen „bei Laune zu halten". Wenn Sachinhalt, Selbstkundgabe und Beziehungshinweis auf die Wirkungsverbesserung des Appells ausgerichtet werden, so werden sie funktionalisiert. D. h. sie spiegeln nicht wider, was ist, sondern werden zum Mittel der Zielerreichung.

4.4.3 Kongruenz

Eine Nachricht ist kongruent, wenn alle Signale in die gleiche Richtung weisen, die Gesamtheit also in sich stimmig ist. Passen die verbalen und non-verbalen Signale nicht zueinander, so ist für den Empfänger nicht eindeutig, welcher der beiden Aspekte die wirkliche Intention beinhaltet; eine solche Nachricht wird als „gemischte Botschaft" bezeichnet. Der Empfänger bewertet dabei automatisch die non-verbalen Signale höher als das gesprochene Wort: „Er hat zwar gesagt, dass …, aber ich weiß auch nicht, warum ich ihm nicht glaube!"

4.4.4   Gesprächsstile

Obwohl Schulz von Thun insgesamt acht verschiedene Stile unterscheidet (1981), halten wir es für angebracht, diese Vielfalt für unseren Bedarf auf nur vier Stile zu reduzieren (s. Abb. 4.4). Diese wurden von Sherod Miller an der Universität von Minnesota entwickelt und von Paula auf den deutschen Sprachgebrauch übertragen (1992).

Eine nähere Beschreibung der einzelnen Stile finden Sie im nachfolgenden Abschnitt „Auswirkungen unterschiedlicher Kommunikationsstile".

Bei jeder Äußerung besteht die Botschaft aus zwei Teilen: Dem sachlichen Inhalt und dem Stil wie etwas gesagt wird. Analog nach dem Thunschen Nachrichtenquadrat kann der sachliche Inhalt verschiedene Aspekte beinhalten.

Der sachliche Inhalt kann sich auf die verschiedensten Themen beziehen: Überstunden, Sport, Maschinenversagen, Pläne, Wetter, Privates. Durch den Stil wird den anderen mitgeteilt, wie sie die Botschaft aufnehmen sollen. Der Stil umfasst die non-verbale Körpersprache und die verbalen Aspekte der Botschaft und drückt unterschwellige Absichten aus.

Jeder Stil hat seine eigenen charakteristischen Intentionen, Aktivitäten und Sprachformen. Durch den Stil werden die Empfänger der Nachricht auf die Absichten des Senders eingestimmt. Paula verdeutlicht, dass der Inhalt einer Nachricht mit dem Verstand „aufgenommen wird". Mit den Augen und Ohren erkennt man den Stil, das „Wie?".

Dabei entscheidet sehr häufig der Empfänger über den Gesprächsstil: Was jemand als Kontrollrede gemeint hat, kann vom Empfänger durchaus als Streitrede aufgefasst werden. „Der Sinn einer Nachricht liegt bei ihrer Wirkung, nicht bei ihrer Intention" (Paula 1992).

Cpt. Fahlgren hat die These aufgestellt, dass 60 % einer Nachricht non-verbal vermittelt werden, 30 % durch den Kommunikationsstil und nur etwa 10 % durch die verbale Äußerung (1989). Der Kommunikationsstil wird von unterbewussten Me-

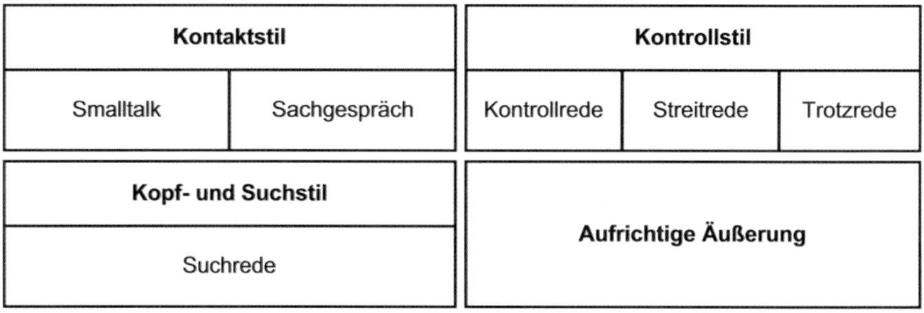

Kontaktstil		Kontrollstil		
Smalltalk	Sachgespräch	Kontrollrede	Streitrede	Trotzrede

Kopf- und Suchstil	Aufrichtige Äußerung
Suchrede	

Abb. 4.4 Gesprächsstile

chanismen gesteuert, denen wir uns nicht entziehen können. Daher ist es wichtig, sich den eigenen Kommunikationsstil bewusst zu machen und situationsangepasst zu variieren. Denn jeder Stil wird gebraucht, es gibt keinen alleinig richtigen und immer anwendbaren Stil.

> Wer Kommunikationsstile kennt, hat den ersten Schritt zur besseren Verständigung getan. (Paula 1992)

Dies soll dem Teilnehmer ermöglichen,

- flexibler zu kommunizieren,
- leichter Dinge zu sagen, die Vertrauen und Respekt begründen, sowie
- eigene und fremde Stresssignale früher zu erkennen.

4.4.5 Auswirkungen unterschiedlicher Kommunikationsstile

4.4.5.1 Kontaktstil

Beim Kontaktstil (s. Abb. 4.5) wird zwischen „Small Talk" und „Sachgespräch" unterschieden (Paula 1992).

Small Talk wird benutzt, wenn sich Menschen kennenlernen, gesellig unterhalten oder vor ernsten Gesprächen plaudern, z. B. Party-Talk. Sachgespräche dienen dem routinemäßigen Austausch von Informationen, wie z. B. flugrelevante Informationen. Beide Formen finden sich häufig im täglichen Umgang der Menschen miteinander.

Small Talk Dieser freundliche, konventionelle und oft spielerische Stil ist die Ausgangsbasis der meisten Gespräche. Er dient zum gegenseitigen Kennenlernen (z. B. bei der Begrüßung) und zur Einleitung von intensiven Gesprächen. Die Elemente des Small Talk beim Kennenlernen nicht zu verwenden und direkt einen anderen Stil zu wählen, wird häufig als „nicht-konventionsgerecht" empfunden und führt zur Verunsicherung (z. B. „mit der Tür ins Haus fallen").

Kontaktstil	
Small Talk	Sachgespräch
Freundlich Gesellig Entspannt Unterhaltend Kontaktaufnahme	Informationsbeschaffung Informationsabgabe Beaufsichtigung des Arbeitsflusses Kontaktpflege

Abb. 4.5 Kontaktstil

Beim Small Talk will der Gesprächspartner freundlich sein, das Befinden und das Wesen des anderen ergründen und „keine Wellen" schlagen. Derartige Gespräche drehen sich meistens um das Wetter, Nachrichten, Sport oder gemeinsame Interessen. Hierdurch wird eine Brücke zwischen den Gesprächspartnern aufgebaut, die in späteren Konfliktsituationen genutzt werden kann.

Wirkung Small Talk ist nur dann eine Zeitverschwendung, wenn diese vorbereitende Ebene von den Gesprächspartnern nicht verlassen und der Einstieg in ein Sachgespräch dadurch verhindert wird. Durch das Plaudern vermitteln wir Informationen über uns selbst, wir stellen den Kontakt zum Partner her und bauen Vertrauen auf. Außerdem eignet sich der Small Talk für folgende Ziele:

- Man kann das Arbeitstempo ändern, sich ausruhen und sich in der Gegenwart des anderen erholen (z. B. eigene Leistungen „feiern", sich zufrieden zurücklehnen).
- Man bekommt Hinweise auf den geistigen, körperlichen und seelischen Zustand des anderen. Man erfährt, wie gut man jemanden kennenlernen kann und ob es der richtige Augenblick ist, ein bestimmtes Thema anzusprechen.
- Small Talk wird zu Beginn eines gemeinsamen Flugeinsatzes sehr häufig zum „Aufwärmen" genutzt.
- Man kann Spannungen abbauen und gewisse Sachthemen vermeiden bzw. testen. So werden vorsichtig Reizthemen und mögliche Konflikte erkundet.
- Während des lockeren Gesprächs kann das non-verbale Verhalten der Gesprächsteilnehmer beobachtet, sowie Stimmungen und das Klima untereinander erkannt werden.

Small Talk ist nicht geeignet für ernste Sachfragen oder zur Klärung von Konflikten.

Trotzdem soll Small Talk aktiv betrieben werden, um möglichst schnell eine Beziehungsebene aufzubauen.

Wie wichtig die Beziehungsebene ist, beweist eine Studie der NASA, in der Crews, die bereits einige Tage zusammen geflogen waren, in einem komplexen Simulator-Szenario wesentlich weniger Fehler machten, als Crews, die sich gerade kennen gelernt hatten. Dies sogar, obwohl sie müde und die „neuen" Crews ausgeruht waren (Foushee et al. 1986).

Sachgespräch Dies ist der Stil, mit dem das Tagesgeschäft erledigt wird. Routinemäßig werden Informationen beschafft und weitergegeben, die zur Erledigung einer Aufgabe erforderlich sind. Typische Merkmale sind Berichte, Beobachtungen, Fakten, Nachfragen, Prüfen und auch kleine Entscheidungen.

Eingeleitet werden Sachgespräche durch offene Fragen, d. h. auf die eine Antwort mit Ja oder Nein nicht möglich ist (Wer, Was, Wann, Wie).

Für die Arbeit im Cockpit ist dies der vorherrschende Gesprächsstil, speziell in Zeitphasen niedriger Arbeitsbelastung.

Wirkung Regelmäßige Routinekommunikation fördert den Kontakt zu den Kollegen und schafft Informationen über deren Einsatzwillen, Stimmungen und Meinungen.

Wer hierbei Augen und Ohren auf allen vier Nachrichtenebenen offenhält, kann sachliche und zwischenmenschliche Probleme früh erkennen und korrigierend eingreifen. Die Botschaft des guten Vorgesetzten ist: „Ich bin bestens informiert und kümmere mich um die Belange der Mitarbeiter".

4.4.5.2 Kontrollstil

Hier geht es um Kontrolle und Überredung, in einem anderen Wort: Macht. Erreicht wird dies durch drei unterschiedliche Methoden (s. Abb. 4.6):

- die Kontrollrede
- die Streitrede
- die Trotzrede

Während die Absicht in der Kontrollrede durchaus positiv und konstruktiv ist, haben die beiden anderen Methoden negative und destruktive Auswirkungen und Absichten. Alle drei Arten dieses Kommunikationsstils haben jedoch sehr viel gemeinsam, sodass sie leicht verwechselt werden; so werden z. B. folgende Stilmittel benutzt:

- sollte, müsste (unbestimmt)
- Führungsfragen
- immer, nie
- Sie-Aussagen
- Warum-Fragen
- Befehlsformen

Alle drei Methoden haben die gleiche Absicht: zu kontrollieren und zu überreden. Sie erscheinen häufig in weitaus subtilerer Form und sind hier zur Verdeutlichung etwas übertrieben dargestellt.

Kontrollstil		
Kontrollrede	Streitrede	Trotzrede
Lenken	Änderungen erzwingen	Sich schützen
Anleiten	Selbstverteidigung	Zurückschlagen
Bewerten	Verstecken	Schuldgefühle vermitteln
Erwartungen setzen	Einschüchtern	Sich rächen
Zustimmung gewinnen	Bluffen	Verletzungen verdecken
Positiv bestärken		

Abb. 4.6 Kontrollstil

Der Unterschied liegt in den Absichten:

In der Kontrollrede wird der andere produktiv und konstruktiv mit einbezogen. Die beiden anderen Arten sind destruktiv und verletzend.

Gelingt es nicht auf Anhieb, mit einer Kontrollrede einen Konsens herzustellen, so steigern sich die Beteiligten leicht zu Streitreden; das Gespräch wird lauter, härter und schneller. Die Verteidigung gerät zur Trotzrede, es geht nur noch um den unbedingten Sieg und den Schutz der eigenen Person.

> Daher ist es sehr wichtig, den behutsamen Umgang mit der Kontrollrede in der Cockpitarbeit zu erlernen und Anzeichen für ein Abgleiten des Gesprächs in Streit- oder Trotzrede sofort zu erkennen.

Kontrollrede In diesem Stil werden Anweisungen gegeben und Handlungen angeregt: Dies ist im Cockpit der hauptsächlich vom Kapitän (oder, je nach Aufgabenverteilung, auch vom Pilot Flying) verwendete Stil. Kennzeichnend sind Aktivität und Effektivität, nicht passives Abwarten und Reagieren. Gute Anweisungen sind kurz, präzise und wirksam. Werden jedoch von den Mitarbeitern mehr Informationen benötigt, so wird dies besser im Kopf- und Suchstil getan. Mit dieser Methode werden:

- Aktivitäten gelenkt
- Grenzen und Einschränkungen gezogen
- Fortschritte bewertet
- Anweisungen gegeben
- gewünschtes Verhalten bestärkt

Richtig angewendet schafft diese Methode Respekt, Vertrauen und Autorität, ohne dass der Sprechende darauf bestehen muss.

> Die Kontrollrede eignet sich gut für die Führung eines Teams.

Werden die Mitarbeiter mit einbezogen, werden Übereinstimmung und Mitarbeit erreicht. Andernfalls kann Widerspruch und Ablehnung aufkommen.

Werden die Anweisungen ausgeführt und die gesetzten Ziele konsequent verfolgt, so hat diese Methode ihren Zweck erreicht. Zustimmung und Übereinstimmung stellen sich am besten ein, wenn die Anweisungen situationsgerecht sind und nicht aufgezwungen werden.

Die Gefahr der Kontrollrede ist, dass sich bei fehlender Zustimmung schnell Druck einstellt und beide Gesprächsteilnehmer leicht in Streit geraten können. Dann muss die Kontrollrede abgebrochen werden und zu einem anderen, produktiveren Stil gewechselt werden. Dieser Wechsel in einen anderen Stil ist generell sehr wichtig: Nur ausschließlich die Kontrollrede zu verwenden vernachlässigt die menschliche Seite der Zusammenarbeit: Der Sprechende wird als dauernd kommandierender „Feldwebel" empfunden, es baut sich allmählich Ablehnung und Trotz auf.

Wirkung Wie im vorigen Absatz bereits angedeutet, kommt es bei der Kontroll-rede besonders auf das „Wie?" an. Produktivität und Zufriedenheit aller Beteiligten werden nur dann erreicht, wenn sowohl das eigene Selbstwertgefühl als auch der Respekt vor den Mitarbeitern bewahrt bleibt.

Fast alle Menschen begrüßen und akzeptieren Anweisungen, wenn sie erforderlich sind. Ein Problem hat damit lediglich der anti-autoritäre Persönlichkeits-Typ, der im Kapitel „Entscheidungsfindung" unter „Störeinflüsse" beschrieben wird.

Wenn Ziele nicht klar sind oder eine Zusammenarbeit unorganisiert oder unkoordi-niert bleibt, entstehen Unruhe und Unsicherheit, die durch geeignete Anweisungen behoben werden können. Werden jedoch die Mitarbeiter durch Geringschätzung entwürdigt, deutet dies auf ein nicht angebrachtes Dominanzverhalten – und darauf, dass nicht mehr die Kontrollrede, sondern die Streitrede verwendet wird.

Streitrede Kennzeichnend für diese Art von Gesprächen ist die direkte, aggressive und oft herabsetzende Sprache.

Der Sprechende stellt sich nicht auf eine Ebene mit seinem Gesprächspartner, son-dern distanziert sich von jeder Gemeinsamkeit und versucht, sein Gegenüber zu verletzen. Es geht auf der Sachebene nicht mehr weiter, die Emotionen übernehmen die Oberhand. Man will Veränderungen durchsetzen, indem die anderen gezwungen werden, den eigenen Standpunkt aufzugeben. Dabei gleitet die Diskussion in ein unkontrollierbar erscheinendes „Ping-Pong" Spiel ab, ohne dass es vorwärtsgeht oder ein Konsens möglich ist.

Durch Vorwürfe (häufig „unter der Gürtellinie") wird der eigene Standpunkt ledig-lich verteidigt, ohne ihn effektiv zu entwickeln. Auch für die Argumente des Gegen-übers, der in diesem Augenblick kein Gesprächs-*Partner* mehr ist, sondern zum -*Gegner* wird, ist man nicht mehr offen und zugänglich. Der eigene Ärger soll dabei die Angst verdecken. Die Verantwortung für das Misslingen eines Projekts oder für den Streit an sich wird auf andere abgeschoben. Je größer die Angst, desto kleiner werden Vertrauen und wirksame Kommunikation. Selbst das einfache Übermitteln von Informationen misslingt.

Typische Situationen für Streitreden sind das Erzwingen von Lösungen, Befehle, Schuldzuweisungen, Drohungen, Angriffe, Herausforderungen und Beleidigungen.

Paula stellt hierzu fest: „Selbst gerechtfertigte Schuldzuweisungen sind sinnlos" (1992). Fühlt sich jemand in seiner Wertschätzung (Fertigkeiten, Urteilsvermögen, Können) angegriffen, so ist es sehr wahrscheinlich, dass er durch die Streitrede seine Überlegenheit zurückgewinnen will.

Wirkung Die Streitrede ist ein Stresssignal für alle Beteiligten: Die Redner haben die Kontrolle über sich verloren! Alle konzentrieren sich nur auf die anderen und deren Schwächen, keiner achtet mehr auf sich selbst. Daraus entsteht ein sich immer schneller drehendes Karussell von Vorwürfen. Das Ergebnis ist zumeist nur Furcht und gegenseitige Ablehnung. Die Arbeit im Team wird nachhaltig und auf lange Zeit erheblich gestört.

Für die Arbeit im Cockpit ist es unbedingt erforderlich, dass jedes Abgleiten in diesen Stil sofort von allen erkannt und unverzüglich die Basis für einen neuen Anfang gesucht wird.

Dies ist umso schwieriger, da der Streitredner „vernünftigen" Argumenten kaum zugänglich sein wird.

Trotzrede Wenn Streitgespräche ein Krieg mit Worten sind, dann sind Trotzreden der Partisanenkrieg. (Paula 1992)

Im Vergleich zu den offen geführten Streitreden, die direkt und aggressiv sind, sind Trotzreden indirekt und versteckt. Sie versuchen, durch Machtlosigkeit zu Macht zu gelangen. Die Kontrolle soll dabei „von unten nach oben" ausgeübt werden. Man scheut Verantwortung und torpediert somit den Versuch der anderen, Veränderungen durchzusetzen. In passiver Art wird versucht, anderen ein Schuldgefühl zu vermitteln.

Anzeichen für diesen Stil sind tiefe Seufzer, krumme Körperhaltung, Kraftlosigkeit, unverbindliche Antworten, Themenwechsel und Schweigen. Der Redner setzt sich selbst und seine Fähigkeiten herab, macht sich folglich selbst unfähig, eine Lösung oder Veränderung zu bewirken.

Trotzreden sind ein Anzeichen der viel diskutierten „inneren Kündigung".

Im Cockpit sind sie ein untrügliches Anzeichen dafür, dass die effektive und sichere Teamarbeit zusammengebrochen ist.

Wirkung Die Trotzrede verschwendet Energie und Informationen; produktives Arbeiten wird weitgehend sabotiert. Der Redner schadet sich selbst durch dauernde Herabsetzungen. Eine Kooperation ist unmöglich geworden.

4.4.5.3 Kopf- und Suchstil

Brainstorming – ein Schlagwort aus dem Englischen ist der Einstieg zu diesem Stil (s. Abb. 4.7).

In der Routinearbeit treten Probleme auf, die sich durch simple Informationsbeschaffung im Sachgespräch nicht lösen lassen. Hintergrundinformationen müssen geprüft, Sachfragen verdeutlicht und Alternativen entwickelt werden.

Kopf- und Suchstil
Überblick erhalten
Gründe ermitteln
Alternativen schaffen
Optionen beurteilen
Um Rat bitten

Abb. 4.7 Kopf- und Suchstil

Alle Beteiligten werden aufgefordert und ermutigt, zu analysieren, zu interpretieren und Vorschläge zu unterbreiten. Meinungen werden erfragt, aber nicht beurteilt. Dieser Stil ist eine gelungene Koppelung der positiven Aspekte der Kontrollrede und der weiter unten beschriebenen „aufrichtigen Äußerung".

Eine wichtige Voraussetzung für den richtigen Gebrauch des Kopf- und Suchstils ist die Fähigkeit, gut zuhören und beobachten zu können. Non-verbale Informationen geben hier wichtige Hinweise.

> Als Vorbereitung für eine gute Entscheidung in schwierigen Situationen ist dieser Stil sehr gut geeignet.

Aber Vorsicht: Wenn es zeitkritisch wird, können nicht alle zu Wort kommen. Der Kapitän muss dann die Initiative ergreifen und nach angemessener Informationsbeschaffung die „Marschrichtung" festlegen. Siehe hierzu auch die Bewertung von Handlungsalternativen im Teil „Entscheidungsfindung".

Wirkung Bei diesem Gesprächsstil erhält jeder das Gefühl, ernst genommen zu werden und gleichberechtigt zu sein.

Eine Ebene bleibt jedoch ausgeklammert: die Emotionen. Welche Motive die Teilnehmer haben, welche Gefühle sie bewegen und wie ihre eigenen Wünsche aussehen, wird nicht angesprochen. Probleme auf dieser Ebene, erst recht zwischenmenschliche Reibungen innerhalb eines Teams, bleiben ungelöst. Dies kann zu Unzufriedenheit der Personen führen.

Besonders gefährlich wird es, wenn alle lediglich auf einer unverbindlichen Ebene bleiben und keiner eine Verpflichtung eingeht oder Verantwortung übernehmen möchte. Wenn die konkreten Ergebnisse also ausbleiben. Verbale Anzeichen dafür sind Aussagen wie „man könnte ...", und „auch eine Möglichkeit wäre ...". Dies ist meist ein Anzeichen dafür, dass Schwierigkeiten auf anderen Ebenen vorhanden sind, alle jedoch die Lösung dieser Kernprobleme vermeiden.

4.4.5.4 Aufrichtige Äußerung

Wenn im Kopf- und Suchstil deutlich wird, dass die Lösung von Sachproblemen an Spannungen und Meinungsverschiedenheiten scheitert, wird es Zeit, den Stil zu wechseln (s. Abb. 4.8).

Aufrichtige Äußerung
Verantwortungsvoll sein Verbinden, nicht kontrollieren Sich und andere wertschätzen Zusammenarbeiten Sich sorgen, Anteil nehmen Verstehen

Abb. 4.8 Aufrichtige Äußerung

Zusätzlich zu den äußeren Informationen werden so auch die inneren Informationen abgefragt: Die Gefühle, die im Kopf- und Suchstil ausgeklammert sind oder die in Streit- oder Trotzrede unbemerkt die Kontrolle über das eigene Handeln ergriffen haben.

In der aufrichtigen Äußerung wird keine Schuld zugewiesen, keine Verteidigung aufgebaut oder werden Ansprüche gestellt. Die Karten werden offen auf den Tisch gelegt, ohne Tricks. Es wird der Versuch unternommen, eine Zusammenarbeit konstruktiv aufzubauen bzw. diese vor einer Zerstörung zu bewahren.

Typische Situationen für aufrichtige Äußerungen sind zwischenmenschliche Konflikte, negatives Feedback (=Kritik) sowie die Beseitigung von Spannungen und Hindernissen bei der Problemlösung.

Kennzeichen dafür sind häufig „Ich"-Sätze mit Bezug auf die eigene Wahrnehmung oder Emotion im Gegensatz zu „Du/Sie"-Sätzen (z. B. „Ich habe den Eindruck dass, …"/„Ich fühle mich nicht ernst genommen …").

Als Voraussetzung für den richtigen Gebrauch der aufrichtigen Äußerung nennt Paula:

• die Anerkennung der eigenen Innenwelt und der Außenwelt
• das Akzeptieren der Gegebenheiten
• die Handlung aufgrund der eigenen Bewusstheit

Wirkung Aufrichtige Kommunikation kann hart und rücksichtsvoll zugleich sein, fest und flexibel, sorgend und doch kontrolliert. Jeder wird als Mensch anerkannt und geschätzt. Im Gespräch wird der Kern eines Problems erkannt und es werden die Wünsche und Gefühle unter der Oberfläche angesprochen. Spannungen und Meinungsverschiedenheiten werden offen angesprochen und es wird gemeinsam nach Lösungen gesucht, die für alle akzeptabel sind. Die Beteiligten geben deutlich zu erkennen, dass sie zu einer offenen Diskussion bereit sind und nicht auf der unbedingten Durchsetzung des eigenen Willens beharren. Das wichtigste Merkmal dabei ist, dass es nicht bei Lösungs-*Möglichkeiten* bleibt, sondern dass Verantwortung übernommen wird und Verpflichtungen eingegangen werden. Die Teilnehmer gehen mit konkreten Absprachen auseinander.

So kann Vertrauen geschaffen und eine gute Basis für eine sichere und effektive Zusammenarbeit (wieder) aufgebaut werden. Jeder kann in diesem Team seinen Teil dazu beitragen, ohne befürchten zu müssen, dass er wegen seiner Äußerungen abgewertet, verletzt oder bestraft wird. Keiner muss sich verstecken, verteidigen oder sich selbst schützen.

Allerdings gibt es auch Einschränkungen für den Gebrauch dieses Stils. Wo Vertrauen nicht vorhanden ist, ist Aufrichtigkeit fehl am Platz. Der Schutz vor Missbrauch der mitgeteilten Informationen ist dann wichtiger. Dies ist der Querverweis zum anfangs entwickelten Wertequadrat „Wahrhaftigkeit und Wirkungsbewusstsein". Auch dem Missbrauch durch gezielte Ausnutzung oder Vortäuschung von Aufrichtigkeit zur Instrumentalisierung von Verhalten ist eine Absage zu erteilen:

Wer Aufrichtigkeit zur Manipulation einsetzen will, landet schnell auf dem Bauch und schafft nur noch ein größeres Misstrauen.

4.5 Non-verbale Kommunikation

> Wir verwenden Zeit und Energie, um neben unserer Muttersprache noch weitere Sprachen zu lernen. Körpersprache ist mit der Zeit zu einer Fremdsprache geworden. Fremdsprachen müssen nicht gelernt werden, aber wir kommen weiter, wenn wir sie beherrschen. Wir vermindern die Gefahr von Missverständnissen. (Molcho 1983)

Diesem Abschnitt sei eine Bemerkung vorangestellt: Es geht im Folgenden nicht darum, aus psychologischen Laien Psychotherapeuten zu machen, die anhand von Bewegungen und Äußerungen vermeintlich ihren Gegenüber analysieren können.

Es soll lediglich die größere Effektivität der non-verbalen Kommunikation dargestellt werden. Denn bei Differenzen zwischen verbalen und non-verbalen Informationen werden vom Empfänger automatisch die non-verbalen Informationen höher bewertet. Dazu soll ein Prozess der „Selbstbeobachtung" in Gang gesetzt werden.

„Welche meiner Verhaltensweisen sind günstig bzw. ungünstig in der Teamarbeit?"

Außerdem gilt es zu erkennen, dass Körpersprache vor allem Ausdruck unserer Empfindungen ist (Molcho 1988).

Ein wichtiger Punkt in diesem Abschnitt ist der „erste Eindruck": Alle Menschen neigen dazu, sich mehr oder weniger unbewusst ein „Bild" vom anderen zu machen.

Viele der Eindrücke aus den ersten Minuten des Kennenlernens festigen dieses Bild so stark, dass es sich manchmal nicht mehr korrigieren lässt. „Gefühlsinformationen werden schneller umgesetzt als lineare Informationen, lösen schnellere Reaktionen aus und eröffnen ein größeres Spektrum an Interpretationen" (Molcho 1988). Der Hinweis *Urteile nicht nach dem ersten Eindruck!* ist zwar gut gemeint, hilft uns jedoch nur wenig. Wir können uns diesem Einfluss nicht immer entziehen, denn er spielt sich größtenteils im Unterbewusstsein ab.

Die Blickrichtung sollte also nicht auf unser Gegenüber zielen, sondern in den eigenen Spiegel. Beim ersten Kennenlernen, in der Fliegerei fast immer beim Briefing, hinterlässt man einen „bleibenden Eindruck". Der Kapitän setzt den Ton und die Prioritäten für die spätere Zusammenarbeit – und das, ohne ein Wort zu sagen. Zieht er den Flugplan zu sich oder stellt er sich so, dass seine Kollegen keinen Einblick nehmen können, so hat er (vielleicht) schon das erste Signal gesetzt: „Ihre Meinung ist nicht gefragt. Das kann nur ich allein beurteilen!"

Seine Kollegen werden sich dann wahrscheinlich mit ihrem Wissen und ihren Erfahrungen zurückhalten, auch wenn er dann verbal zu Kommentaren auffordert.

Die non-verbale Kommunikation zeigt sich dabei als ein Bereich, bei dem eines besonders zutrifft: Es hilft kein Vortrag, es muss selbst erlebt werden: der eigene Stil, die eigenen Bewegungen. Dabei können fotografierte Beispiele als Überzeichnung helfen. Samy Molchos Bücher leben von dieser Überzeichnung und zeigen augenfällige Beispiele.

Für die Einschätzung der eigenen Persönlichkeit ist es am Wirkungsvollsten, wenn man sich im Spiegel oder in einem Video (-LOFT) betrachtet.

4.6   Technische Kommunikation

4.6.1   Radio Telephony (R/T)

Viele Unfall- und Zwischenfallberichte belegen, dass der Funkverkehr mit all seinen notorischen Störungen eine erhebliche Quelle für Missverständnisse darstellt.

Ist im Normalbetrieb noch genügend Raum für das Entdecken von Fehlern vorhanden, so ändert sich dies ganz erheblich unter Stress. Die Frequenz ist überlastet, es bleibt wenig Zeit für Anweisungen und Readback, die Arbeitsbelastung steigt. Es gibt nur einen erfolgversprechenden Ansatz: strenge „Disziplin".

Dies beginnt in der ruhigen, stressfreien Phase der Flugvorbereitung. Vom Start-Up Request bis zum Ende des Fluges führt nur eine konsequente Verwendung der Standard-Phraseologie zum Erfolg. Nur was konsequent benutzt wird, geht in Fleisch und Blut über und bleibt auch unter Stress erhalten, denn es erfordert dann keine mentale Sonderarbeit: „Wie heißt das denn nun richtig?"

Es hört sich sicher sehr professionell an, wenn der Kollege sich mit „XY Six-fourty, thanks, good day!" beim Approach Controller verabschiedet; aber wird er dann wirklich auf 5.000 ft sinken, oder auf 4.000 ft? Fliegt er wirklich die Landebahn 25L an oder doch evtl. die 25R?

Ein konsequentes Zurücklesen der Freigaben ermöglicht nicht nur dem Kollegen im eigenen Cockpit und dem Lotsen eine Kontrolle, ob das, was gesagt wurde, auch verstanden wurde. Es erhöht auch bei den Besatzungen der anderen Flugzeuge das Situationsbewusstsein und ermöglicht das „Mitplotten", was um einen herum geschieht.

4.6.2   Marine Concept

Was beim R/T als Konzept richtig ist, gilt auch hier: Verfahrensbezogene Kommunikation wird vom Hersteller und vom Betreiber des Flugzeugs festgelegt. ´Dies sollte für alle verbindlich, klar und unmissverständlich sein. Die Entwicklung eines

„Coordination Concepts" und einer Phraseologie kann in Ruhe am Schreibtisch, fernab aller Hektik erfolgen. Die alltägliche Erfahrung im Umgang mit diesem Konzept sollte als Feedback in eine kontinuierliche Entwicklung einfließen und so eine Validierung darstellen.

In der Praxis hilft ein derartiges Konzept besonders in den Phasen hoher Arbeitsbelastung: „Please lower the Dunlops" ist zwar lustig, aber nicht professionell: „Gear Down" ist kurz, klar und unverwechselbar – wenn es diszipliniert angewandt wird.

Die Erstellung eines sinnvollen Standard-Kommunikationskonzepts ist für die Akzeptanz unter den Besatzungen besonders wichtig. Dieses Konzept stellt den ersten Punkt in der Fehlerkette dar (siehe Kapitel „Human Error and Reliability").

Wird dieses Konzept immer wieder vor- und zurückgeworfen (z. B. Checklist-Antworten *Checked* statt *Tested* und umgekehrt), wird es nicht akzeptiert werden – Disziplin hin oder her!

4.6.3   One- und Two-Way-Communication

One-Way-Communication bedeutet in diesem Sinne eine Kommunikation in nur eine Richtung. Der Sprechende bekommt keine Reaktion, kein Zeichen seines Kollegen, dass dieser etwas gehört oder verstanden hat.

Daher ist die Two-Way-Communication immer vorzuziehen. Sie ist eine Parallele zum Feedback bei der zwischenmenschlichen Kommunikation: Ich stelle fest, was bei mir angekommen ist und gebe meinem Kollegen Gelegenheit, ein Missverständnis zu korrigieren: Readback.

Aber auch das „Acknowledgement" hat eine wichtige Aufgabe. Der Empfänger signalisiert: „Ja, ich folge Dir, ich bin eingebunden und kenne unsere Position im Fortgang eines Procedures oder einer Flugphase." Dies unterbindet die Unsicherheit beim Sprechenden und schafft wieder freie mentale Kapazitäten für die nächste Aufgabe.

Auch dieses „Readback" und „Acknowledge" muss von der Fluggesellschaft verbindlich in die Verfahren eingebaut werden. Im Funkverkehr ist es bereits der Fall, und die o. g. Crew von „XY Six-fourty" täte besser daran, sich dies zu vergegenwärtigen.

Eine weitere wichtige Funktion der Two-Way-Communication ist die Entdeckung von Incapacitation.

4.7   Vertragliche Rolle und persönliche Wertschätzung

Die Aufgabenteilung im Cockpit ist zunächst ganz eindeutig geregelt: Der Kapitän ist der Vorgesetzte seiner Besatzung und trägt die Verantwortung. Die Mitglieder der Crew arbeiten in den vorgegebenen Aufgabenbereichen selbstständig oder unter gegenseitiger Kontrolle.

So selbstverständlich dies auch ist, so kann dies doch zu Problemen führen. Dies ist häufig dann der Fall, wenn mit der beruflichen Aufgabe (der „vertraglichen Rolle") auch eine persönliche Wertschätzung durchgeführt wird: wenn also aus der beruflichen Hierarchie auch eine „menschliche Hierarchie" hergeleitet wird.

Anfällig für diesen Trugschluss sind sowohl der Vorgesetzte als auch die Mitarbeiter: Der Boss, der sich von unfähigen und unwilligen „Individuen" umgeben sieht, wird schnell in seiner Kommunikation zum Kontrollstil greifen und Anweisungen geben.

Durch seine Frustration, dass seine Mitarbeiter qualitativ nicht die gleichen Arbeitsergebnisse bringen, mischen sich dann manchmal auch persönlich abwertende Bemerkungen ein. Die Mitarbeiter haben hierfür ein sehr empfindliches Ohr und fühlen sich durch den „Macher" noch weiter entmündigt. Durch die Störung auf der zwischenmenschlichen Ebene ist dann bald die Arbeit der gesamten Crew gefährdet.

Auch vom Mitarbeiter aus können Probleme entstehen. Wenn er von sich meint, dass seine Fähigkeiten zu gering sind und er von sich den Eindruck hat, ohne seinen Chef nichts zustande zu bringen. Wenn er sich selbst von vornherein abwertet, so schafft auch er ein gefährliches Gefälle im Cockpit.

Oder ein sich selbstüberschätzender FO, der seinen Kapitän für unfähig hält und glaubt, die Rolle des „heimlichen Kapitäns" übernehmen zu müssen. Auch dieser schafft ein Gefälle im Cockpit, gegen das der Kapitän all seine Energien einsetzen muss, um es doch wieder zu Recht zu rücken.

In beiden Fällen verwenden sowohl Vorgesetzter als auch Mitarbeiter eine enorme Menge ihrer mentalen Kapazität für die Selbst-Positionierung innerhalb dieses Rollengefüges, die dann in der konzentrierten Arbeit fehlt.

Daraus begründet sich der „Trans-Cockpit-Authority-Gradient" als schwaches, aber dennoch vorhandenes Gefälle zwischen den Crewmitgliedern (s. Abb. 4.9). Davon zu unterscheiden ist die zwischenmenschliche Ebene der Crew.

Hier ist gegenseitige Achtung und Wertschätzung nötig, die unabhängig von der Leistungsfähigkeit des Einzelnen ist: Alle stehen auf einer Ebene. Jeder wird als

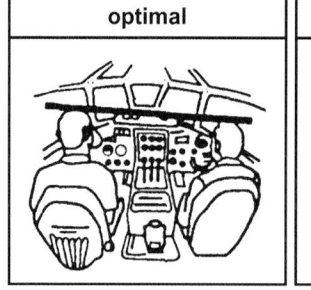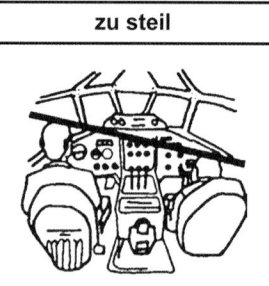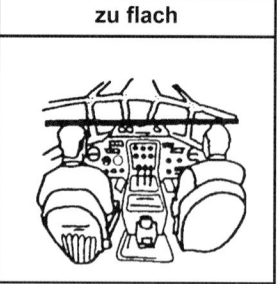

Abb. 4.9 Trans-Cockpit-Authority Gradient. (nach Hawkins 1987)

Mensch geschätzt, jede Meinung wird gehört und berücksichtigt. Dies schafft die Voraussetzung für „Assertiveness", die Fähigkeit eines Mitarbeiters, in kritischen Situationen seine Meinung frei und offen zu äußern und ggf. auch mit Nachdruck zu vertreten, wenn er die Sicherheit gefährdet sieht.

4.7.1 Strategien zur Konfliktbewältigung

Auch bei dem allerbesten Bemühen, ein gutes Teammitglied zu sein, wird es nicht immer gelingen, Reibungen und Missverständnisse zu vermeiden.

Wie im Kapitel „Menschlicher Irrtum" angesprochen, gilt es nicht nur zwischenmenschliche Konflikte und Missverständnisse zu vermeiden, sondern auch mit diesen Störungen umgehen zu können. Lediglich zu erkennen, dass etwas in der Zusammenarbeit schiefläuft, reicht nicht aus. Die häufig vorgefundene Einstellung, dass es sich nicht lohnt, sich mit diesem Kollegen auseinanderzusetzen, weil man sich doch nach zwei bis drei Tagen wieder trennt und (möglicherweise in einer großen Flotte) auf Jahre nicht wiedersieht, muss hier korrigiert werden.

Jeder Konflikt bietet nicht nur das Risiko sich zu ärgern oder verletzt zu werden, sondern auch die Chance, an einer konstruktiven Auseinandersetzung zu wachsen. Zudem ist es im Sinne der sicheren Zusammenarbeit unerlässlich, immer wieder eine gute Ausgangsbasis für eine gute Kooperation zu schaffen: Die nächste Stresssituation wartet eben nicht, bis wir mal wieder mit einem netten Kollegen fliegen! Und wie schon zu Beginn gesagt, stellen ein gutes Arbeitsklima und gegenseitiges Vertrauen die beste Voraussetzung für ein erfolgreiches Handeln in Ausnahmesituationen dar. Es gilt, eine Strategie zu entwickeln, gewissermaßen eine persönliche Checkliste zusammenzustellen, mit deren Hilfe schwierige Situationen angegangen werden können. Diese Strategie bezieht sich auf Beziehungs- und Rollenkonflikte, die durch die Wiederholung bestimmter Handlungsmuster entstanden sind. Sie funktioniert nur in Phasen niedriger Arbeitsbelastung. Unter Stress und Zeitdruck kann sie nicht angewendet werden. Sie ist daher als Vorbereitung für gute Teamarbeit unter Stress gedacht.

Diese Strategie enthält sieben Schritte (Paula 1992):

4.7.1.1 Das Thema erkennen und analysieren

Viele einzelne Informationen oder Nachrichten zusammen ergeben die Situation – aber was ist nun wirklich „Sache"? Wo liegt das eigentliche Problem? Was hat es denn für Botschaften gegeben, auf der Sachebene, der Beziehungsebene? Was haben die Beteiligten über sich selbst gesagt, woran haben sie appelliert? Dies alles zusammengetragen ermöglicht es erst, zum wirklichen Thema zu gelangen. Wichtig ist dabei das Bewusstsein, dass alle aufgenommenen Informationen subjektiv sind und wir dabei auch noch selektieren. Und was nicht in unser Bild passt, wird unbewusst übersehen. In gegenseitiger Absprache kommt man dem Kern näher als durch alleinige Vermutungen.

4.7.1.2   Verfahrensregeln festlegen – Absprache

Dies ist die Organisation eines Gesprächs: Wann, an welchem Ort, wer ist dabei, wie lange? Die Klärung dieser Verfahrensregeln in beiderseitigem Einvernehmen ist häufig bereits der Einstieg in die Verständigung: Das Thema wird gewechselt und es wird deutlich, dass es doch möglich ist, sich mit dem Gegenüber zu einigen – eine neue Ebene wird erreicht.

4.7.1.3   Thema besprechen

Erst danach wird das eigentliche Problem besprochen. Die eigene Sicht wird mit den gesammelten Informationen dargelegt. Jeder bekommt die Gelegenheit, sein Anliegen zu verdeutlichen. Dabei ist genaues Zuhören wichtig. Unklare oder zweideutige Informationen werden überprüft. Es wird nachgefragt wie beim R/T: „Say again – Bitte wiederholen Sie dies, das habe ich nicht verstanden!"

Hier wird nicht interpretiert, kein Schuldiger wird gesucht, sondern eine gemeinsame Basis und das gegenseitige Verständnis.

4.7.1.4   Absichten klären

Worum geht es mir? Was will ich erreichen? Was sind meine Wünsche – für mich, für das Team, für die Situation? Je klarer sich der Einzelne über diese Fragen ist, desto klarer kann er sich auch gegenüber seinem Kollegen ausdrücken und verständlich machen. Fehlen wiederum diese Informationen des Gesprächspartners, so sollte gezielt danach gefragt – und nicht geraten werden!

4.7.1.5   Handlungsalternativen entwickeln und nächste Schritte festlegen

Hier ist eine Erinnerung an die Unterschiede des Kopf- und Suchstils zur aufrichtigen Äußerung angebracht: Dieses Gespräch sollte nicht ohne gegenseitige Zusagen und Verpflichtungen beendet werden – jeder trägt seinen Teil zur Lösung bei.

4.7.1.6   Ergebnisüberprüfung

„Out of sight – out of mind!" Dies darf hier nicht gelten! Auch nach dem Gespräch werden die Ergebnisse geprüft: Habe ich meine Verpflichtungen eingehalten? Hat sich die Situation gebessert? Wenn nein, war es dann das richtige Thema? Wie läuft die Zusammenarbeit nach dem Gespräch? Sind wir etwa wieder in den alten Trott, die gleichen Verhaltensweisen zurückgefallen? Diese Fragen sollten gemeinsam geklärt werden.

4.7.1.7   Metakommunikation

Das Gespräch über das Gespräch: Sind wir auf eine andere, bessere Ebene der Zusammenarbeit gelangt? Verstehe ich jetzt mehr von meinem Kollegen? Wie ist es mir bei diesem Gespräch ergangen?

4.7.2   Feedback

Feedback ist das wichtigste Werkzeug, Missverständnisse frühzeitig zu erkennen, vielleicht sogar vermeiden zu können, und dem Partner gleichzeitig Hilfen zur Verständigung zu geben. Das „Briefing" ist bereits seit langer Zeit in der Fliegerei institutionalisiert, das „Debriefing" dagegen wird bestenfalls als Anlass zum geselligen Beisammensein missverstanden. Es gilt, diese Methode fest im Bewusstsein der Crew zu verankern, sodass jeder Flugeinsatz besprochen wird. Dabei ist es wichtig, dass nicht nur „von oben herab" beurteilt wird, sondern dass jeder seine Ansichten und Erfahrungen einbringt.

4.8   Kommunikationsfertigkeiten

Die Reibungsstellen des SHELL-Modells, die Schnittstellen zwischen den einzelnen Teilen sind als Ursachen für Missverständnisse erkannt.

Was kann jedoch getan werden, um die Kommunikation so sicher, eindeutig und klar wie nur eben möglich zu machen, um eben Missverständnisse zu reduzieren?

Zunächst ist das technische Umfeld, die Situation im Cockpit zu betrachten: Lärm, Stress, Zeitdruck und enorme Informationsdichte machen es schwer, sich entsprechend der hier entwickelten Kommunikationsfertigkeiten auszudrücken. Trotzdem gibt es Möglichkeiten, die relativ einfach genutzt werden können:

4.8.1   Sich klar ausdrücken

Laut und deutlich – eigentlich bei dem hohen Lärmpegel im Cockpit eine Selbstverständlichkeit; doch das (Boom-)Mike direkt vor den Lippen, erscheint es manchmal nicht notwendig, laut zu sprechen – die Technik macht das schon. Und wenn man dem Kollegen etwas mitteilen möchte, vergisst man, dass es jetzt keine Technik gibt, die einen unterstützt.

Doch auch auf der Inhaltsebene gibt es Ansätze zur Verbesserung: Was will ich eigentlich sagen? Was will ich erreichen? Nach Möglichkeit sollte ich mir über diese Dinge zunächst Klarheit verschaffen. Dazu gilt es, gemischte Botschaften zu vermeiden, eine Kongruenz zu erzielen.

4.8.2   Aufmerksam zuhören

Wenn es die Situation im Cockpit erlaubt, und dies gilt auch für Gespräche außerhalb des Cockpits, soll aufmerksam zugehört und auf die non-verbalen Signale geachtet werden. Dies sind die Aufgaben des Zuhörers und ein Zeichen, dass dieser auch „aktiv" ist. Man soll das Gespräch nicht nur passiv über sich ergehen lassen und erwarten, dass sich die anderen schon deutlich ausdrücken werden.

4.8.3   Gezielt fragen und klären

Gibt es dann noch Unklarheiten, so dürfen sie nicht akzeptiert werden, sondern erfordern eine Klärung. Auch die Bereiche, über die keine Informationen vorliegen, werden einbezogen: Absichten, Wünsche und auch Gefühle, um dadurch die Situation so weit wie möglich klären zu können.

4.8.4   Interessiert sein und bestätigen

Im R/T heißt dies „Confirm". Der Zuhörer ist aufmerksam, nimmt Anteil an den Äußerungen des Sprechenden und bestätigt direkt und unmittelbar, sobald eine Übereinstimmung zwischen beiden Parteien vorliegt.

4.8.5   Zusammenfassend wiederholen

Der Readback einer Clearance im R/T soll hier als Vorbild dienen: Ich wiederhole (mit eigenen Worten), was ich gehört und verstanden habe oder was gemeinsam beschlossen wurde, und stelle dadurch Einklang her – jetzt haben beide die gleiche Ausgangsbasis, das gleiche mentale Modell für diese Situation.

4.9   Mögliche Ausbildungsmethoden

Hier sind die beschriebenen Trainingsinhalte in zwei Bereiche zu unterteilen: Die interpersonelle (Kap. 4.4, 4.5, 4.7 und 4.8) und die technische Kommunikation (Kap. 4.6).

4.9.1   Interpersonelle Kommunikation

Aus den vorgestellten Inhalten heraus wird bereits deutlich, dass dieser Bereich nicht „erlesen" werden kann. Daher sind Rundschreiben und andere schriftliche Publikationen nicht geeignet, hier Wissen zu vermitteln. Sie sind allerdings unbedingt notwendig als Einführung und zum Wecken von Neugier und Interesse. Auch Wissensvermittlung mittels CBT (Computer-Based-Training), welches bei der technischen Schulung sehr erfolgreich angewandt wird und bei den Lernenden überwiegend positiven Anklang findet, ist für diese Thematik ungeeignet: Den Umgang mit der eigenen Persönlichkeit und mit anderen Menschen kann man nicht mithilfe einer Maschine erlernen. Dazu kommt, dass die Programmierung niemals alle Variationen menschlicher Verhaltensweisen abdecken und adäquat berücksichtigen kann.

Als Medium zur praktischen Schulung eignen sich deshalb nur Seminare mit begrenzter Teilnehmerzahl unter Führung von geschulten Fachleuten. Nur die Selbsterfahrung kann die Erkenntnis und den Anstoß bringen, an den eigenen Kommunikationsfertigkeiten zu arbeiten. Diese Seminare sollten enthalten:

* Gruppenübungen
* Persönlichkeits-*Assessment*
* Feedback-Techniken
* Rollenspiele
* Fallstudien
* Zwischenmenschliche Erfahrungen

In diesen Seminaren, die die Inhalte mehrerer HF-Themenbereiche zusammenfassen, wird ausreichend Zeit zum Üben und zur gegenseitigen Kritik gegeben. Die Nutzung von Video-Feedback zur Selbsteinschätzung erhält dabei große Bedeutung.

Als optimale Methode ist die Kombination von Seminaren mit anschließender Gelegenheit zur Übung und Wiederholung in einem Simulator-LOFT-Programm mit Video-Feedback anzusehen.

Nicht bei allen Flugzeugführern (und Ausbildern) steht CRM-Training heutzutage hoch im Kurs. Überzeugungsarbeit ist notwendig, um die großen Sicherheitspotentiale, die in der Anwendung dieser Technik liegen, deutlich zu machen. Daher ist die kommentarlose Einführung eines Seminars nicht ausreichend. Es ist unbedingt erforderlich, dass Schulungen im Bereich Human Factor – CRM durch die entsprechenden Flugbetriebsleitungen, Flottenführungen und das gesamte Check- und

Ausbildungspersonal kräftig unterstützt werden. Hackman beschreibt diesen Prozess als „Altering Group Norms" (1993).

Wenn es von der Mehrzahl der Piloten als „Good Airmanship" angesehen wird, sich entsprechend der in den Seminaren vorgestellten Ideale zu verhalten und diese Erfahrungen in der täglichen Cockpitarbeit zu nutzen, so werden auch die Skeptiker bald überzeugt werden.

> Heightened awareness will produce tangible behaviour change. (Foushee 1984)

4.9.2   Technische Kommunikation

In Ausbildung und Upgrade-Training sollten Vorträge von Experten genutzt werden. Hier kann insbesondere auf Unfälle und Zwischenfälle in der Vergangenheit, die durch Missverständnisse, mangelhafte Anwendung der Standard Phraseologie und nachlässigen Gebrauch von Teamkonzepten (Crew Coordination Concept, Marine Concept, Two-Way-Communication, etc.) hervorgerufen wurden, hingewiesen werden. Ausreichend Beispiele enthält auch die NASA-Datenbank „ASRS".

Als Refresher zwischen Trainingsereignissen sind Rundschreiben, Artikel in firmeninternen Zeitungen oder Publikationen des Berufsverbandes angebracht.

Bei Nutzung von LOFTs mit Video-Feedback kann die Wirkung unterschiedlicher Kommunikationsstile und das Entstehen von Missverständnissen aufgezeigt werden.

Für den Bereich „Radio Telephony" bieten sich Simulator-Ereignisse und Überprüfungsflüge an.

4.10   Fehlervermeidung in der Praxis

- Immer klar und deutlich sprechen (Artikulation und Inhalt).
- Stets ein wenig lauter sprechen, als man es für angemessen hält.
- Darauf achten, dass man richtig verstanden hat, und man vom Kollegen richtig verstanden wird. Deshalb:
  - Blickkontakt halten, wann immer es ohne eine Ablenkung möglich ist.
  - Aufmerksam zuhören.
  - Mitteilungen der Kollegen durch ein verbales oder nonverbales Zeichen bestätigen (Two-Way-Communication).
- Die von den Handbüchern vorgegebene technische Standard-Kommunikation immer sorgfältig einhalten (Call-Outs, Wordings).

- Ist irgendetwas unklar, oder ist man mit irgendetwas nicht einverstanden, so soll es sofort angesprochen werden.
- Unklarheiten müssen sofort und im Ansatz (auch und gerade wenn Sie selbst noch „neu" sind) geklärt werden.
- Konflikte sollen so schnell und so angemessen wie möglich gelöst werden. Nicht zu bereinigende Konflikte sind eine schwere Sicherheitsbedrohung.

Literatur

EU-OPS 1.965 Subpart N (2008), Brüssel

Fahlgren G (1989) Vortrag auf dem Delta Airlines – ALPA Professional Standards Symposium1, Boston

Foushee HC (1984) Dyads and triads at 35,000 feet. Am Psychol 39(8):885–893

Foushee HC, Lauber JK, Baetge MM, Acomb DB (1986) NASA Technical Memorandum 88322. NASA Ames Research Center, Moffett Field

Hackman JR (1993) Rethinking crew resource management. In: Wiener EL, Kanki BG, Helmreich RL (Hrsg) Cockpit resource management. Academic Press, New York

Hawkins F (1987) Human Factors in flight. Ashgate Publishing, Aldershot

Molcho S (1983) Körpersprache. Mosaik, München

Molcho S (1988) Körpersprache als Dialog – Ganzheitliche Kommunikation in Beruf und Alltag. Mosaik, München

NASA Aviation Safety Reporting System (ASRS), http://asrs.arc.nasa.gov

Paula M (1992) Sage, was Du meinst! Mvg-Verlag, München

Predmore SC (1991) Microcoding of communications. In accident investigation: crew coordination in United 811 and United 232, NASA/University of Texas, Crew Performance Project, Austin

Schulz von Thun F (1981) Miteinander reden, Bd 1. Rororo, Hamburg

Schulz von Thun F (1989) Miteinander reden, Bd 2. Rororo, Hamburg

Starck R (1993) VC-Human Factor-Konzept. In: VC-Info 7/93, Vereinigung Cockpit, Frankfurt

Webster's New Collegiate Dictionary (1961) Merriam Webster, Springfield

Kapitel 5
Stress

Hans-Joachim Ebermann und Dr. Gerhard Fahnenbruck

5.1 Einleitung

Für Verkehrspiloten ist es ein nahezu natürlicher Teil ihres Selbstverständnisses, mit Stress gut umgehen zu können.

Arbeitsbedingungen und Aufgaben tragen die klassischen Attribute starken Stresses: Hohe Verantwortung, Mehrfachbelastung, Zeitdruck, Lärm, ein ständig und intensiv wechselndes Umfeld, um nur einige zu nennen, sind direkt mit diesem Beruf verknüpft.

Wenn Stress über einen längeren Zeitraum anhält, drückt er unsere Leistungsfähigkeit und bedroht unsere Gesundheit. Durch zu viel Stress können, laut Aussagen von Ärzten, über die Hälfte unserer Krankheiten ausgelöst werden.

Extremer Stress kann zu Panik und eventuell sogar zum Verlust der motorischen Kontrolle führen.

Wie alle Menschen bringen auch Piloten den Stress ihres außerberuflichen Lebens mit an ihren Arbeitsplatz, der sich zum beruflichen Stress addiert. Deshalb werden wir uns im Folgenden nicht nur auf die berufsbedingten Aspekte des Umgangs mit Stress beschränken.

Fliegerisch spielt Stress im Crew Ressource Management eine zentrale Rolle. Unter anderem werden die Entscheidungsfindung, die Informationsverarbeitung, Human Error und die Kommunikation im Flugzeug von zu viel, aber auch von zu wenig Stress direkt beeinflusst.

H.-J. Ebermann (✉) · Dr. G. Fahnenbruck
Vereinigung Cockpit e. V., Main Airport Center,
Unterschweinstiege 10, 60549 Frankfurt, Deutschland
E-Mail: vc.ebermann@onlinehome.de

Dr. G. Fahnenbruck
E-Mail: gerhard.fahnenbruck@human-factor.biz

J. Scheiderer, H.-J. Ebermann, *Human Factors im Cockpit,*
DOI 10.1007/978-3-642-15167-5_5, © Springer-Verlag Berlin Heidelberg 2011

Tab. 5.1 Fehlerraten

Faktor	Fehlerratenerhöhung
Neuigkeit der Aufgabe	17 fach
Zeitknappheit	11 fach
Zu viele Informationen	6 fach
Risikofehleinschätzung	4 fach

Im Prozess der **Informationsverarbeitung und Entscheidungsfindung** führt viel Stress zu einer eingeschränkten Aufnahmefähigkeit. Wir erkennen unter Umständen nicht die Informationen vor unseren Augen, und wir haben Probleme, unter Alternativen zu wählen.

Andererseits ist die Entscheidungsfindung (oder der Mangel daran) eine der größten Stressquellen im Cockpit. Der Druck, auch unter schwierigen und selten auftretenden Umständen stets die angemessenen Entscheidungen zu treffen, ist einer der Hauptauslöser für mentale Belastung.

Unter zu großem Zeitdruck steigt die Bereitschaft, sich auf riskante Entscheidungen einzulassen. Führen diese riskanten Entscheidungen dann zu Misserfolgen, ergibt sich eine Tendenz zum Bewältigen der Situation um jeden Preis, eventuell auch unter Missachtung der vorgeschriebenen Regeln. Die Crew befindet sich dann sehr schnell in der sogenannten **Poor Judgement Chain**.

Eines der Anzeichen für hohe Stressbelastung der Crew ist die Verminderung der verbalen **Kommunikation**. Der Zusammenbruch der Kommunikation ist einer der am häufigsten vorkommenden Gründe in der Kausalkette, die zum Unfall führt.

Ganz allgemein steigt die Häufigkeit von **Human Errors**. Die Fehlerwahrscheinlichkeit erhöht sich unter Stress erheblich. Williams (1988) ermittelte folgende Erhöhung der Fehlerraten (s. Tab. 5.1):

Der systematische Umgang mit Stress wird bis heute in der Pilotenausbildung erstaunlicherweise nicht gelehrt. Die Vereinigung Cockpit fordert die Einbeziehung eines Stress-Trainings in die CRM-Seminare des Recurrent Trainings.

Wir werden im Folgenden eine Einführung in den Bereich Stress und einen Überblick über notwendige Inhalte für das Training von Flugzeugführern geben.

5.2   Was ist Stress?

Stress has a cumulative effect (Jensen 1995).

Stress ist die Summe aller auf uns einwirkenden Reize. Eustress ist positiver Stress, der zur Gesunderhaltung des gesamten Organismus nötig ist.

Dystress ist schädigender Stress, der unser körperliches und seelisches Gleichgewicht auf Dauer stören und damit unseren Organismus schädigen kann.

Stress wird von jedem Menschen **individuell** erfahren: In der gleichen Belastungssituation kann der eine in Eustress, der andere in Dystress kommen. Kunstflug oder CAT-III-Approach werden je nach Konstitution, Persönlichkeit und Erfahrung als positive Herausforderung, Genuss oder aber auch als Belastung empfunden. Die Abgrenzung von Eu- zu Dystress ist oft schwierig und fließend.

5.2.1   Anspannung und Erholung

Der Körper befindet sich in einem ständigen Wechsel zwischen Aktivierung und Ruhe bzw. zwischen Anspannung und Erholung. Die Phase der Aktivierung und Anspannung ist die Stressphase.

Wenn die Stressphasen gegenüber den Erholungsphasen deutlich überhandnehmen, stimmt das körperliche Gleichgewicht nicht mehr. Es entwickelt sich zunehmend Dystress.

Leistung und Ruhe oder Anspannung und Entspannung sind Polaritäten, die beide zu einem harmonischen Leben gehören. Es gilt, ein gutes Gleichgewicht zwischen beiden herzustellen, den richtigen Rhythmus zu finden. Lässt man keine Erholungspausen zu, dann akkumuliert sich die Anspannung so stark, dass sie auch nach der Arbeit nicht mehr zur normalen Ruhelage absinken kann. Der Mensch ist dann nicht mehr fähig abzuschalten. Selbst nachts ist immer noch ein Teil der Anspannung vorhanden und verhindert das Ein- bzw. Durchschlafen.

Genauso wird das Gleichgewicht gestört, wenn die Anspannungsphasen fehlen und die Ruhephasen überwiegen. Auch hier können sich negative Entwicklungen ergeben, wie z. B. das schnelle Vergreisen älterer Menschen nach Abschluss ihres Berufslebens.

In hoch automatisierten Flugzeugen können Effekte wie Tagträumen und „Spacing-Out" im Reiseflug auftreten, die die „Situational Awareness" gefährden (NASA 1996).

Jeder Mensch hat also seine ganz spezifischen Leistungshöhen und -tiefen. Diese bewirken, falls äußere Zustände dies zulassen, einen ganz bestimmten, individuellen Arbeitsrhythmus. Steht dieser individuelle Arbeitsrhythmus im Widerspruch zu dem geforderten Arbeitsablauf, so kann dies den natürlichen Ablauf so stark beeinflussen, dass es zu Stresserscheinungen führen kann.

5.2.2   Stress – eine Urreaktion

Die typische Stressreaktion führt im Körper zu Veränderungen, die den Organismus kurzfristig auf eine Notfallreaktion vorbereiten, und wird auch als **Alarmreaktion** bezeichnet.

Diese Alarmreaktion dient entwicklungsgeschichtlich zur Aktivierung aller Körperreserven für Flucht- oder Kampfsituationen unserer Vorfahren. Auch wenn wir heute ganz anders leben, gibt es noch Situationen, in denen wir unsere ganze Kraft und/oder Aufmerksamkeit brauchen. Nehmen wir an, man fliegt im Reiseflug auf einem Airway. Ein entgegenkommendes Flugzeug auf Kollisionskurs wird erst im letzten Moment erkannt und man kann den Near-Miss nicht mehr vermeiden.

Dann erlebt man die typische Alarmreaktion:

- Man ist mit einem Schlag hellwach.
- Der Herzschlag ist plötzlich beschleunigt.
- Die Muskulatur spannt sich an.
- Die Hände werden feucht.
- Das Herz schlägt bis zum Hals.

Dazu kommen unbewusste Veränderungen:

- Die Erhöhung des Zucker- und Fettsäurespiegels im Blut
- Die Zunahme der Blutzähigkeit
- Die Erhöhung des Blutdruckes
- Die Umstellung des Stoffwechsels

Alle diese Vorgänge werden durch die Ausschüttung von Stresshormonen verursacht.

Eine solche kurze Stressreaktion ist normalerweise völlig unschädlich, vor allem dann, wenn eine körperliche Aktivität folgen kann. Einem Piloten ist dies jedoch sitzend im Cockpit nicht möglich.

Auf eine Stresssituation folgt im Körper eine Alarmreaktion. Diese Alarmreaktion aktiviert alle Körperreserven zu einer anschließenden Flucht oder zum Kampf (und damit einer körperlichen Aktivität). Nach der Flucht oder dem Kampf tritt eine Erschöpfungsphase ein, und nach einer Ruhepause kehrt der Körper in seinen Normalzustand zurück.

Diese Stressreaktion ist eine stereotype Antwort des Organismus auf ganz unterschiedliche Belastungsreaktionen. Jeder Sinnesreiz, der vom Körper als Bedrohung oder Störung des Gleichgewichtes aufgefasst wird, setzt diese in Gang.

Vom Hypothalamus, einem Teil unseres Gehirns, wird die Ausschüttung der Hormone Adrenalin, Noradrenalin und Cortison aus den Nebennieren in die Blutbahn ausgelöst. In Sekundenbruchteilen bewirken diese Hormone die eben beschriebene Reaktion. Jeder Reiz, der diese Reaktion auslösen kann, wird als Stressor bezeichnet. Ein solcher Stressor kann ein akustischer Reiz sein, z. B. eine „Aural Warning", aber auch ein bloßer Gedanke, z. B. an die Wissenslücken eine Stunde vor dem Check.

5.2.3 Stressoren

Die Liste der Stressoren ist endlos lang. Beinahe jeder Lebensbereich ist für jede Person zu irgendeinem Zeitpunkt einmal Stress auslösend.

Stressoren werden in drei Gruppen unterteilt:

- **Physische Stressoren:** Lärm, Vibration, Temperatur und Feuchtigkeitsextreme, Mangel an Sauerstoff
- **Physiologische Stressoren:** Müdigkeit, schlechte Fitness, Krankheit, verpasste Mahlzeiten, niedriger Blutzuckerspiegel
- **Psychologische Stressoren:** mentale Workload, soziale Schwierigkeiten, Entscheidungsschwierigkeiten, Ängste

Im Folgenden ein paar pilotenspezifische Stressoren:

Lärm, geringe Luftfeuchtigkeit, Abnormals, neue Airports, schnelle Anflüge, Wetter, Vogelschlag, unregelmäßige und lange Arbeitszeiten, schlecht planbare Freizeit, Schwierigkeiten mit sozialen Aktivitäten, Schwierigkeiten Freundschaften zu pflegen, Verantwortung für die Passagiere, das Flugzeug und die Crew.

Stressoren können auch aus der Unternehmenskultur des jeweiligen Flugbetriebes entstehen.

Belastend ist es, wenn ein Flugbetrieb z. B. seine Piloten unter hohen Kostendruck setzt oder unsichere Arbeitsverhältnisse bietet. Ebenso wirken fehlende Anerkennung und Anonymität in zu großen Organisationseinheiten. Damit werden Stressoren erzeugt, die nach dem Human-Error-Modell von Reason *Latent Conditions* in späteren Unfällen sind.

Besondere Lebensereignisse können ebenfalls besondere Stressoren darstellen. Nach einer Scheidung oder gar dem Tod eines nahen Familienmitgliedes sollten Piloten genau abwägen, wann sie den Flugdienst wieder antreten wollen. Mit einer solchen Belastung verbundene Gedanken vermindern die eigene Stresstoleranz. Schon einfachere Lebenssituationen wie ein Hausbau oder finanzielle Probleme beeinträchtigen schnell die Aufnahmekapazität des menschlichen Arbeitsgedächtnisses im Gehirn.

5.2.4 Reaktionen auf Stress

Die Stressanfälligkeit ist durch Prägungen in der Kindheit (z. B. „Braver Junge") und Veranlagungen (phlegmatisch oder leicht erregbar) äußerst unterschiedlich.

Wer von seinen Eltern zu einem „braven Jungen" erzogen wurde, lernte schon von klein auf sich anzupassen. Gute Leistungen und unauffälliges Verhalten wurden belohnt. Schlechte Leistungen und lautes, aggressives Verhalten wurden bestraft. Das bedenkliche Ergebnis dieser Erziehung ist, dass dieses Kind auch als Erwachsener ein übertriebenes Leistungsbewusstsein beibehält und Schwierigkeiten haben kann, Gefühle wie Wut und Ärger aus sich „herauszulassen". Für einen solchen Erwachsenen können sich daraus Probleme bei der Bewältigung von Stress ergeben.

In ihrem Leistungsstreben setzen sich solche Personen möglicherweise zu vielen Stressoren aus und erlauben sich keine den Stress abbauenden Emotionen.

Eine genaue wissenschaftliche Analyse dieser individuellen und psychologischen Hintergründe würde den Rahmen dieses Kapitels sprengen. Es kann jedoch allgemein behauptet werden, dass zu einer wirkungsvollen Stressbekämpfung eine Analyse der individuellen Stressverarbeitung notwendig ist.

5.2.5 Stress und Leistung

Erkenntnisse über die Verbindung zwischen Stress und Leistung sind bereits seit Anfang des 20. Jahrhunderts bekannt. Sie sind im Yerkes-Dodson-Diagramm zusammengefasst.

Jede Aufgabe erfordert einen spezifischen Erregungslevel, damit sie optimal bewältigt wird. Zu viele oder zu wenige Stressoren verschlechtern das Arbeitsergebnis (Beehr 1995) (s. Abb. 5.1).

- Zu wenige Stressoren:
  Langeweile, Müdigkeit, Frustration und Unzufriedenheit
- Zu viele Stressoren:
  unzureichende Problemlösungen, Erschöpfung, Krankheit, geringes Selbstwertgefühl
- optimale Stressoren:
  Kreativität, Weiterentwicklung, Zufriedenheit, Fortschritte, rationale Problemlösung

Verbreitet ist auch die Darstellung nach Abb. 5.2 (Jensen 1995):

Im Laufe einer Flugdienstschicht nimmt die Belastbarkeit der Crew durch Ermüdung langsam ab. Die verschiedenen Flüge oder Flugphasen erfordern unterschied-

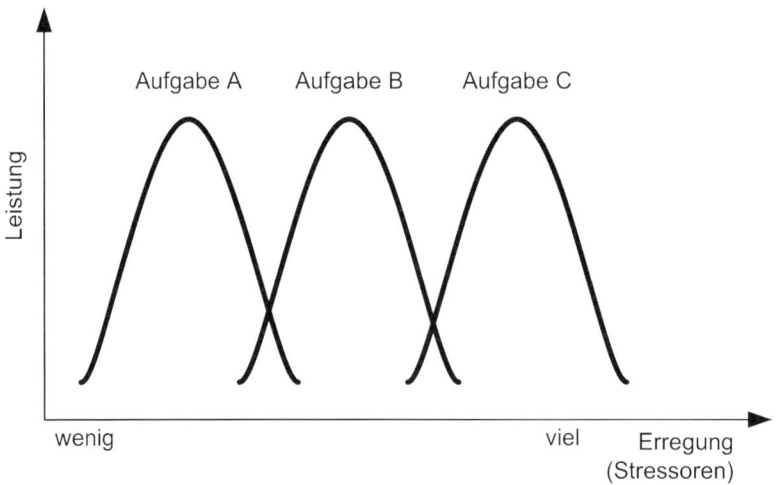

Abb. 5.1 Verhältnis zwischen Erregung (oder Stressoren) und Leistung

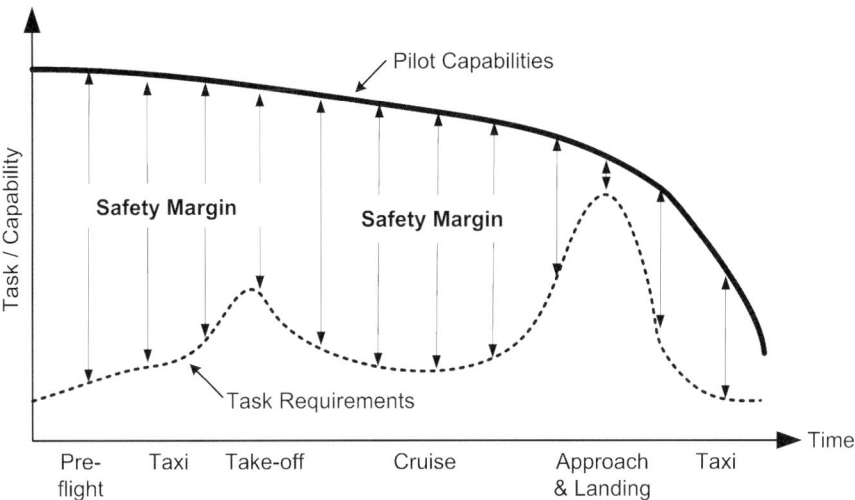

Abb. 5.2 Konzeptionelles Diagramm des Sicherheitsspielraums während der Dauer eines typischen Fluges

liche Leistungen von der Crew. Die Stresskapazität der Crew sollte dabei nie erschöpft werden.

5.2.6   Stress und Piloten

Piloten, die Stress schlecht verarbeiten, sind häufiger in Flugzeugunfälle verwickelt (Alkov et al. 1995).

Unterschiedliche Berufe, unterschiedliche **Stresslevel**. Wir beziehen uns in diesem Abschnitt auf eine englische Untersuchung von Sloan und Cooper aus dem Jahr 1986. Im Folgenden (s. Tab. 5.2) zeigen wir die mit einigen Berufen verbundenen Stressratings nach einer Einschätzung von Stressexperten auf einer Skala zwischen Null und Zehn (Sloan u. Cooper 1986):

Der Beruf des Verkehrspiloten rangiert sehr weit oben auf dieser Liste. Pilot sein heißt, Stress ausgesetzt zu sein. Die Studie stellt auch einen erheblichen Unterschied zwischen der Gruppe der 21 bis 30-jährigen und der Gruppe der 41 bis 50-jährigen Piloten fest. Die Älteren neigen wesentlich eher zu Depressionen und psychosomatischen Störungen.

Am anfälligsten für Stress sind Piloten, die älter, müde und ermattet sind. Das Gleiche gilt für Piloten, die nicht ausreichend Möglichkeiten zum Ausruhen und Entspannen haben.

Und schließlich diejenigen, denen es an Hilfe durch Freunde und Familie mangelt. Besonders von Stress betroffen ist die Gruppe der Kapitäne, nicht nur weil sie älter

Tab. 5.2 Stresslevel bei einzelnen Berufen

Beruf	Stresslevel
Polizisten	7,7
Journalisten	7,5
Verkehrspiloten	7,5
Zahnärzte	7,3
Werbeberufe	7,3
Schauspieler	7,2
Sonstige Ärzte	6,8
Med. Pflegepersonal	6,5
Feuerwehr	6,3
Lehrer	6,2
Sozialarbeiter	6,0
Berufssportler	5,8
Manager	5,8
Aktienhändler	5,5
Psychologen	5,2
Diplomaten	4,8
Krankengymnasten	3,5
Priester	3,5
Physiker	3,4
Biologen	3,0
Bibliothekare	2,0

sind, sondern auch weil sie die Entscheidungen treffen und die Verantwortung an Bord tragen müssen.

5.2.7   Pilotenbezogenes Stressmodell

Aus dem bisher Gesagten kann man die Stressverarbeitung als Modell mit einigen exemplarischen Beispielfaktoren aufzeichnen (s. Abb. 5.3):

Ist die Stressverarbeitung nicht ausreichend, können sich folgende **Symptome** einstellen:

- Depression
- innere Kündigung
- Bluthochdruck
- Ausfallzeiten
- Alkoholmissbrauch

Die Symptome, die sich bei schlechter Stressverarbeitung einstellen, wirken zum Teil ihrerseits wieder als Stressoren und erhöhen den bereits bestehenden Druck. Man findet sich dann schnell in dem folgenden Teufelskreis (s. Abb. 5.4):

Aus dem bisher Gesagten wird klar, dass folgende Punkte für die Arbeit im Cockpit von **erheblicher Wichtigkeit** sind:

- Jedes Crew Member muss sich aktiv um eine hohe Belastbarkeitsgrenze oder Dystressschwelle bemühen.

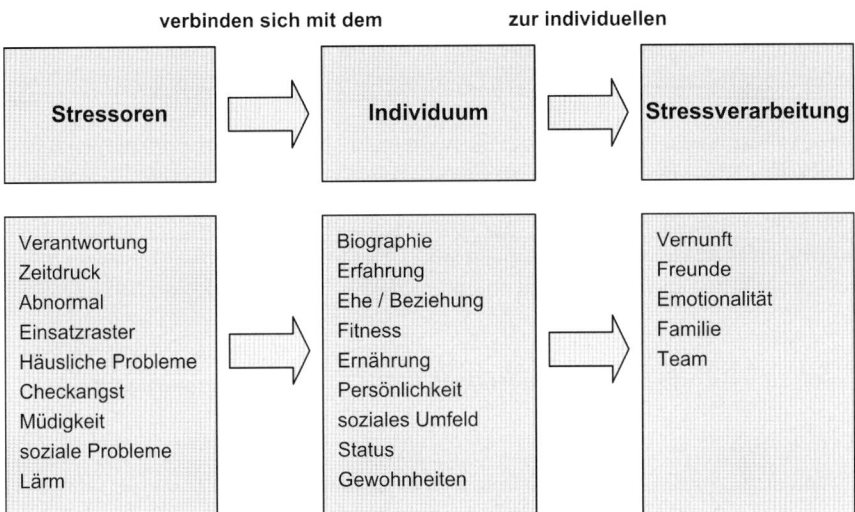

Abb. 5.3 Pilotenbezogenes Stressmodell

Abb. 5.4 Teufelskreis des
Stresses

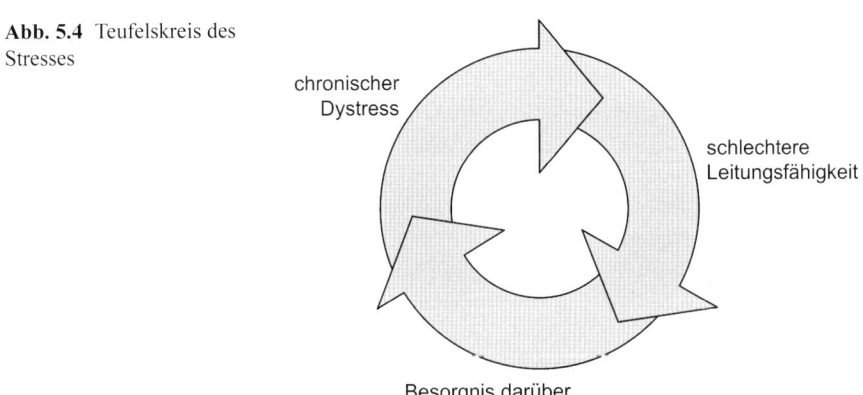

- Jedes Crew Member muss in der Lage sein, die Annäherung an seine Dystresschwelle zu erkennen und sinnvoll darauf zu reagieren.
- Jedes Crew Member muss auch die Annäherung seines bzw. seiner Kollegen an ihre Belastungsgrenze erkennen und helfend eingreifen können. Die Arbeitsfähigkeit des Cockpit-Teams darf nicht gefährdet werden.

5.3   Stressanzeichen

Wir werden im Folgenden zwischen zwei Stressarten unterscheiden: dem chronischen und dem akuten Stress.

Der chronische Stress wird durch langanhaltende, oft außerhalb des Berufes liegende Stressoren aufgebaut. Der akute Stress ist eine meist beruflich bedingte Belastungsspitze bis an die Grenzen der Leistungsfähigkeit. Beide Stressarten addieren sich zu einer Gesamtbelastung. Das heißt, dass derjenige, der von Hause aus mit chronischem Stress bereits belastet ist, nicht mehr so viel akuten, punktuellen Stress vertragen kann, um an oder über seine Belastungsgrenze zu kommen.

Der Körper sendet unter Stress Signale aus, die individuell unterschiedlich sind, und die jeder an sich erkennen können sollte. Die Symptome des chronischen Stresses sind subtiler und schwerer zu erkennen als die Symptome des akuten Stresses.

5.3.1 Anzeichen chronischen Stresses

- Unter hohem Stress fühlt man sich im Extremfall gefangen, verzweifelt, hilflos und elend, ohne das auf den Stress zurückzuführen.
- Es wird schnell gesprochen.
- Man fällt anderen ins Wort.
- Man isst auffallend schnell.
- Es werden mehr Verpflichtungen übernommen, als man bewältigen kann.
- Man hasst es, Zeit zu verschwenden.
- Man fährt im Straßenverkehr oft zu schnell.
- Es wird versucht, mehrere Dinge gleichzeitig zu erledigen.
- Man wird angesichts von langsamen Kollegen schnell ungeduldig.
- Man gönnt sich zu wenig Zeit zum Ausruhen und mit Freunden.
- Man reagiert zunehmend aggressiv auf Kritik.
- Kritik wird nicht angenommen.
- Man neigt zu Arroganz.
- Es ergeben sich öfters Probleme mit Kollegen, Vorgesetzten oder in der Familie.
- Man zieht sich zunehmend von sozialen Aktivitäten zurück.
- Es wird auffällig viel getrunken, geraucht oder gegessen.
- Es wird nicht mehr die alte Arbeitsqualität geleistet.
- Es werden auffällig oft hohe Risiken eingegangen.
- Man neigt man evtl. sogar zu unkontrollierten Wutausbrüchen.
- Es werden andere Personen ungerecht behandelt.

Nach längerer Zeit

- wird sich die Persönlichkeit verändern, ist man nicht mehr der Alte.
- fängt man an, zu Krankheiten zu neigen.
- wird das Aussehen grau und fahl.

5.3.2 Akuter Stress

Beim Führen eines Flugzeuges müssen oft mehrere Dinge gleichzeitig erledigt werden. Die Anforderungen scheinen manchmal in der zur Verfügung stehenden Zeit zu groß, und es kann sich eine Überlastung ergeben. Es folgt ein Zustand der Angespanntheit, der Irritation und die Einschränkung der Urteilsfähigkeit. Es können sich Kopfschmerzen und Verdauungsbeschwerden einstellen.

Zeitknappheit und Überlastung äußern sich durch:

- Eine angespannte Stimme: schnell, hoch, hastig
- Angespanntes Sitzen, oft nicht in der Mitte des Sitzes
- Zu schnelles Atmen oder Anhalten des Atems
- Schweißbildung
- Starken und/oder schnellen Herzschlag
- Trockenen Mund
- Gerötete Hautfarbe
- Sog. „White Knuckles"
- Zähne zusammenbeißen oder Zähne knirschen
- Zu schnelle oder gar keine Augenbewegung
- Tunnelblick
- Schwierigkeit einen Gedanken zu fassen
- Wenn überhaupt, wird nur noch fachlich miteinander geredet.
- Keiner macht mehr einen Spaß oder Witz.
- Es wird sich an Nebensächlichkeiten festgebissen.
- Es wird von Standard Operating Procedures abgewichen.

Beim Auftreten dieser Symptome besteht ein zunehmendes Risiko für den Flug. Eine Verstrickung in die sogenannte Poor Judgement Chain wird dann immer wahrscheinlicher.

5.4   Schlechte Stressverarbeitung

> Man ist für sich selbst verantwortlich – und kann nur selbst etwas für das eigene, innere Wohlbefinden tun (Crisand u. Lyon 1981).

Mit chronischem Stress gehen wir meist nicht optimal um. Wir haben automatisch verschiedene, sehr unterschiedliche Möglichkeiten entwickelt, mit belastenden Situationen umzugehen.

Wir können

- das Problem verdrängen.
- die Schuld für ein Problem bei anderen und nicht bei uns selbst suchen.
- alle Schuld ausschließlich auf uns nehmen (Gunn u. Ruthrock 1994).

Jede dieser Möglichkeiten kann hilfreich sein, solange sie nicht übertrieben angewandt wird. Eine übertriebene Anwendung zerstört den Realitätssinn und damit die objektive Sicht auf das Problem, das hinter dem chronischem Stress steht. Anzeichen für eine übertriebene Problemverdrängung oder eine zu einseitige Sicht des Problems sind: Ängstlichkeit, Irritierbarkeit oder depressive Tendenzen.

- **Ängstlichkeit:** Nervosität, Unwohlsein, Schlafschwierigkeiten
- **Irritierbarkeit:** Verlust des eigenen Rhythmus, Entfremdung von Freunden und Kollegen, schlechte Akzeptanz im Umfeld
- **Depressive Tendenzen:** Hoffnungslosigkeit, Enttäuschung, Unangemessenheit, chronische Müdigkeit, Appetitlosigkeit, sexuelle Störungen, Interessenverlust

Diese Phänomene werden oft mit Alkohol bekämpft. Erhöhter Alkoholkonsum weist oft auf eine gravierende Krise hin. Weitere Anzeichen, dass der Stressverarbeitungsprozess gestört verläuft, sind auffällige Aggressivität und jede Art von Suchtverhalten (sonstige Drogen, Magersucht, Spielsucht, Workaholismus), Einkaufsrausch und auffälliger Zynismus.

Der hohe Anspruch der Piloten an ihre Leistungsfähigkeit und ihre emotionale Stabilität macht es ihnen besonders schwer, sich um psychologische Hilfe zu bemühen. So können schwere, aber behandelbare Störungen oft unnötig verschleppt werden. Selbsthilfegruppen für Suchtprobleme sind mittlerweile unter Piloten gegründet worden. Sie sind ein Indiz für die Veränderung eines überkommenen Rollenverständnisses.

Mit Dystress zu leben ist der schlechteste Ansatz zur Stressverarbeitung. Für kurze, überschaubare Perioden kann es manchmal unumgänglich sein, längerfristig jedoch schafft es gesundheitliche Probleme. Wer als Verkehrspilot mit seinem Stress nicht ausreichend fertig wird, darf sich nicht scheuen, Rat und Hilfe einzuholen.

5.5 Gute Verarbeitung von chronischem Stress

In der Regel liegen die Wurzeln des chronischen Stresses von Piloten nicht in Faktoren mit direktem Bezug zur Fliegerei (Crisand u. Lyon 1991).

Was also kann man konkret tun, um mit seiner persönlichen Belastung besser fertig zu werden?

Zunächst ist die Verarbeitung chronischen Stresses eine Maßnahme, die man selbst anstoßen und durchführen muss. Dazu gibt es prinzipiell zwei Möglichkeiten: Man reduziert Anzahl und Ausmaß seiner individuellen Stressoren, was zumindest im beruflichen Bereich nur eingeschränkt möglich ist. Die andere Möglichkeit ist es, in veränderter Weise mit den unvermeidbaren Stressoren umzugehen.

Man kann dazu als Hilfe den Rat eines spezialisierten Psychologen nutzen, ein Stressverarbeitungsseminar bei einer der am Ende angegebenen Adressen buchen, oder ein Buch wie das der Gebrüder Datené „Burnout als Chance" lesen.

Bei jeder dieser drei Möglichkeiten wird annähernd nach der gleichen Methode gehandelt. Man stellt durch Tests seine persönliche Belastung durch chronischen Stress fest. Der individuelle Lebenshintergrund und damit die Veranlagung zur Stressverarbeitung werden ausführlich beleuchtet. Die Hauptstressoren jedes Einzelnen sollen herausgefunden und bewertet werden. Schließlich wird zusammen mit dem Berater eine Verarbeitungsstrategie festgelegt und falls nötig auch später fortlaufend der aktuellen Situation angepasst. Abgesehen von diesem Ansatz zur Beschäftigung mit dem chronischen Stress gibt es eine Fülle von Möglichkeiten, den auslaugenden beruflichen Anforderungen eine geistig-seelische und körperliche Stabilität entgegenzusetzen. Man kann durch bewusste Lebensführung ein ausgleichendes Gegengewicht zu den auch in der Fliegerei wachsenden beruflichen Herausforderungen aufbauen. Diese Bereiche können dabei helfen:

Ruhe und Langsamkeit sind notwendig: Man denke an den natürlichen Rhythmus von Anspannung und Entspannung. Wer unter chronischem Stress leidet, gönnt sich sicher zu wenige Ruhephasen. Eine unterhaltsame Art seine Einstellung zu überprüfen, bietet der Roman „Die Entdeckung der Langsamkeit" von Sten Nadolny.

Freunde: Gerade Flieger haben berufsbedingt häufig Probleme, Freundschaften zu pflegen und zu erhalten. Freundschaften sind ein wichtiger Belastungsausgleich.

Ganz wichtig ist die Rolle des **Lebenspartners:** 40 % aller Ehen werden geschieden, wenn einer der Partner auf dem Höhepunkt seiner beruflichen Agilität steht und immer weniger Zeit hat, sich um Privates zu kümmern. Zwei Drittel aller Führungskräfte geben stressbedingte Schwierigkeiten mit ihren Partnern zu.

Bei Piloten sind die Lebenspartner in einer besonders schwierigen Rolle: Durch die häufigen Abwesenheiten der Piloten sehen sie sich, ähnlich wie alleinerziehende Mütter, mit einer ungeteilten Belastung durch Kinder und Haushalt konfrontiert. Dies ist oft eine Quelle von Überlastung und Frust. Zusätzlich erwarten die Piloten von ihren Ehepartnern aufbauende Unterstützung, wenn sie vom Flug nach Hause kommen. Eine Unterstützung, die die Daheimgebliebenen von ihnen oft nicht bekommen, aber genauso erwarten.

Als weitere Belastung kommt für die Lebenspartner noch hinzu, dass die Familie sich häufig in einer gewissen Isolation befindet, da der Arbeitsrhythmus des Fliegers keine regelmäßigen Kontakte mit dem Rest der Familie und Freunden zulässt. Nichtberufstätige leiden unter diesen Schwierigkeiten eher als berufstätige Partner (Sloan u. Cooper 1986).

Was kann helfen?

- Regelmäßige Gespräche mit Ihrem Partner sind wichtig. Über Probleme muss offen geredet werdet, da sie sich nicht allein lösen.
- Die Frauen sollten Berufspläne nicht zugunsten der Familie aufgeben. Kinder müssen nur einige Jahre betreut werden; der Beruf prägt das ganze Leben.
- Ehepartner machen gute Erfahrungen damit, Ihren Partner nach der Heimkehr einige Zeit allein lassen. Erst dann sollte das Gespräch gesucht werden mit einer Frage wie: „Du siehst abgespannt aus, wie geht es dir?" Viele laden dann ihr Tagesgeschehen ab und reden über ihre Erlebnisse. Danach sind sie auch am Tagesablauf ihres Partners interessiert. Wenn der Weg zum Gespräch erst mal gefunden ist, profitieren beide davon.
- Sich regelmäßig die Zeit nehmen, um zu diskutieren, was in der Beziehung gut und was weniger gut läuft.

Die besten und dauerhaftesten Partnerschaften sind diejenigen, in denen die Partner gleichberechtigt miteinander leben, und nicht voneinander oder füreinander (Handelsblatt 1995).

Ausreichender, ungestörter **Schlaf** ist einer der entscheidenden Regene-rationsmechanismen des menschlichen Organismus. Schlafstörungen sollten so wenig wie möglich hingenommen werden. Sie lassen sich auf verschiedene Arten mildern. Das reicht von abspannenden Beschäftigungen vor dem Schlafengehen bis hin zu einem kurzen Gang an die Luft. Man sollte darauf verzichten, vor dem Schlaf den Fernseher einzuschalten und lieber lesen. Sport zu knapp vor dem Zubettgehen ist schlecht, denn körperliche Anstrengung wirkt kurzzeitig als Stimulanz.

Durch Tabletten oder Alkohol herbeigeführter Schlaf betäubt lediglich, seine Entspannungswirkung ist eher gering.

Hoffnungen wurden auf Melatonin gesetzt, eine Substanz, die vom Gehirn bei aufkommender Dunkelheit produziert wird, um dem Körper ein „Einschlafsignal" zu geben. Man kann damit den Körper „austricksen" und ihm vorgaukeln, dass es Nacht wird. Melatonin wird dazu verwendet, die negativen Effekte von gestörten Tag/Nacht-Rhythmen, wie sie typisch für die Fliegerei sind, zu bekämpfen. Es ist aber nicht nebenwirkungsfrei. Unter anderem wird die Empfindung für mentale Belastbarkeit gestört. Außerdem kann der körpereigene Rhythmus der Melatoninproduktion durcheinander kommen.

Die Selbstmedikation sollte auf jeden Fall vermieden werden, um Melatonin nicht in falscher Dosierung einzunehmen (VC/DLR Alertness Management). Ärztlicher Rat sollte aufgesucht werden, wenn Schlafprobleme hartnäckig sind. Schlafdefizite wirken auf Dauer destabilisierend und sind für Ihre Gesundheit und die Flugdurchführung eine Gefahr.

Stressbelastungen lassen sich durch **Bewegung** abbauen. Wer regelmäßig Ausdauersport betreibt, ist generell psychisch ausgeglichener und physisch belastbarer. Bei einem Ausdauertrainierten werden bei gleicher Stressbelastung weniger Stresshormone ausgeschüttet. Dadurch wird die Stressresistenz erhöht. Regelmäßiger Ausdauersport ist ein wichtiges Instrument zu einer sinnvollen und erfolgreichen Stressverarbeitung und -vorbeugung.

Günstige Ausdauersportarten sind:

Jogging, Wandern, Schwimmen, Skilanglauf, Rudern und Radfahren. Wichtig ist es dabei, sich nicht zu überschätzen und das Leistungsdenken aus dem Beruf nicht in den Sport zu übertragen. Die Zeit für den Sport sollte ganz bewusst als Entspannungsphase nach der beruflichen Anspannung wahrgenommen werden. Entspannung hat nichts mit Wettbewerb, Konfrontation oder einem Kampf gegen die Uhr zu tun.

Die Anti-Stress-Devise heißt beim Sport: *lang und langsam.* Mediziner empfehlen mindestens dreimal pro Woche 30 bis 60 min Training mit einem Dauerpuls nach der Faustformel 180 – Lebensalter (Skolamed 1993). Besser noch ist eine Belastung von 80 % des individuellen Maximalpulses.

Sinnvolle **Ernährung** ist ein weiterer Schlüssel zu einer inneren und äußeren Stabilität, die trotz aller aufklärenden Bemühungen am meisten missachtet wird. Die Widerstandskraft und Regenerationsfähigkeit von Körper und Geist wird maßgeblich über die Ernährung bestimmt.

Besonders für Piloten unterwegs im Flugzeug und im Layover ist eine ausgewogene und regelmäßige Ernährung oft schwierig, manchmal sogar unmöglich. Überlegter Umgang mit Kaffee, Tee und Alkohol, Maßhalten bei Fett, Fleisch und Süßigkeiten, möglichst naturbelassene Nahrungsmittel, viel Obst und Gemüse sind hier die Schlagworte. Fliegerspezifisch ist auch auf bewusst regelmäßige Ernährung ohne Hektik und Ablenkung zu achten. Ein ausführlicher Einstieg in gute Ernährung führt an dieser Stelle zu weit, in jeder Buchhandlung gibt es dazu eine Fülle von Literatur. Im Rahmen eines CRM-Seminars könnten z. B. Fliegerärzte hierüber referieren.

Zusätzlich werden zur Abrundung regelmäßige **Entspannungsübungen** empfohlen. Dazu gehören:

- die progressive Muskelentspannung nach Jacobsen.
- Yoga, Meditation, Autogenes Training sowie Sauna und Massage.
- ganz einfach geht es auch mit langen Spaziergängen und anderen, ausgiebigen Betätigungen in der freien Natur.

Erfolg mit Entspannungsübungen stellt sich erst nach einiger Zeit ein. Man rechnet beispielsweise beim autogenen Training mit einem gutem halben Jahr. Es braucht damit also viel Geduld, bis sich ein spürbarer Effekt einstellt.

Der Mensch ist ganz wesentlich das Produkt seines eigenen **Denkens**. Leistungsfähigkeit verlangt außer körperlicher auch mentale Fitness. Es besteht ein direkter Zusammenhang zwischen dem Denken des Gehirns und dem Immunsystem. Vereinfacht gesagt heißt das: Menschen können sich krank- und gesund denken. Wer sich schnell aufregt, wer zu nichts auf eine „gelassene Distanz" gehen kann, wer ständig grübelt und manchmal negative Selbstgespräche führt, der untergräbt langfristig seine Lebensfreude, Leistungsfähigkeit und Gesundheit. Innere Stabilität braucht mehr als reines zweckgebundenes Fachwissen. Die geistige Seite kommt bei Fliegern oft zu kurz. Die bewusste und kritische Suche nach Neuem in der Beschäftigung mit Kunst, Philosophie und auch Religion kann eine Hilfe sein.

Einer Untersuchung zufolge ist es das beste Mittel, Belastungen gesund zu überstehen, diese aktiv als Herausforderung, Bewährungsprobe und Chance zu neuem Lernen zu begreifen. Man sollte deshalb seinen Belastungen mit Optimismus und Verantwortungsgefühl begegnen (Volk 1996).

Gute zwischenmenschliche Beziehungen im Berufsalltag sind nicht selbstverständlich. Das Denken in Tempo-, Rivalitäts- und Konkurrenzkategorien belastet die Beziehungen zwischen den Menschen nicht nur im Beruf, sondern auch im Privatleben. Leistungsbereitschaft und Freude an der Arbeit sind durch die Beziehungen zu den Kollegen stark beeinflusst. Mit einem sympathischen und humorvollen Kollegen macht es mehr Vergnügen zusammenzuarbeiten. Unangemessenes Verhalten ist dagegen oft ein Bumerang.

Noch einige fliegerspezifische Tipps:

- Lücken im theoretischen Wissen vermeiden, das man beim Fliegen braucht. Lücken verunsichern.
- Den Umgang mit der Zeit bewusst planen. Bei schlechtem Wetter lieber zehn Minuten eher bei Dispatch sein, um durch eine schwierige Alternate-Planung nicht gleich unter Zeitdruck zu geraten.
- Jede Trainingsmöglichkeit ganz bewusst nutzen, dazu gehören auch Simulatorereignisse und Linechecks. Checks dienen genauso der Weiterbildung, wie zur Überprüfung des Leistungsstandes. Gutes Training schafft Selbstvertrauen.
- Regelmäßigen Alkoholgenuss, z. B. nach dem Flug vermeiden. Alkohol nutzt langfristig überhaupt nicht gegen Stress. Die Grenze zur Sucht ist näher, als die meisten denken.
- Den Flugdienst bei hoher psychischer Belastung durch z. B. ein schwerwiegendes persönliches Ereignis besser nicht zu schnell wieder antreten.
- Die Cockpitkollegen ungeschminkt über belastende Faktoren, wie z. B. Schlafdefizite, häusliche Belastungen, Unwohlsein etc. offen informieren. Die Hemmschwelle der Kollegen, unklare Arbeitsabläufe anzusprechen, wird dadurch gesenkt.
- Einem belasteten Kollegen unterlaufen mehr Arbeitsfehler als normal. Fehlerketten lassen sich durch deutliches, sofortiges Nachfragen der anderen Cockpitkollegen schon beim ersten Fehler im Ansatz durchbrechen (Lufthansa 1994).

5.6   Gute Verarbeitung von akutem Stress

Never be in a hurry. If you are in a hurry, you are in danger (Aero Safe 1991).

Akuter Stress ist die Summe der punktuell wirkenden Reize.

Beispielsweise der hohe und schnelle Approach, die schnelle Flugvorbereitung bei Delay, marginales Wetter, ein Abnormal Procedure, oder der Basecheck.

Unter Zeitdruck steigt die Fehlerwahrscheinlichkeit enorm an. Eine amerikanische Analyse von Incidents, bei denen als auslösender Faktor Zeitdruck angegeben wurde, führte zu interessanten Ergebnissen (Mc Elhatton u. Drew 1994):

- In 65 % aller Incidents werden die verursachenden Fehler von Crew Membern begangen, die eine mentale oder emotionale Prägung zum Eiligsein hatten.
- Unter Zeitdruck werden die meisten Fehler in der Flugvorbereitung, gefolgt vom Taxi-Out und der Take-off Phase gemacht.

Die Studie gibt folgende Hinweise, um Fehler unter Zeitdruck zu vermeiden:

- Vorsicht vor **Eile und Hektik** speziell bei der Flugvorbereitung und dem Taxi-Out. Piloten müssen gegensteuern, wenn in diesen Phasen Ablenkungen und Pünktlichkeitsdruck von außen (Ramp-Agent, Station, Passagiere) auftreten.

- Empfindlich dafür sein, wann man unter Druck gerät. Sich dann gerade in diesen Momenten ausdrücklich und bewusst mehr Zeit nehmen, um die anstehenden Aufgaben ihrer Dringlichkeit nach geordnet abzuarbeiten.
- Alle nicht unbedingt nötigen Arbeiten auf einen späteren Zeitpunkt verschieben.
- Checklisten sollten immer komplett und korrekt gelesen werden.
- Wird ein Procedure oder eine Checkliste unterbrochen, muss diese von vorne erneut gelesen werden.

Noch einige Tipps:

Natürlich gibt es akuten Stress auch in allen anderen Arbeitsphasen. In Stresssituationen sollte man ganz bewusst an den Rhythmus seines Körpers denken: Anforderung, Leistung, Ermüdung und anschließende Ruhe. Man sollte sich so schnell es geht eine kleine Ruhepause gönnen, um für die nächste Anforderung gewappnet zu sein. Vorsicht vor der Poor Judgement Chain: Wenn unter Stress die Fehlerwahrscheinlichkeit steigt und ein Fehler gemacht wird, steigt der Stresslevel weiter an, und der nächste Fehler ereignet sich umso schneller.

Die eigene Fehlerhaftigkeit akzeptieren. Jeden Fehler sofort ansprechen, auch den Fehler, den man gerade selbst gemacht hat.

Unter Stress neigt man dazu, von SOPs abzuweichen. Gerade in solchen Situationen sollten sie so genau wie möglich eingehalten werden, und man sollte sich und den Kollegen keine Abweichungen davon erlauben. Belastungen sollten ganz bewusst und aktiv entzerrt werden, wann immer es möglich ist. Gemeint sind Go-arounds, in ein Holding gehen, eine Line-up Freigabe ablehnen oder einfach ein wenig Zeit abwarten.

Entzerrt werden soll auch, wenn man merkt, dass eines der Crew Member nicht in der „Loop" ist. Die Fliegerei ist praktiziertes Teamwork und kein Schauplatz für „One-Man-Shows".

Wenn die belastende Situation trotz dieser Möglichkeiten nicht vermieden werden kann, so kann man sie durch eine angemessene und zeitgerechte Anwendung einer der folgenden „Notmaßnahmen" besser beherrschen:

Entspannung durch Anspannung Man spannt für fünf Sekunden die gesamte Körpermuskulatur an. Anschließend lässt man locker. Dabei bemerkt man eine wohltuende Schwere in den Muskeln. Diese Entspannung der Muskulatur führt zu einer inneren Beruhigung.

Bewusste Atmung In akutem Stress wird die Atmung schneller und flacher. Als Gegenmaßnahme atmet man tief und langsam durch die Nase ein und zählt dabei bis fünf. Dann hält man drei bis fünf Sekunden den Atem an. Anschließend atmet man unter Zählen bis fünf langsam wieder aus. Wenn man dies einige Male wiederholt, wird man merken, wie die Anspannung aus dem Körper entweicht (Skolamed 1993).

Gute Erfahrungen wurden mit autogenem Feedback-Training gemacht. Eine Gruppe von Piloten, die sich diesem Training unterzogen hatte, zeigte im Simulator anschließend bessere Ergebnisse (Kellar et al. 1993).

Direkt nach dem Flug hilft genauso wie beim chronischen Stress Ausdauersport, um den akuten Stress abzubauen. Wie bereits beim Thema „Urreaktion" erwähnt, soll der Körper Reserven zur Flucht oder zum Kampf mobilisieren. Die folgende körperliche Aktivität hilft, den Hormonhaushalt des Körpers wieder zu normalisieren. Ausdauersport nach dem Flug ist damit unser zeitgemäßer Ersatz, mit diesen Stressoren entsprechend umzugehen.

5.7   Stress nach besonders belastenden Ereignissen

In der Fliegerei können Ereignisse eintreten, die weit über das Maß hinausgehen, das ein Mensch in der gegebenen Situation verarbeiten kann. Dabei kommt es nicht so sehr auf das Ereignis selbst, sondern auf die Wahrnehmung der Betroffenen an. Beispielsweise kann bei einem technischen Problem, bei dem das Fahrwerk nicht einfährt, ein Crewmitglied die Situation als gut zu bewältigende Aufgabe verstehen, möglichst sicher wieder zu landen. Ein anderes Crewmitglied hingegen denkt möglicherweise an Bilder von kollabierten Fahrwerken und fürchtet bis zur Landung um sein Leben.

Zunächst erstaunlich scheint dabei die Erfahrung, dass es völlig egal ist, ob man weiblich oder männlich ist, ob man viel oder wenig Erfahrung hat oder ob man rechts oder links im Cockpit sitzt. Wie ein Ereignis verarbeitet wird, hängt eindeutig nicht von diesen Faktoren ab.

Es scheint fast so zu sein, dass es schlicht darauf ankommt, wen es wann in welcher Situation erwischt. Buchstäblich jeder kann betroffen sein.

Wenn man trotzdem mal vom Ereignis und nicht dessen Verarbeitung als Auslöser ausgeht, dann sind der Erfahrung nach die Ereignisse besonders kritisch, in denen das Leben oder die Unversehrtheit seiner selbst oder einer Person in unmittelbarer Umgebung bedroht war oder schien.

Klassischerweise sind dies:

- Tod oder Beinahetod eines Passagiers an Bord
- noch kritischer: Tod eines Kollegen an Bord oder im Layover
- Bedrohung des eigenen Leibes und Lebens durch z. B.:
  - Systemausfälle (insbesondere Triebwerk oder Fahrwerk)
  - Ereignisse durch äußere Bedingungen, wie z. B. durch Windscherungen, Turbulenzen und Gewitter

Dabei ist nicht das Ereignis selbst das Problem, sondern die sich daraus ergebende wahrgenommene Bedrohung für Leib und Leben. Insbesondere dann, wenn das Ereignis plötzlich und unerwartet eintritt, ist das Risiko einer ungünstigen Verarbeitung groß.

Obwohl die Stressresistenz und -verarbeitung durch die schon erwähnten Techniken, wie Ausdauersport, autogenes Training, Yoga, etc. erhöht wird, kann es trotzdem jeden auf dem falschen Fuß erwischen.

Nun führt bei Weitem nicht jedes Ereignis zu langfristigen Folgen für die Betroffenen. Im Gegenteil, kritische Ereignisse werden in ca. 80 % aller Fälle von den Betroffenen alleine und ohne jede Schwierigkeit verarbeitet. 20 % der Betroffenen reagieren stärker. Diese Reaktion kann psychischer, physischer oder emotionaler Natur sein und sich in auffälligem Verhalten ausdrücken. In aller Regel handelt es sich dabei um normale Symptome gesunder Menschen auf eine anormale Situation. Sie sind zunächst zwar unangenehm für die Betroffenen, aber nicht wirklich von Bedeutung oder gar schlimm. Nur in extrem seltenen Fällen oder wenn sie länger als 4 Wochen anhalten, müssen sie behandelt werden. Werden Crews nach kritischen Ereignissen nicht betreut, erkranken ca. 4 % an Depression, Suchtmittelmissbrauch oder Posttraumatischer Belastungsstörung (PTSD).

Eine Liste normaler Reaktionen und Möglichkeiten des Umgangs damit findet sich auf der Homepage der Stiftung Mayday (www.Stiftung-Mayday.de) unter Downloads unter CISM/Belastungshinweise.

Im deutschsprachigen Raum hat sich die Stiftung Mayday zum Ziel gesetzt, Lizenzinhaber und deren Angehörige in und nach kritischen Situationen zu unterstützen. Diese Unterstützung führt dazu, dass die Zahl der langfristig erkrankten Crewmitglieder nach kritischen Situationen von 4 % auf 0,8 % sinkt. Durch die Betreuung sind auch die Verläufe der dennoch auftretenden Erkrankungen sehr viel milder und kürzer. Die Anzahl kurzfristiger Erkrankungen wird so um 80 % reduziert. Die Arbeit der Stiftung Mayday ist absolut vertraulich und wird mit Bedacht nicht innerhalb der Luftfahrtunternehmen durchgeführt, auch wenn sie sowohl organisatorisch als auch finanziell von dort unterstützt wird. Crews soll die Möglichkeit gegeben werden, über ihre Situation in einem Rahmen zu sprechen, der mit den disziplinarischen Strukturen nichts zu tun hat. Das ist in erster Linie gut für die betroffenen Crewmitglieder, hilft aber auch den Arbeitgebern, weil die Krankheitsrate gesenkt und die Dauer von Erkrankungen verkürzt wird.

Nach jedem von einem Crew Member als kritisch empfundenem Ereignis sollte ein „Operationelles Debriefing" durchführt werden. Das Zusammentragen aller Sichtweisen führt zu einem sehr viel schlüssigeren Gesamtbild und zu einer erheblichen Entlastung.

Operationelles Debriefing Wenn es bei einem außergewöhnlichen Vorfall zu verschiedenen Wahrnehmungen innerhalb der betroffenen Crew gekommen ist, soll der Kommandant ein „Operationelles Debriefing" mit allen Crew-Mitgliedern durchführen.

Solch ein außergewöhnlicher Vorfall wird nach drei Kriterien definiert:

- Er findet außerhalb der Alltagsroutine statt.
- Er führt zur Abweichung von der normalen Arbeitsroutine.
- Eine unterschiedliche Wahrnehmung und Beurteilung des Vorfalles ist wahrscheinlich.

Das Operationelle Debriefing beschränkt sich auf die reinen Fakten. Es sollte so bald wie möglich nach dem Vorfall durchgeführt werden. Nicht beteiligte Personen dürfen nicht teilnehmen und auch nicht zuhören. Beispiele sind: Durchstarten, Ausweichen auf anderen Zielflughafen, usw.

Während des Operationellen Debriefings sollen folgende Fragen geklärt werden:

- Was sind die Fakten und wie war die Vorgehensweise bei diesem Vorfall?
- Gibt es unterschiedliche Wahrnehmungen unter den Crew-Mitgliedern?
- Besteht Bedarf für weitergehende CISM-Maßnahmen?
- Wie gehen wir weiter vor?

CISM-Maßnahmen werden nötig, wenn ein Operationelles Debriefing länger als 15 min dauert und starke physische oder emotionale Reaktionen erkennbar werden (s. Abb. 5.5).

Wenn das Operationelle Debriefing nicht ausreicht und Crewmitglieder darüber hinaus Unterstützung benötigen oder einfach nur Fragen haben, können Sie sich jederzeit an die Hotline der Stiftung Mayday wenden: +49 (700) 7700 7703. Unter dieser Telefonnummer erreichen Sie zunächst einen Mitarbeiter eines Callcenters, der die Rückrufnummer und eine kurze Beschreibung des Vorfalls aufnimmt. Die Mitarbeiter des Callcenters sind nur darin geschult, einen Vorfall aufzunehmen. Sie sind darin geschult, direkt eine telefonische Betreuung durchzuführen. Sie leiten die Telefonnummer mit der Vorfallbeschreibung lediglich an einen Koordinator weiter,

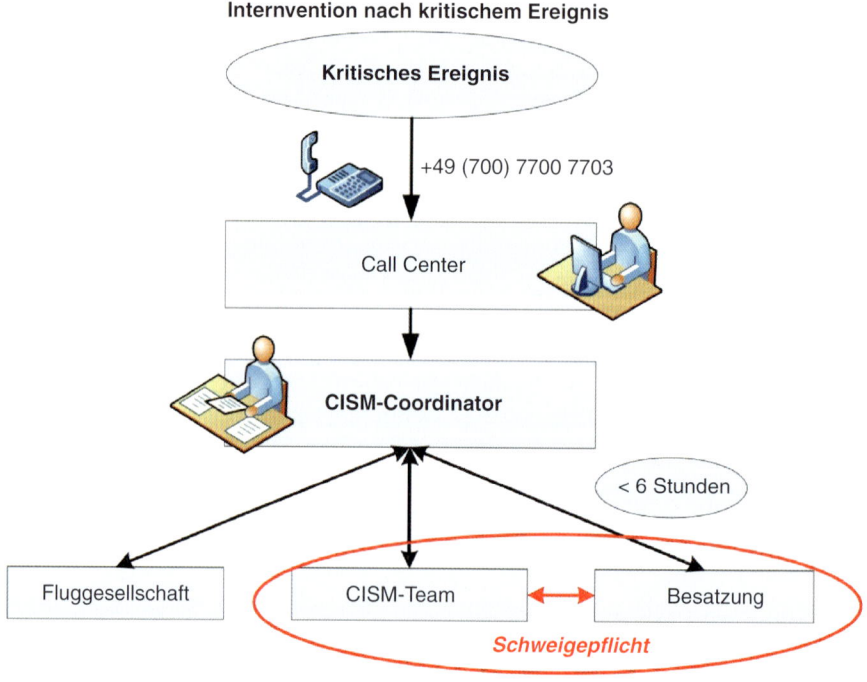

Abb. 5.5 Intervention nach kritischem Ereignis. (nach Stiftung Mayday)

der den Rückruf beim Anrufer innerhalb von maximal 6 h durchführt. Der Anrufer kann ein betroffenes Crewmitglied selbst oder aber jemand anderes sein.

Die Koordinatoren sind die Schlüsselfiguren im Konzept zur Betreuung von Crew-mitgliedern nach kritischen Ereignissen. Sie sind sehr gut geschulte Kolleginnen und Kollegen aus der Fliegerei (Cockpit oder Kabine) und haben viel Erfahrung. Sie besprechen das Ereignis und leiten gegebenenfalls – immer in Absprache mit dem Anrufer – eine Maßnahme ein. Eine solche Maßnahme kann das Gespräch selbst, ein Gespräch mit einem Spezialisten, eine Abholung vom Flugzeug nach der Landung am Heimatflughafen, ein Briefing mit der Crew direkt nach Rück-kehr oder nach ein paar Tagen sein. Manchmal wird auch einfach erst einmal eine Information per Email oder Fax verschickt und ein weiteres Gespräch vereinbart. Wie immer die Maßnahme aussieht: Sowohl das Gespräch mit dem Koordinator als auch Gespräche mit anderen geschulten Kolleginnen oder Kollegen aus dem CISM-Team unterliegen der Schweigepflicht seitens der Stiftung Mayday.

Erst wenn diese Vorgehensweise nicht ausreichend hilft und die Betroffenen nach einem Vorfall erkranken, kann die Stiftung Mayday auf deren Wunsch weitergehen-de Maßnahmen vermitteln. Ziel ist in jedem Fall, dass betroffene Kolleginnen und Kollegen so schnell wie möglich wieder voll genesen.

5.8 Trainierbarkeit

Stress ist ein populäres Thema, es gibt dazu eine ganze Fülle von allgemeiner Lite-ratur. Erfolgreicher Umgang mit Stress ist für Verkehrspiloten ganz offensichtlich sehr wichtig.

Im Gegensatz dazu findet sich erstaunlich wenig wissenschaftliches Material zum Thema der Effektivität eines Stressverarbeitungstrainings (Beehr 1995). Die Effek-te einzelner Maßnahmen wie z. B. Entspannungstraining, Biofeedback u. a. sind für sich alleine gering oder nicht nachweisbar. Ferner sind Stresstrainings meist auf das Individuum gerichtet, Untersuchungen über Anti-Dystressmaßnahmen in Teams und auf betrieblicher Ebene fehlen noch fast vollständig.

Das vorhandene Wissen erfordert deshalb einen ganzheitlichen Umgang mit dem individuellen Stresspotential: Nur durch umfassende Kenntnis über Stress, das Er-kennen seiner Erscheinungsformen, das Erlernen und die Anwendung guter Stress-verarbeitungstechniken lassen sich negative Auswirkungen vermeiden.

In der Ausbildung zur Erlangung der Verkehrspilotenlizenz halten wir deswegen folgende Inhalte für nötig:

- Definition der Begriffe Stress und Stressoren
- Wissen über individuelle Reaktionen auf Stress
- Wissen über den Zusammenhang zwischen Stress und Leistung
- Wissen über pilotenspezifische Aspekte zum Bereich Stress
- Erkennen von chronischem und akutem Stress

- Wissen über eine unreflektierte und schlechte Stressverarbeitung
- Wissen über und Training von guter Verarbeitung chronischen und akuten Stresses mit den Schwerpunkten auf: klare Kommunikation über belastungsein- schränkende Faktoren in der Cockpit-Crew, bewusste und gezielte Vermeidung von Eile und Hektik in der Flugvorbereitung und Flugdurchführung. Ferner sind das gezielte Einschreiten bei der Entwicklung von Fehlerketten, aktive Belas- tungsentzerrung und Sensibilität für die Workload in der Crew trainierbar.

Das oben genannte Wissen mit Schwerpunkt auf die Praxiselemente gehört eben- falls unbedingt in regelmäßig zu wiederholende CRM-Seminare.

Diese praktischen Trainingspunkte sollen in dem die Berufskarriere begleitenden, praktischen Training in Simulator und Flugzeug stets weiter geschult und aufge- frischt werden.

Die Konzeption eines pilotenspezifischen Seminars, das umfassend den Umgang mit chronischem und akutem Stress für alle Verkehrspiloten behandelt, halten wir für wünschenswert.

Alle neu eingeführten Schulungs- und Trainingsmaßnahmen sollten auf jeden Fall wissenschaftlich begleitet und auf ihre Effektivität untersucht werden.

5.9   Entspannungstechniken und Adressen

Atemtherapie Die Atemtherapie führt mit einfachen Übungen zum natürlichen Atmen zurück, Verspannungen weichen. Anleitung gibt Ilse Middendorf in dem Buch (mit zwei CDs) „Der erfahrbare Atem", Junfermann Verlag, Adressen siehe Arbeits- und Forschungsgemeinschaft für Atempflege e. V.

Autogenes Training Bei dieser Entspannungsmethode wird durch Konzentration auf den Körper ein Schwere- und Wärmegefühl erlebt. Über gute Trainer geben die Krankenkassen Auskunft.

Meditation Bei der Meditation steht nicht die körperliche Entspannung, sondern das psychische Abschalten im Vordergrund. Es gelingt durch Konzentration auf den Atemrhythmus, auf Musik oder durch völlige Ruhe. Einführungen in Zen bietet das Shido-Zentrum in Worpswede.

Yoga Beim Yoga werden in wechselnden Körperpositionen die Gliedmaßen gestrafft und wieder entspannt. Der Berufsverband Deutscher Yogalehrer schickt gegen Übersendung eines Freiumschlags eine Adressenliste zu.

5.9.1   Adressen

Arbeits- und Forschungsgemeinschaft für Atempflege e. V.
Wartburgstr. 41,10823 Berlin, Tel. 0 30/3 95 38-60
www.afa-atem.de

BDY – Berufsverband der Yogalehrenden in Deutschland e. V.
Jüdenstr. 37, 37073 Göttingen, Tel. 0551/7977440
www.yoga.de

Deutsche Gesellschaft für ärztliche Hypnose und autogenes Training e. V.
Postfach 13 65, 41436 Neuss, Tel. 02131/46 33 70
www.dgaehat.de

Deutsche Gesellschaft für Prävention und Rehabilitation von Herz-Kreislauferkran-
kungen e. V.
Friedrich-Ebert-Ring 38, 56068 Koblenz, Tel. 0261/30 92 33
www.rheinland-pfalz.dgpr.de

Deutscher Wellnessverband
Neusser Str. 35, 40219 Düsseldorf, Tel. 0211/16 82 09 0
www.wellnessverband.de

Institut für Bewegungstherapie und Rehabilitation
Jahnhöhe 3, 23701 Eutin, Tel. 04521/70 10 0
www.mensch-in-bewegung.de

Shido-Zen, Bernd Joschke
Tel. 0421/552345
www.shido-zen.de

Skolamed GmbH
Petersberg, 53639 Königswinter/Bonn, Tel. 02223/29 83 0
www.skolamed.de

Literatur

Aero Safe (1991) VC-Info 7/91. Vereinigung Cockpit, Frankfurt
Alkov R A et al. (1995) In einem Artikel von Matthew. Aviat Space Environ Med 1/95
Beehr T (1995) Stress in the workplace. Routledge, London
Crisand E, Lyon U (1981) Anti-Stress-Training. Arbeitshefte Führungspsychologie, Sauer
Gunn, Ruthrock (1994) Air Line Pilot 6/94, US ALPA
Handelsblatt (4.12.1995)
Jensen R (1995) Pilot Judgement. Avebury, UK
Kellar M et al. (1993) Flight Safety Digest 7/93. Flight Safety Foundation, Washington
Lufthansa (1994) Zum Teil nach CF-Info 2/94, Abt. FRA CF, Frankfurt a. M.
Mc Elhatton J, Drew C (1994) Air Line Pilot 8/94, US-ALPA
NASA/Langley Research Center (1996) Aviat Week Space Technol 08. April 1996
Skolamed (1993) Fit zum Führen. Holzmann, Hamburg
Sloan S J, Cooper C L (1986) Pilots under stress. Routledge, London
Stiftung Mayday, http://www.stiftung-mayday.de, Neu-Isenburg
Volk H (1996) Im Handelsblatt vom 1.3.1996
Williams J (1988) A data-based method for assessing and reducing human error to improve opera-
    tional performance. In: Hagen W (Hrsg) IEEE fourth conference on human factors and power
    plants. Institute of Electrical and Electronic Engineers, New York

Kapitel 6
Entscheidungsfindung

Johannes Bühler, Hans-Joachim Ebermann, Florian Hamm
und Dagmar Reuter-Leahr

6.1 Problemstellung

Fast 50 % aller Unfälle liegt sog. „Poor Airmanship" zugrunde bzw. sie sind darauf
zurückzuführen, dass die jeweiligen Crews keine oder schlechte Entscheidungen
getroffen haben (Lufthansa 1993).

In einer Studie des National Transportation Safety Board (NTSB) über Unfälle
mit Turbojetflugzeugen in den USA wurden folgende Fakten festgestellt (NTSB
1994):

- Bei 47 % der untersuchten Totalverluste war „falsche oder fehlerhafte Entscheidungsfindung" die Hauptursache.
- Bei 67 % aller Unfälle wurden falsche taktische Entscheidungen gefällt. Hiermit
  sind z. B. unterlassene Entscheidungen trotz klarer Handlungssignale und das
  Nichtbefolgen von Warnings oder Alerts gemeint.
- Bei 40 % aller Unfälle wurden falsche Entscheidungen des Kapitäns vom FO
  nicht angesprochen. Hierbei handelt es sich oft um die Entscheidung, einen an
  sich notwendigen Go-around zu unterlassen.

Bezüglich des letzten Punktes stellte Boeing fest, dass 14 % aller bereits gesche-
henen Unfälle durch eine rechtzeitige Entscheidung zum Go-around nicht passiert
wären (Boeing 1993).

J. Bühler (✉) · H.-J. Ebermann · F. Hamm · D. Reuter-Leahr
Vereinigung Cockpit e. V., Main Airport Center,
Unterschweinstiege 10, 60549 Frankfurt, Deutschland
E-Mail: johannesbuehler@t-online.de

H.-J. Eberman
E-Mail: vc.ebermann@onlinehome.de

F. Hamm
E-Mail: florian.hamm@lft.dlh.de

D. Reuter-Leahr
E-Mail: reuter@emotions2lead.com

J. Scheiderer, H.-J. Ebermann, *Human Factors im Cockpit*,
DOI 10.1007/978-3-642-15167-5_6, © Springer-Verlag Berlin Heidelberg 2011

Schlechte oder unterlassene Entscheidungsfindungen haben also einen großen Anteil an den Unfallursachen. Weshalb?

Einer der möglichen Gründe wird sicher der Rollenwechsel sein, dem sich die Piloten bisher unterziehen mussten: Am Beginn der Verkehrsfliegerei waren sie vor allem „Handwerker", welche nach der Einführung der halbautomatischen Flugführung zu „System-Managern" wurden. Heute, in einem Umfeld verfeinerter Automatik, hochkomplexer Systeme und künstlicher Intelligenz, steht der Flugzeugführer zunehmend als „Stratege" und „Entscheidungsträger" im Zentrum des Flugablaufs. Dementsprechend wird seine Entscheidungsfindung immer wichtiger.

Darüber hinaus wurde und wird das Aufgabengebiet des Piloten durch das Wegrationalisieren von Cockpit- und Bodenmitarbeitern (Funker, Navigator, Flugingenieur, Bodenmechaniker sowie Stationspersonal, das sich um Unregelmäßigkeiten bei Catering, Boarding kümmert, etc.) ständig erweitert. Der Pilot muss nun zunehmend Aufgaben übernehmen, die er früher delegieren konnte, sprich die Handlungsverantwortung wurde von jemand anderem getragen. Das verkompliziert seine Tätigkeit und erhöht seine Arbeitsbelastung. Damit werden zeitgerechte und gut begründete Entscheidungen schwieriger.

Heute muss er alle operationellen Vorgänge in einem sehr knapp gesteckten Zeitrahmen (z. B. während einer Transitzeit oder einem Kurzstreckenflug) koordinieren. Die hierfür entwickelte Routine wird beherrscht von Automatismen. Diese laufen fast reflexhaft ab und entlasten den Piloten, ständig über jede Kleinigkeit nachdenken zu müssen – er braucht keine Pläne mehr aufzustellen (=bewusste und ausführliche Entscheidungen zu treffen), weil er sie schon getroffen hat. Er hat ganz bestimmte Methoden aus der Erfahrung entwickelt und ist der Meinung, damit fast allen auftretenden Problemen gerecht werden zu können. Gerade wenn sich diese Methoden tatsächlich aber eine Zeit lang bewährt haben, kann es zu einer Überbewertung der Wirksamkeit dieser Methoden kommen (Dörner 1993). Eine routinemäßige Anwendung von Handlungsschemata wird meistens zu einer Entlastung führen. Bei komplexen Entscheidungen oder ungewohnten Zusammenhängen versagt diese Methode jedoch.

Die folgenden Kapitel sollen diese Entscheidungsroutinen und die ausführliche, bewusste Entscheidungsfindung darstellen. Was sollte ein Pilot darüber wissen? Welche Fehler kann er dabei machen? Und wie kann er sich dagegen wappnen?

6.2 Definitionen

Soll der Begriff „Entscheidung" definiert werden, ist er von den Begriffen „Entscheidungssituation" und „Entscheidungsfindung" abzugrenzen. Eine Entscheidungssituation ist eine Voraussetzung für eine Entscheidung. Die Entscheidungsfindung ist die Methode, mit der eine Entscheidung gefällt wird.

Entscheidungssituation Eine Entscheidungssituation liegt vor, wenn es mehrere Handlungsalternativen gibt.

Entscheidungsfindung Die Entscheidungsfindung ist ein geistiger Vorgang der Sammlung und des Analysierens aller verfügbaren Informationen in einer bestimmten Situation, sowie eine bewusste Abwägung von Handlungsalternativen und die rechtzeitige Entscheidung, welche Handlungsalternative umzusetzen ist (FAA 1991).

Entscheidung Die Entscheidung ist die Wahl einer der möglichen Handlungsalternativen.

Unsicherheit Entscheidungen werden unter Sicherheit oder Unsicherheit gefällt (Hanf 1986). Wo Sicherheit über den Ausgang zweier Handlungsalternativen herrscht, fällt die Entscheidung in der Regel leicht, da die bessere Alternative oftmals offensichtlich ist. Schwierig sind die Entscheidungen unter Unsicherheit. Es ist dabei zwingend notwendig, sich darüber im Klaren zu sein, wie man die Unsicherheit mit einbezieht.

Der Ausgang der Handlungsalternativen muss prognostiziert werden und kann niemals eindeutig sein. Prognosen sind also prinzipiell unsicher und *subjektiv*, weil durch individuelle Erfahrungen und Emotionen beeinflusst.

Unsicherheit resultiert stets daraus, dass man nicht genau weiß, welche Werte die einer Entscheidung zugrunde liegenden Daten haben werden. Die dazu notwendige Wissensbeschaffung kostet Zeit.

Unsicherheit heißt Stress: Entscheidungen fällen zu müssen, ist ein erheblicher Stressor. Hoher Stress wiederum beeinflusst die Qualität von Entscheidungen negativ.

Zusammenfassend lässt sich eine Entscheidung, welche sich, wie in der Fliegerei häufig nötig, in einem komplexen und zeitkritischen Umfeld abspielt, wie folgt definieren:

- Eine Person (Personengruppe) wählt aus mindestens zwei Handlungsalternativen nur eine Handlung aus.
- Die Wahl der Handlung erfolgt anhand der zu erwartenden Ergebnisse der verschiedenen Handlungsalternativen.
- Die Wahl erfolgt nach dem Grundsatz, dass diejenige Handlung ausgewählt wird, die subjektiv wahrgenommen den größten Nutzen zu bringen verspricht. In dieser Definition steckt die Annahme, dass der Entscheidende über eine genaue Präferenz bezüglich der Ergebnisse verfügt.

6.3   Besonderheiten des Entscheidungsprozesses

6.3.1   Die Zeit für eine Entscheidung

Entscheidungen im Flugbetrieb finden im Normalfall entlang folgender Linie statt (s. Abb. 6.1)

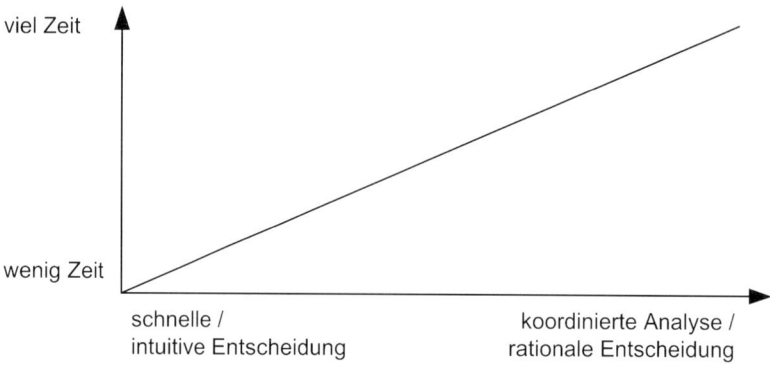

Abb. 6.1 Zusammenhang von Zeit und Art der Entscheidungsfindung

Steht nur minimale Zeit zur Verfügung, muss schnell oder intuitiv entschieden werden. Der Entscheider wendet hierfür einen spontanen Reflex, Automatismus oder einen sogenannten Heurismus an.

Unter Heurismus versteht man eine bereits durchgespielte oder erlebte Situation, bei der man weitgehend automatisch reagiert und entscheidet. Ein aus Zeitdruck entstehender Stress wird dabei minimiert. Dies wird auch Naturalistic Decision Making (NDM) genannt. Bereits durchgespielt oder erlebt bedeutet, dass der Entscheider entweder gut vorbereitet bzw. trainiert ist oder über eine möglichst große Erfahrung verfügt. Mit wachsender Erfahrung kann der Entscheider immer öfter das NDM anwenden und damit komplexere Entscheidungsprozesse, so wie später beschrieben, vermeiden.

Der Entscheider muss dabei auch auf seine Mitarbeiter achten, um nicht einsame Entscheidungen zu fällen. Diese Mitarbeiter müssen dann dezidiert Schritt für Schritt einbezogen werden, wenn sie in der entsprechenden Situation mangels Erfahrung kein NDM anwenden können. Das kostet zwar Zeit, verbessert aber die Treffsicherheit der Entscheidung.

6.3.2 Die Komplexität eines Problems

Je einfacher die Entscheidung ist, desto mehr neigt der Entscheider zum impulsiven Reflex oder zum heuristischen NDM. Ist sie komplexer, sollte er eher eine koordinierte oder analytische Entscheidung suchen (s. Abb. 6.2). „Einfach" und „komplex" sind dabei relativ: Entscheidend sind Erfahrung und Wissen des Entscheiders. Ein routinierter Checkkapitän kann ein wesentlich größeres Spektrum an Situationen und Wissen abdecken als ein frisch ausgebildeter Berufsanfänger, für den aus Sicht des Checkkapitäns vergleichsweise simple Probleme bereits hochgradig komplex sein können.

Aus der Unfallforschung heraus ergeben sich sowohl Probleme mit den „einfachen" als auch mit den „komplexen" Entscheidungen.

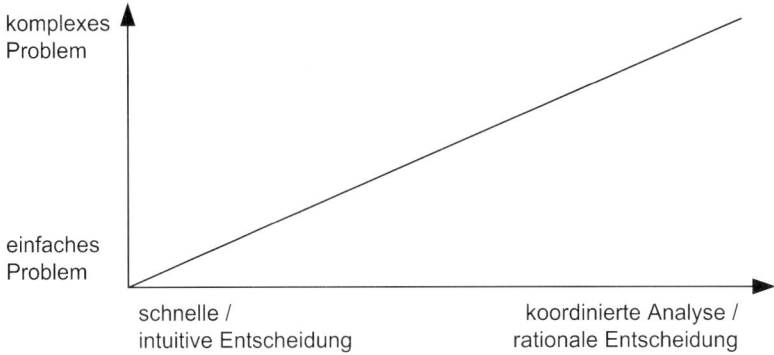

Abb. 6.2 Zusammenhang von Komplexität und Art der Entscheidungsfindung

Es ist wichtig, dass den Flight Crews Instrumente an die Hand gegeben werden, die

- eine koordinierte, analytische Entscheidungsfindung beschreiben und
- systematisch die Prozesse benennen, die – vor allem unter Stress – eine optimale Entscheidung behindern.
- Ferner sollten sie wissen, welchen Einflussfaktoren sie vor allem bei schnellen Entscheidungen unterliegen.

Wir werden uns im Folgenden zunächst mit den „einfachen" Entscheidungen beschäftigen. Danach beleuchten wir die selteneren „komplexen", also bewusst und koordiniert auszuführenden Entscheidungen, für die auch angemessen Zeit zur Verfügung steht.

Entscheidungsprozesse werden schwierig bis unmöglich, wenn sich die Flight Crew, vor allem der Kapitän, auf den Achsen dieser Diagramme falsch verortet, sprich sich zu viel oder zu wenig Zeit für ein Problem nimmt oder zu wenig oder zu tief in die analytische Entscheidung eindringt.

6.4   Schnelle, intuitive Entscheidungen

6.4.1   Vorbemerkung

Ob eine Entscheidung nach rationalen Überlegungen getroffen wird oder nicht, hängt von der Wahrnehmung des Betroffenen ab. Je nachdem welche Bilder zum aktuellen Problem in seinem Kopf entstehen und welche vergangenen Erlebnisse, welches Training und welche Gefühle damit gekoppelt sind, ist er mehr oder weniger in der Lage, seine entsprechenden Erfahrungswerte aus dem Gedächtnis zu rufen.

Je trainierter und/oder erfahrener ein Pilot ist, umso schneller kann er eine Entscheidung treffen. Dabei greift er auf bewusstes Wissen zurück, das auf Grund von Routine oder Übung binnen Sekunden abrufbar ist.

Untersuchungen zeigen, dass auch unbewusstes Wissen abgerufen werden kann. Es wird durch neue Erfahrungen den veränderten Anforderungen angepasst. Unbewusstes Wissen kommt zum Einsatz, wenn das Problem keiner Vorerfahrung entspricht, wenn das Risiko alle bisherigen Vorstellungen übersteigt oder der Zeitdruck keine Überlegungen mehr erlaubt. Im Unterschied zu Nichtwissen ist das unbewusste Wissen im Gehirn abgespeichert, weil der Betroffene einst von Erfahrungen anderer gehört oder sie auch gesehen hat.

Nichtwissen hingegen ist größer als das unbewusste und das bewusste Wissen gemeinsam. Meist zeigt es sich erst im Nachhinein, wenn man mit Überraschung feststellt, dass man nur geglaubt hat, sich auszukennen. Nichtwissen ist durch die nur eingeschränkt mögliche Vorausschau begründet und benötigt daher eine Menge an Phantasie und ein gutes Gespür.

Je komplexer die Dinge werden, desto größer ist die Menge des Nichtwissens. Je größer das Nichtwissen ist, umso wichtiger ist das Eingeständnis des Piloten, die Hilfe seines Kollegen und des Teams zu brauchen.

Der Zugang zur eigenen Intuition und die Routine im Umgang mit ihr sind besonders in Krisenmomenten unumgänglich, um in kürzester Zeit zu erfassen, ob man nun wirklich weiß oder nicht.

Intuition, oder die unbewusste Intelligenz, wie sie von Wissenschaftlern bezeichnet wird, bietet daher in Entscheidungen eine gewinnbringende Ergänzung und somit eine Aufwertung des rationalen Denkens.

> Wir entscheiden nicht rational, weil außer Normen (z. B. SOPs), auch Erfahrungen, Emotionen und Belohnungen dabei eine Rolle spielen (Elger u. Schwarz 2009).

6.4.2 Wissenschaftlicher Hintergrund

Mit den 80er Jahren begann man der über Jahre beiseite geschobenen Fähigkeit der Intuition eine neue Bedeutung zuzuschreiben. Wissenschaftszweige der Psychologie, Medizin, Mathematik und Philosophie schlossen an die bisherigen Erkenntnisse der Geschichte an und starteten den Versuch, die vorhandenen Modelle zu einem interdisziplinären Konzept zu verbinden. Die folgenden Erkenntnisse werden derzeit in der Forschungsliteratur zusammengeführt.

6.4.2.1 Unbewusste Wahrnehmung und Informationsverarbeitung

Bereits 1910 sprach Poincaré von der „Inkubation", dem Sinken der Gedanken ins Unbewusste, das nach einigem Wirken zur intuitiven Lösung eines Problems führt (Landua 2009).

Gegenwärtig zeichnet sich der deutsche Psychologe Gerd Gigerenzer, Direktor des Max-Planck-Instituts für Bildungsforschung Berlin, als erfolgreicher Forscher der unbewussten Intelligenz aus. Er führt das gefühlte Wissen auf das Wahrnehmungssystem des Menschen zurück (Gigerenzer 2008). Unser Auge ist nicht ausreichend in der Lage, zweifelsfrei zu erkennen, was tatsächlich ist. Forscher des CERN-Centers behaupten sogar, dass das Auge nur 5 % des Spektrums rund um den Menschen wahrnehmen kann. 95 % der Realität wären für den Beobachter damit nicht erfassbar. Unser Gehirn ist daher gefordert, die dadurch entstehenden „Lücken" mit plausiblen Ergänzungen zu füllen und fasst unbewusste Wahrnehmungsschlüsse, zu denen es bisherige Erfahrungen heranzieht. Dabei tauchen „Bauchgefühle" rasch im Bewusstsein auf. Wir verstehen nicht ganz, warum wir sie haben, aber wir sind bereit, nach ihnen zu handeln. Üblicherweise erscheinen diese Gefühle unbewusst. Durch aktives Training können sie aber auf die Bewusstseinsebene gehoben werden. Wir können wahrnehmen, was das Auge sehen will und was das Gefühl spürt.

6.4.2.2   Intuition durch Erfahrungswissen

Das Erfahrungswissen ist eine Ansammlung von jahrelang bewusst und unbewusst aufgenommenen Informationseinheiten, auf die der Entscheider binnen kürzester Zeit zurückgreifen kann. Dabei handelt es sich jedoch nicht um bestimmte, im Gedächtnis gespeicherte konkrete Fakten, also nicht um die Erinnerung an ein bestimmtes früheres Erlebnis. Vielmehr schöpft die erfahrene Person aus einem Pool mit zahlreichen ähnlichen Vorfällen, die sich im Laufe der Zeit zu einem Erfahrungsschatz verbunden haben. Das Erfahrungswissen beeinflusst daher die Sicht der Situation erheblich, was grundsätzlich hilfreich ist. Das kann jedoch ins Negative umschlagen, wenn man jahrelang etwas falsch gemacht hat und es dann Erfahrung nennt. Beispielsweise kann die jahrelange Missachtung eines SOP individuell zu der Ansicht verleiten, dass dieses SOP keinen Sicherheitseffekt hat. Da dieses SOP aber vielleicht aus nur einem Unfall heraus entwickelt wurde, wird dieses „Erfahrungswissen" irrtümlich und fehlleitend sein.

Je mehr Informationen der Pool der Erfahrungen zur Verfügung stellt, umso schneller und treffsicherer kann der Entscheidungsträger reagieren. Dennoch obliegt es seiner Wahrnehmungsfähigkeit, den Wert der Erfahrung stets von neuem zu überprüfen. Beispiel: Der obige erfahrene Pilot, der jahrelang ein SOP missachtet hat, sollte wahrnehmen können, dass er damit einen Fehler gemacht hat und daraufhin in Zukunft wieder nach ihm zu arbeiten.

Das Erfahrungswissen wird zudem von permanenten Reizen von außen beeinflusst. Nach Schätzungen von Experten nehmen wir unbewusst ca. 220.000-mal mehr Informationseinheiten auf, als bewusst. Ob es sich dabei um förderliche oder für den Entscheider im Augenblick negative Informationen aus der Außenwelt handelt, kann das Gehirn vorerst nicht unterscheiden. Neben den gewöhnlichen Sinnesreizungen, wie Lärm, schnelle Bewegungen, Licht, etc. handelt es sich hierbei um

Stimmungen anderer Menschen im Umfeld (siehe Spiegelneuronen), die ungewollt auf die eigenen Gedanken und damit auf die unbewusste Handlung wirken.

Wer seine Wahrnehmung durch Training erweitert, ist in der Lage, diesen Zusammenhang klarer zu erfassen. Augenblickliche Handlungen können besser kontrolliert und eine bewusstere Auswahl der zur Verfügung stehenden Informationen getroffen werden.

6.4.2.3   Somatische Marker

Rationale Entscheidungsfindung klammert Gefühle vollkommen aus. Besonders in unbekannten Situationen erfordert sie Zeit, denn sie verlangt eine Gegenüberstellung von pro und contra, was dazu führt, dass der Entscheider im Dschungel der gedanklichen Verästelungen auf seine Grenzen der Aufmerksamkeit und Gedächtniskapazität stößt.

Beabsichtigt der Entscheider, seine Empfindungen in seinen Denkprozess mit einzubeziehen, eröffnet er eine weitere Chance, die vielfältigen Möglichkeiten des Entscheidens einzugrenzen.

Antonio Damasio verweist mit dem Begriff „somatische Marker" darauf, wie die Empfindungen des Körpers (*soma* ist die griechische Bedeutung für Körper) bestimmte Vorstellungsbilder markieren (Damasio 1997).

Vordergründig stellen diese körperlichen Markierungen ein automatisches Warnsignal dar, das sagt: „Vorsicht, Gefahr, wenn Du Dich für die Möglichkeit entscheidest, die zu diesem Ergebnis führt."

In der Entscheidungsfindung sind die somatischen Marker deshalb bedeutsam, weil sie die Aufmerksamkeit auf vergangene Ereignisse ziehen können, die mit der gegenwärtigen Reaktionsmöglichkeit in keinem Zusammenhang stehen. Ist sich der Handelnde jedoch ihres Auftretens bewusst, kann er eine zielorientierte Selektion vornehmen. Es obliegt ihm selbst zu unterscheiden, ob diese körperlichen Signale im Augenblick der Entscheidung hilfreich oder behindernd wirken könnten.

Wenn man z. B. in der Schule beim Vortragen von Referaten oder Gedichten ein gewisses Unwohlsein verspürte, vielleicht noch verstärkt durch Bemerkungen der Klassenkameraden, dann können diese Gefühle in der Gegenwart, z. B. beim Kabinenbriefing, noch vorhanden sein und selbstbewusstes Auftreten und flüssige Sprache behindern.

Dieses Instrument ist lediglich als Bestandteil der intuitiven Fähigkeit zu betrachten und kann nicht für normale Entscheidungsprozesse ausreichen. Vielmehr ist es ein zusätzliches Hilfsmittel in Entscheidungsprozessen, das den Entscheider darauf hinweisen kann, noch einmal zu überprüfen, ob sein Gefühl mit der augenblicklichen Situation zu tun hat.

6.4.2.4   Die fraktale Affektlogik

Ähnlich der These Damasios beruhen die Forschungserkenntnisse von Ciompi auf der Annahme, dass jegliches Denken in enger Verbindung mit Verhaltensprogrammen und Gefühlen steht (Ciompi 2002). Dieses System setzt sich ein Leben lang fort, und so werden die Verzweigungen unserer Assoziationssysteme immer komplexer.

Äußere Reize lösen im Organismus Affekte aus. Diese rufen laut Ciompi stets Gefühle, Emotionen oder Stimmungen hervor, die körperlich spürbar sind. Dabei spricht er sogar vom Körper als eigenem Organ der Gefühle. Diese Gefühle weisen hirnelektrische Manifestationen auf und sind daher über EEG grafisch erfassbar. Mit Hilfe dieser Methode der Messbarkeit wurde es möglich zu beweisen, dass der Mensch *immer* unter dem Einfluss der Affekte steht und damit ständig affektiv gestimmt ist.

Fazit: ohne Affekte kein Denken. Sie sind verantwortlich für den Fokus der Aufmerksamkeit, verbinden Denkinhalte aus den Gedächtnisspeichern und reduzieren die Komplexität unserer Wahrnehmungsinhalte. So werden bei Gefühlen der Trauer beispielsweise Farben düsterer wahrgenommen und die Gedanken sind destruktiver als üblich.

Im Sinne der Selbstähnlichkeit (Fraktalität) spricht Ciompi gleichzeitig davon, dass Affekte auch Auswirkungen auf die körperlichen Prozesse und die Verhaltensmuster der betreffenden Person zeigen. So lässt sich erklären, dass sich Angst beispielsweise in einer verkrampften Körperhaltung und in zaghaftem Verhalten äußern kann.

Für die Sicherheit im Cockpit ist es daher für den Piloten unumgänglich zu lernen, wie er sein Denken selbst beobachten kann. Er sollte seine eigenen Verhaltensmuster kritisch unter die Lupe nehmen und seine Wahrnehmung immer wieder auf seinen Körper richten. Kennt er seine grundtypischen Verhaltensmuster und ist in der Lage, sein Gefühl und sein Verhalten aus unterschiedlichen Perspektiven zu betrachten, ist es ihm möglich, einen Teil seiner unbewussten Reaktionen im Alltag in bewusste Aktion zu verwandeln.

Beispiel: Man verspürt plötzlich auftretende Hitze oder beginnt zu schwitzen (Körpersignal). Das ist dann möglicherweise ein Hinweis auf Stress. Der Betroffene erkennt dieses Warnsignal und ist sich bewusst, dass er im Augenblick Gefahr läuft, vermehrt Fehler zu begehen. Oder: Ein Mitarbeiter handelt oder kommuniziert in einer Weise, die im anderen Ärger oder sogar Wut auslöst (ungepflegtes Auftreten, schlechte Disziplin o. ä.). Wenn man diese Emotion fühlen kann, hat man die Gelegenheit sie erst bei sich selbst abzubauen (vielleicht ist dem Kollegen die Wirkung seines Verhaltens gar nicht bewusst), um das zu kritisierende Verhalten anschließend umgänglicher ansprechen zu können.

Weiß der Pilot über die Wirkung der Affektlogik und ist er in der Lage, seine Beobachtungen der Verhaltensweisen von Teammitgliedern zu kommunizieren, können Verantwortungsbereiche bei plötzlich auftretenden hinderlichen Emotionen eines Kollegen noch rechtzeitig verlagert werden.

Beispiel: Der FO erkennt, dass der Kapitän für das Lösen eines technischen Problems an der Parkposition sehr viel Zeit benötigt und bietet sich an den Outside Check durchzuführen.

6.4.2.5   Das Bauchhirn

Das Bauchhirn, auch Enterisches Nervensystem (ENS) genannt, ist ein Geflecht aus Nervenzellen, das den gesamten Darmtrakt umgibt. Beim Menschen besitzt es vier- bis fünfmal mehr Neuronen als das Rückenmark. Sein Entdecker, der Neurobiologe Michael Gershon betrachtet das „zweite Gehirn" als ein Abbild des Kopfhirns. Zelltypen, Wirkstoffe und Rezeptoren sind exakt gleich. Es funktioniert unabhängig vom Zentralnervensystem (ZNS) und kann eigenständig fühlen (Gershon 2001).

Entscheidungen „aus dem Bauch heraus" fallen also nicht aufgrund einer Vernunfttrübung, sondern aus einer Wahrnehmung durch den Darm, welche um ein wesentliches schneller geschieht, als jene des Gehirns. Dies beruht auf der Erkenntnis, dass das Bauchhirn einen Großteil seiner Empfindungen permanent, wie durch eine Standleitung an das Kopfhirn sendet, wo die Informationseinheiten unmittelbar vom limbischen System, dem für die Emotionsverarbeitung verantwortlichen Teil des Gehirns ausgewertet werden.

Die dadurch entstehende Überlegenheit des Bauchhirns in der Geschwindigkeit der Informationsvermittlung lässt darauf schließen, dass seine Botschaften stets vor den rationalen Erklärungen gesandt werden. Damit bietet es einen eleganten Hinweis als Vorbereitung für das, was das Kopfhirn in Kürze erfassen wird und stellt wie alle anderen wissenschaftlichen Erklärungen für Intuition eine ideale Ergänzung zu direktem rationalen Wissen dar.

Der Beachtung der Signale kommt eine hohe Bedeutung zu. Werden sie bewusst gemacht und ernst genommen, können sie z. B. die Assertiveness erhöhen. Ein ungutes Gefühl sollte angesprochen werden. In der Regel hat es eine Berechtigung. Die frühzeitige Bearbeitung kann die Sicherheit erhöhen und späteren Stress reduzieren.

Hier sprechen wir manchmal vom fliegerischen siebten Sinn. Z. B. das Unwohlsein im Bauch beim Pilot Not Flying/Pilot Monitoring, wenn der Pilot Flying einen unstabilisierten Anflug noch „reindrücken" will. Frühzeitiges Ansprechen und starke Assertiveness, die in einem Go-around münden können, erhöhen die Sicherheit und reduzieren den Stress.

6.4.2.6   Spiegelneuronen

Spiegelneuronen sind Nervenzellen, die im Gehirn während der Betrachtung eines Vorganges die gleichen Potenziale auslösen, wie sie entstehen würden, wenn man diesen Vorgang selbst ausüben würde. Sie werden aktiv, sowohl wenn wir selbst eine Handlung durchführen, aber auch wenn wir einen Menschen bei einer Handlung beobachten bzw. wenn wir uns diese Handlung lediglich vorstellen.

Diese automatisch ablaufenden Spiegelungs- und Imitationsreaktionen haben den Zweck, die Entwicklung des Kleinkindes zu unterstützen. Mit Hilfe der Spiegelungsphänomene kopiert es jede Bewegung der Mutter und ahmt sie nach, um eine neue Handlung zu erlernen. Ein Beispiel dafür ist das Öffnen des Mundes der Mutter beim Füttern des Kleinkindes, damit auch dieses den Mund zur Nahrungsaufnahme bewegt.

Das System der Spiegelneuronen ist auch unter Erwachsenen präsent. Es ermöglicht die Gefühle anderer Menschen selbst zu erleben und nachzufühlen. Mit ihrer Hilfe kann man über die Empfindung Handlungen simulieren, die Absicht fremder Aktionen besser verstehen und damit einen möglichen Ausgang vorweg nehmen.

Die Spiegelungs- oder auch Resonanzfähigkeit ist unabhängig vom Alter des Menschen wirksam. Je mehr Kontakt mit Gefühlen und Kommunikation man in seiner Kindheit erlebt hat, desto besser ist man als Erwachsener in der Lage, sich in die Situation und Gefühlswelt anderer zu versetzen und deren Perspektiven zu reflektieren.

Der deutsche Arzt für innere Medizin, Psychiatrie und Psychotherapie Joachim Bauer beschäftigte sich mit den biologischen Veränderungen, die durch die Spiegelung von Empfindungen ausgelöst werden und damit auch das Gehirn betreffen. Werden von unserer Umwelt also regelmäßig bestimmte Signale produziert, so passt sich nicht nur das Verhalten, sondern auch das neurobiologische Geschehen im Gehirn des Menschen an. Dies bedeutet, dass das menschliche Gehirn u. a. durch Sprache beeinflussbar ist und erklärt weiter, weshalb Emotions- und Reaktionsverhalten durch Konditionierung der richtigen Sprache trainierbar ist.

Der Pilot kann sich die Wirkung der Spiegelneuronen zunutze machen, wenn er seine intuitive Wahrnehmungsfähigkeit trainiert. Hat er gelernt, seine eigenen Verhaltensweisen bewusst zu lenken und seine Sprache gezielt zum Einsatz zu bringen, kann er einen wesentlichen Beitrag zur Cockpitatmosphäre und damit zur Sicherheit leisten. Besonders Piloten mit noch wenig Erfahrungswissen finden in dieser Form der Intuition eine hilfreiche Unterstützung der Ratio.

So können sie z. B. leichter erkennen, ob der Kollege in guter oder schlechter Verfassung ist oder ob er im kritischen Moment von seiner Entscheidung tatsächlich überzeugt ist. Sie können verstehen lernen, wie man der eigenen Wahrnehmung folgt, und den Moment der inneren Unsicherheit nützt, um zum gemeinsamen, ressourcen- und teamorientierten Handeln zu gelangen.

6.4.3   Grenzen bewusster Informationsverarbeitung

Auch wenn die Technik bestrebt ist, die Abläufe im Cockpit zu vereinfachen, so steigt die Anzahl der zu lösenden Probleme progressiv mit den zunehmenden Verantwortungsbereichen des Piloten an. Das Cockpit-Team ist mit einer immer größeren Informationsflut konfrontiert. Die Vermutung liegt nahe, dass die Komplexität der Anforderungen noch nicht ihr Ende erreicht haben könnte, wenn man z. B. einen Blick auf die stetig wachsende Dichte des Flugverkehrs wirft.

Der bewusste Verstand wird nur mit einer sehr geringen Informationsmenge fertig, etwa sieben Inputs zur gleichen Zeit. Sobald diese überschritten wird, ist er überfordert und bricht zusammen. An diesem Punkt beginnt die gewohnte Analyse in der Entscheidung das Urteil zu trüben. Die Vielfalt und Komplexität der Informationen erzeugen Nichtwissen beim Piloten. Er ist mit einer ihm fremden Situation konfrontiert, die er bisher weder passiv noch aktiv gesehen, gehört oder erlebt hat. Seine erlernte Routine in Ablaufprozessen erfährt ihre Grenzen und er muss sich dennoch dieser plötzlich auftretenden Situation auch ohne jegliche Vorkenntnisse stellen. In diesem Moment hat er nur noch die Möglichkeit, die Lücke des Nichtwissens mit Intuition zu füllen.

Selbstverständlich kann das Gehirn des Piloten die Informationsflut teilweise ausblenden und durch die Arbeitsaufteilung im Cockpit seine Konzentration auf nur wenige Inputs beschränken, sofern die Komplexität des Problems und die Zeit es erlauben. Wird der Stress jedoch zunehmend größer, steigt die emotionale Erregung des Problemlösers an, und die Entscheidung wird entweder gar nicht oder unbewusst getroffen.

Intuition ist selten logisch, da die Gefühlswelt des Menschen nicht darauf ausgelegt ist, strukturierte, lineare Wege zu gehen. Die fehlende Logik und die Tatsache, dass es sich um eine noch junge Wissenschaft handelt, ist der Grund, weshalb Intuition zwar als relevantes Medium im Privatleben anerkannt ist, jedoch in Wirtschaft und Technik noch Fragen aufwirft. Die bisherigen Erkenntnisse aus der Gefühlswelt des Menschen sind jedoch Grund genug, um der Intuition in der Aus- und Weiterbildung des Piloten Platz zu schaffen. Denn Gefühle und Verstand sind keine Gegner. Vielmehr arbeiten sie Hand in Hand und können nicht nur in kritischen Situationen ergänzend sein.

Beispiel: Unterlassene Go-around-Entscheidungen sind empirisch einer der häufigsten Entscheidungsfehler. Die Cockpitcrew kann, wenn sie sich, aus welchen Gründen auch immer (Flugsicherung, Wetter u. ä.), in einem hohen und schnellen Approach wiederfindet, an ihre kognitiven Grenzen stoßen. Die Flugzeugführung wird auf einmal sehr schnell und komplex. Das Einhalten der Limits bei Sinkrate und Geschwindigkeit, die Beachtung der Hindernisfreiheit, das Fahren von Landeklappen und Fahrwerk, die Kommunikation mit den Fluglotsen überfordern die Informationsaufnahmekapazität des Hirns. In solch einer Situation spürt der Pilot Körpersignale, wie z. B. Hitze im Kopf oder im Körper, feuchte Hände oder vielleicht sogar Sprachprobleme. Werden diese Körpersignale vom Piloten wahrgenommen, und ist er dahingehend trainiert, als Reaktion auf diese Signale den Anflug abzubrechen und neu aufzubauen, ist ein großer Schritt in Richtung Sicherheit getan.

6.4.4 Grenzen und Gefahren der Intuition

Es ist die grundsätzliche Eigenart des Gehirns, seine eigene Wirklichkeit stets als richtig zu empfinden, unabhängig davon, ob sie erfolgreich und nützlich ist oder nicht. Je mehr Vertrauen der Mensch in den Erfolg durch seine Intuition entwickelt hat, umso sicherer ist er im Umgang mit dem Gefühl und seiner dadurch bestätigten Wirklichkeit. Und genau darin liegt gleichzeitig die Gefahr.

Obwohl ein Problem bereits eindeutige Hinweise auf die Verschiedenheit der Rahmenbedingungen aufzeigt, ist es wahrscheinlich, dass besonders erfahrene Entscheider einige Details ausblenden und dazu neigen, sich auf bisherige Erfolge zu stützen. Ist die Situation zudem sehr komplex und das rationale Verstehen gerät an seine Grenzen, kann es zur Trivialisierung kommen und die Entscheidung wird ohne weitere Vernetzung zu anderen Quellen gefällt.

Intuition durch Erfahrungswissen allein reicht in diesem Moment nicht aus, denn selbst wenn sie gestern noch Gültigkeit hatte, passt sie unter Umständen nicht in die Rahmenbedingungen von heute hinein.

Wenn die Stressoren den Entscheider daran hindern, alle notwendigen Informationen zu sammeln, die Fähigkeit, Dinge zu klären beeinträchtigen oder die Aufmerksamkeit von der aktuellen Aufgabe völlig ablenken, ist die Ratio nahe dran in den Hintergrund zu treten (Tunnelblick). In einem solchen Moment ist es ratsam, die eigene Intuition mit dem Kollegen gemeinsam zu besprechen. Nur die Intuition des Einzelnen zu beachten ist sehr gewagt, weil nicht bekannt ist, aus welchen Erfahrungen und Emotionen sie stammt.

Aber auch dann, wenn Intuition im Kollektiv auftritt, ist es bis heute noch nicht bewiesen, wie nahe sie an reale Systeme herankommt. Damit bleibt vorläufig sicher, dass Intuition ausschließlich der *zusätzlichen* Bewertung dient und ein Erfolg durch intuitive Handlungen ohne Ratio vorerst weiterhin als Wunder bezeichnet wird.

6.4.5   Die Persönlichkeit des Individuums

6.4.5.1   Die Emotion

80 % aller Entscheidungen in kritischen Momenten werden innerhalb einer Minute getroffen (Klein 2003).

Beinhaltet die Entscheidung zudem ein hohes Risiko aus der Sicht des Entscheiders, treten Emotionen, wie insbesondere Ängste auf, die es schwer machen, den Verstand zu kontrollieren. Emotionen verändern das Denken, sowie den physiologischen Zustand (z. B. Herzklopfen, Erröten) des Menschen. Dies liegt daran, dass weitaus mehr Nervenverbindungen Informationen von den Emotionszentren zu den Verstandeszentren leiten als umgekehrt. Gefühle haben somit weitaus mehr Einfluss als die Vernunft.

Emotionen in plötzlichen Entscheidungsmomenten verleiten den Betroffenen daher zur unkontrollierten Interpretation der Situation. Sie beeinflussen sein Verhalten und damit das seines Umfeldes.

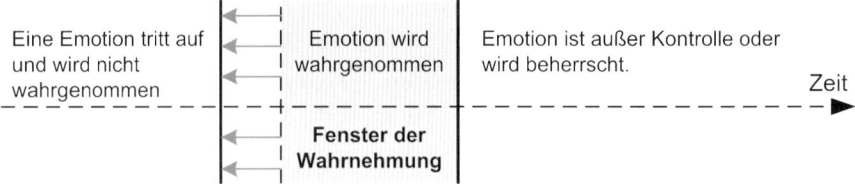

Abb. 6.3 Fenster der Wahrnehmung

Außerdem tauschen die Piloten unbewusst ihre Emotionen miteinander aus, ohne dass sie bemerken, dass ihr Handeln von ihren eigenen Ängsten wechselseitig beeinflusst wird. Auch wenn das Verhalten vorerst normal wie immer zu sein scheint, werden die ersten auftretenden Gedanken binnen Sekunden von der körperlichen Erregung jedes Einzelnen mitbestimmt und ein „Dialog der inneren Stimmen" beginnt.

In diesem Moment ist es wichtig, eine Methodik zu kennen, die es erlaubt, den bislang unbewusst ablaufenden Prozess zu erfassen. Hebt man die Gefühle ins Bewusstsein anstatt sie auszublenden, nimmt man ihnen bereits dadurch ihre dominante Wirkung und kann sie in Folge besser lenken. Schon das Wahrnehmen der Situation an sich kann genügen, um eine Richtungsänderung der automatisierten Verhaltensweisen in die Wege zu leiten. Je besser ein Pilot jedoch gelernt hat, seine eigenen Ängste und Ärgernisse zu verstehen, und je mehr er das Verhalten seiner Kollegen ohne subjektive Bewertung im Augenblick akzeptieren kann, umso schneller ist er in der Lage, mit plötzlich auftretenden Emotionen lösungsorientiert umzugehen und damit den Zeitraum bis zur bewussten Akzeptanz der Emotion zu begrenzen.

Je kleiner das Fenster der Wahrnehmung ist, umso größer ist die Wahrscheinlichkeit, dass das Verhalten auf Grund von Emotionen, wie z. B. Angst oder Wut außer Kontrolle gerät (s. Abb. 6.3).

Für den Piloten muss es das Ziel sein, das Fenster der Wahrnehmung gemäß obiger Abbildung nach links zu vergrößern. In der Praxis bedeutet das, dass er sich seiner Verhaltensmuster und seiner grundlegenden Ängste bewusst sein muss. Nur dann können sie im Moment ihres Auftretens erkannt und folglich relativiert werden. Durch diese Form der bewussten Wahrnehmung ist der Pilot in der Lage, noch schneller, gefasster und angemessener zu agieren, anstatt seinen gewohnten Mechanismen reaktiv und damit unbewusst zu folgen. Experimente haben gezeigt, dass die emotionalen Reaktionen schwächer werden, wenn man sie in Worte fasst (Elger u. Schwarz 2009).

Der Zeitraum zwischen Ereignis und Wahrnehmung wird durch ein Wahrnehmungstraining verkürzt und die bewusste Handlung kann früher einsetzen.

6.4.5.2 Welchen Einflüssen unterliegt eine Emotion?

Die Emotion des Piloten ist ein bedeutender Einflussfaktor seines Handelns. Sie wird bestimmt durch die Intensität des Reizes von außen, durch seine persönlichen

Erfahrungen, sowie durch die Beziehung zu seinem Umfeld und dessen mitwirkende Emotion in der Interaktion.

Damit er sein Verhalten auch im Moment der Emotion unter Kontrolle bringen kann, gilt es daher mehrere Komponenten im Vorfeld zu trainieren:

- Der Pilot sollte wissen, welche starken emotionalen Erfahrungen aus seiner Vergangenheit sein gegenwärtiges Handeln beeinflussen.
- Er sollte es verstehen, von Beginn eines Fluges an eine optimale Arbeitsatmosphäre herzustellen.
- Er sollte in der Lage sein, seine eigene Emotion zu erkennen und sie unter Kontrolle zu bringen.
- Er sollte wissen, wie er auftretende Emotionen seines Kollegen frühzeitig erkennen kann und was er zu tun hat, um zu dessen sachlicher Handlungsfähigkeit im Sinne der Problemlösung beizutragen.

6.4.5.3   Persönliche Verhaltensmuster

Jeder erwachsene Mensch kennt mehr oder weniger seine persönlichen Fallen, in die er besonders bei emotionaler Erregung wieder und wieder hinein tritt. Sehr häufig kommt es z. B. vor, dass man Erwartungen anderer umso emotionaler zurückweist, je mehr man sie als Forderung versteht, unabhängig davon, ob man sie gut oder schlecht findet.

Diese Verhaltensweise könnte darin begründet werden, dass man als Kind einen Mechanismus entwickelt hat, der Kooperation nur in Verbindung mit Anerkennung zulässt. Bekommt derselbe Mensch also als Erwachsener lediglich eine Aufforderung ganz ohne Wertschätzung, ist es wahrscheinlich, dass er durchaus sinnvolle Anweisungen des Kollegen automatisch und damit unbewusst zurückweist.

Obwohl man genau weiß, dass dies Verhalten nicht förderlich ist, hat man den Eindruck, als ob man sich selbst dabei zusehen würde, einen Fehler zu begehen. Während das Gefühl einem längst zu verstehen gibt, dass Worte nicht mehr zum Ziel führen, scheint man trotzdem unfähig zu sein, sich anders zu verhalten und seinen unangebrachten Stolz aufzugeben.

Über Jahre bewusst und unbewusst antrainierte Verhaltensmuster, welche einst zum Schutz des „inneren" Kindes z. B. im Elternhaus entstanden sind, können heute, besonders in Beziehung mit anderen, zum Verhängnis werden. Im Cockpit kann der unachtsame Umgang mit dem Kollegen große Konsequenzen haben, weil die Handlungsfähigkeit beider Ressourcen dadurch eingeschränkt wird.

Die aktive Auseinandersetzung mit dem eigenen Denken und Handeln, die auf das „typische" Verhalten im Moment der Krise aufmerksam macht, kann also hilfreich sein.

Wenn im Elternhaus z. B. nicht offen über Probleme gesprochen wurde, wird das Kind es als Erwachsener später erst einmal auch nicht tun. Ist einem dieses jedoch bewusst, oder z. B bei einer Fortbildung durch andere bewusst gemacht worden, dann kann man dieses Verhaltensmuster durch entsprechendes Training ablegen und sich für Probleme und Konflikte öffnen.

Oder der „Brave-Jungen-Effekt": Wurde man autoritär erzogen, wurde jugendlicher Widerstand gegen die Eltern ungern gesehen und oft bestraft. Leistet man dann im Cockpit als FO gegen den Kapitän nicht schnell und deutlich Widerstand, kann sehr schnell ein Unfall passieren. Das Wissen um dieses eigene Verhaltensmuster erleichtert bedeutend die gebotene Kritikfähigkeit und man kann sie daraufhin bewusst kultivieren.

6.4.5.4 Wahrnehmung

Je mehr ein Pilot über seine „typischen" Verhaltensmuster Bescheid weiß, umso schneller ist er in der Lage, sich selbst zu beobachten und sein Handeln entsprechend zu korrigieren. Jedes Verhaltensmuster tritt mit einer mehr oder weniger erkennbaren Emotion auf.

Beispiel Straßenverkehr: Jemand fährt einem dicht auf und man fällt in das Verhaltensmuster des Verteidigers seiner Position in der „Hackordnung" der Autobahn zurück. „Der kann warten, ich darf fahren wie ich will". Am besten noch durch leichtes Bremsen zum Abstand halten erziehen.

Erkennt der Betroffene den Zusammenhang zwischen seinem Verhalten und der Emotion nicht, wendet er gewöhnlich seine Emotion von sich ab und sucht nach einer Rechtfertigung beim Anderen: „Der soll halt nicht so dicht auffahren."

Wahrnehmung hingegen bedeutet, seine Emotion zu erkennen und sie als seine eigene anzuerkennen. Der emotional geschulte Pilot versteht es, binnen Sekunden seine Emotion von dem plötzlich auftretenden Reiz zu trennen und sich auf sachliche Aspekte zu konzentrieren. Er weiß, wie ihn diese Erregung üblicherweise unbewusst verändert, weiß aber auch, wie er das verhindern kann.

Also: „Aha. Da fährt mir einer dicht auf. Sein Problem. Ich kann nur so fahren, wie es die Verkehrsverhältnisse zulassen. Bei nächster Gelegenheit lasse ich ihn vorbei."

6.4.6   Training von Persönlichkeit und angewandter Intuition

Der Mensch ist von Grund auf ein soziales Wesen. Sein Verstand ist dem sozialen Leben verhaftet, daher fällt es ihm schwer, sich in sein persönliches Innenleben zurückzuziehen. Will er jedoch seinen eigenen Einflussfaktor auf die Geschehnisse seines Umfeldes erhöhen, muss er einen bewussten Blick auf seine Persönlichkeit werfen. Erst wenn er sich selbst verstehen gelernt hat und in der Lage ist, sein eigenes Verhalten kontinuierlich zu reflektieren, ist er in der Lage, die Quelle der nur gering genutzten Ressource Intuition zu aktivieren und zu nutzen.

Die Verbesserung der Flugsicherheit durch menschliches Verhalten beim Fliegen setzt daher folgende Aspekte voraus:

- Der Pilot interessiert sich für seine eigenen Handlungsmöglichkeiten.
- Er nimmt an einem Training zur verbesserten eigenen Wahrnehmung und der seiner Umwelt teil. Dadurch wird die Fähigkeit erreicht, diese theoretischen Ansätze in die Praxis umzusetzen.

6.4.6.1 Training zu einem verbesserten Naturalistic Decision Making

- Wissen über typische, immer wiederkehrende persönliche Denk- und Verhaltensmuster erarbeiten.
- Eigene Emotionen erkennen und lenken.
- Bewusstsein über den ständigen Einfluss eigener Verhaltensweisen auf andere erlangen.
- Wahrnehmung auf den Körper und seine Gefühle richten.
- Umgang mit Bildern in vergangenen Stressmomenten erlernen.
- Stimmungen im nahen Umfeld intuitiv erfassen.
- Wirkung und Anwendung der „richtigen Sprache" als positiver Einflussfaktor der optimalen Cockpitatmosphäre kennen.

Diese Inhalte werden zurzeit nur im Rahmen des „VC Bildungsurlaubes" zu Führung und Teamarbeit vermittelt.

6.4.6.2 Das tägliche Training im Alltag

Zur kontinuierlichen beruflichen Weiterentwicklung eines Piloten gehört die ständige Auseinandersetzung mit diesen Trainingsinhalten auch im täglichen Leben (Familie, Beziehung, Straßenverkehr).

Denn ein Training allein kann noch keine Nachhaltigkeit bewirken. Vielmehr ist es die Anwendung einfacher, auf den privaten und beruflichen Alltag abgestimmter Werkzeuge, die die Präventionsarbeit wirksam und erfolgreich macht. Dazu gehören:

- Bilder und Metaphern zur Schärfung der Wahrnehmung nach innen und außen suchen.
- Rituale, die die Beobachtung des eigenen Denkens und Handelns im Alltag trainierbar machen.
- Einfache Sprachübungen, die das Denken verändern.
- Übungen der Entspannung, die die Aufmerksamkeit auf das Körpergefühl lenken.

6.4.7 Belohnungen

Neben Erfahrungen und Emotionen spielen auch Belohnungen eine wichtige Rolle bei intuitiven Entscheidungen.

Dies dürfte ein Grund dafür sein, warum unstabilisierte Anflüge und lange Landungen oft nicht abgebrochen werden oder auch bei miserablem Wetter eigentlich notwendige Diversions nicht stattfinden.

Im Simulator ist das alles kein Problem, doch in der Praxis sieht das ganz anders aus. Denn wenn man trotz Limitüberschreitungen weiter fliegt, wird man durch ein schnelles Ende des Fluges belohnt. Schwierige fliegerische Manöver im Go-around werden vermieden, ebenso der Gesichtsverlust vor den Kollegen und Ansagen an die Passagiere.

Vermeidet man eine Diversion, wird man durch das Ende des Flugdienstes belohnt. Besonders nach langen Flugdienstzeiten werden eine Verlängerung des Flugdienstes, weitere Ermüdung, schwierige operationelle Bedingungen am Ausweichflughafen, ein Kommandantenentscheid etc. vermieden.

Die Belohnung für ein Überschreiten fliegerischer Limits ist also verführerisch, aber in vielen Fällen der Weg in den Unfall. Piloten sollten sich dessen bewusst sein und die Verfahren als Richtschnur akzeptieren und nutzen, die sicheres von unsicherem Handeln trennen.

6.5   Entscheidungsprozess

Nach der bisher beschriebenen schnellen, intuitiven Entscheidungsfindung, geht es im Folgenden um den anderen Pol der Entscheidungsfindung: Den strukturierten Entscheidungsprozess, wie er in komplexen Fällen mit genügend verfügbarer Zeit zum Entscheiden angewandt werden sollte.

Dabei ergibt sich die Notwendigkeit nach einem einfachen und strukturierten Entscheidungsmodell, mit dem auch komplexe Entscheidungen hohen Schwierigkeitsgrades bewältigt werden können (s. Abb. 6.4).

Es gibt eine Vielzahl von Entscheidungsmodellen, von denen die wichtigsten im Anhang vorgestellt werden.

In der deutschen Luftfahrt hat sich seit den 90er Jahren das FORDEC-Modell durchgesetzt (Eißfeldt et al. 1994).

Piloten meinen manchmal, gar kein Entscheidungsmodell zu brauchen. Kathleen Mosier stellt in einer Untersuchung fest, dass viele erfahrene Piloten Entscheidungsmodelle nicht anwenden, weil sie „nichtanalytische und trotzdem sehr effiziente Erkennungstechniken und aneinandergereihte Auswahlverfahren" (Heurismen) anwenden (Mosier 1991). Dies ist, wie oben beschrieben, allerdings nur bei den Entscheidungen optimal, die entweder relativ einfach oder zeitkritisch sind.

6.5.1   *Analyse der Situation, Faktenfindung*

Bevor man mit der eigentlichen Entscheidungsfindung beginnt, muss man die Situation auf folgende Gegebenheiten hin analysieren:

Abb. 6.4 Ablaufmodell für komplexe Entscheidungen

- Ist Handlungsbedarf gegeben?
- Wie bedrohlich ist das Problem?
- Wie komplex ist das Problem?
- Wie viel Zeit steht zur Verfügung?
- Sind alle sinnvollen Informationsquellen genutzt worden?
- Was haben wir?

Handlungsbedarf ist immer dann gegeben, wenn das Erreichen eines vorhandenen Ziels gefährdet ist, oder ein vorhandenes Ziel durch ein neues Ziel ersetzt werden muss.

Beispiel: Man kommt nach einem Langstreckenflug mit wenig Extra Fuel am Zielflughafen an. Am Zielflughafen herrscht schlechtes Wetter, so dass eine erfolgreiche Landung nicht unbedingt gewährleistet ist, zumal mit einiger Anflugverspätung zu rechnen ist. Einem „Commitment to Stay" steht eine Ausweichlandung am Alternate mit einer Überschreitung der Flugdienstzeit bei einer Fortsetzung des Flugauftrages vom Alternate zum Zielflughafen gegenüber.

Oder: Man hat ein Hydraulikproblem. Landeklappen und Bremshilfen stehen nur eingeschränkt zur Verfügung. Zwei mögliche Flughäfen stehen zur Auswahl: An einem herrscht relativ gutes Wetter, dafür ist die Landebahn kurz, am anderen hat man zwar eine sehr lange Landebahn zur Verfügung, dafür ist jedoch das Wetter schlecht.

In diesen beiden angeführten Beispielen ist ganz offensichtlich Handlungsbedarf gegeben. Es wird in der Praxis jedoch eine ganze Reihe von Situationen geben, wo dies nicht so eindeutig ist, z. B. während einer Transitzeit am Boden, wo man als Cockpit-Crew aktiv am Geschehen teilnimmt. Eine Catering-Nachbestellung wird zwar für die Zufriedenheit der Kunden sorgen. Ein sich daraus ergebender Delay aber genau das Gegenteil erreichen. Ganz offensichtlich gibt es also außer dem erkannten Handlungsbedarf noch andere Kriterien, welche berücksichtigt werden müssen.

Ein Kriterium ist die Bedrohlichkeit einer Situation: Die Bedrohlichkeit eines Problems entscheidet über das Setzen der Prioritäten. Jeder Flieger kennt dabei den Spruch, der ihn seit Beginn seiner Karriere begleitet hat: „First fly the aircraft!" So selbstverständlich diese Aussage auch sein mag, so unverständlich ist, dass immer wieder gegen sie verstoßen wird. Treten mehrere Probleme gleichzeitig auf, so wird auch eine noch so gute Lösung eines untergeordneten Problems die Gesamtsituation nicht entschärfen, wenn man ein wichtigeres oder dringenderes Problem außer Acht gelassen hat. Um beim oben genannten Beispiel einer Handlungssituation während einer Transitzeit zu bleiben: Je nach Motivationsgrad und Arbeitsbelastung der Cockpit-Crew wird eine eventuelle Verzögerung beim Abflug wahrscheinlich hingenommen werden, nicht jedoch, wenn durch den Verfall einer Slot-Zeit der Abflug generell in Frage gestellt würde.

In dem eben genannten Beispiel ist eine Priorität leicht zu setzen. Die Situation ist eindeutig und klar.

Anders sieht es aus, wenn das Problem bzw. die gesamte Situation komplexer wird. Was ist, wenn Merkmale einer Handlungssituation dem, der die Entscheidung zu treffen hat, gar nicht oder nicht mittelbar zugänglich sind (Intransparenz)?

Beispiel: Man befindet sich im Ausland, rollt zur Startbahn und wird mit einem technischen Problem konfrontiert. Ein technischer Ansprechpartner steht nicht zur Verfügung, die MEL (Minimum Equipment List) kann per Definition des Flugbetriebes nach Off Blocks außer Acht gelassen werden, die technischen Bordunterlagen sind sehr knapp gehalten. Man muss also entscheiden, ohne alle Hintergrundinformationen zu haben.

Ein weiteres Merkmal einer komplexen Handlungssituation ist, dass sie meist aus vielen Variablen besteht, welche vernetzt sind und sich untereinander mehr oder weniger beeinflussen. Das heißt, dass man sich mit der Lösung eines Problems eine ganze Reihe von Folgeproblemen einhandeln kann.

Beispiel: Nach dem eingangs erwähnten Langstreckenflug mit Wetter- und Fuel-Problemen am Zielflughafen entschließt sich die Crew zu einer Diversion. Das ursprüngliche Problem ist zwar gelöst, doch wird Sie nun vor einer ganzen Reihe neuer Probleme stehen: Flugdienstzeitüberschreitung, Abfertigung vor Ort, Anschlussflüge der Gäste, eventuelle Streichung des Folgeeinsatzes, etc.

Noch drastischer wird die Lage, wenn die Situation eine große Eigendynamik aufweist. Das führt zwangsläufig zu der Frage: Wie viel Zeit steht zur Verfügung? Zeitdruck kann dabei sowohl durch das Problem selbst entstehen, als auch dadurch, dass man sich in einer dynamischen Situation befindet. Unter Umständen muss man darauf verzichten, alle Informationen, die man vielleicht bekommen könnte, auch zu sammeln, da die Vollständigkeit der Informationssammlung mit dem Handeln unter Zeitdruck kollidiert.

Die hier beschriebenen Schwerpunkte der Analyse der Situation fasst Telfer unter dem Begriff „Judgement" zusammen:

> Judgement ist ein geistiger Prozess, durch den Piloten Informationen über sich selbst, ihr Flugzeug und das operationelle Umfeld so erkennen, analysieren und bewerten, dass eine zeitgerechte Entscheidung getroffen werden kann, die zur Flugsicherheit beiträgt (Telfer 1989).

Schließlich sollte man sich an dieser Stelle immer fragen, ob man alle sinnvollen Informationsquellen genutzt hat. Wurden innerhalb des zur Verfügung stehenden Zeitrahmens alle Handbücher gelesen? Könnten die Flugsicherung oder Besatzungen anderer Flugzeuge etwas Hilfreiches wissen? Gibt es Rat bei den verschiedenen Dienststellen der eigenen Firma? Wie sieht es aus mit der Kabinen-Crew oder den Passagieren? Befindet sich ein Fachkundiger z. B. als Passagier an Bord?

6.5.2   Zielsetzung: Was soll erreicht werden?

Bevor man nun mit der Entwicklung von Handlungsalternativen beginnt, muss man sich zunächst darüber klar werden, was man eigentlich erreichen will. Sicher gibt es ganz eindeutige Situationen, wo das Ziel so klar ist, dass man sich diese Frage erst gar nicht zu stellen braucht, z. B. wenn ein Triebwerk brennt. Doch in der alltäglichen Praxis wird man häufiger mit Situationen konfrontiert, wo es nicht so eindeutig ist und man sich erst ein konkretes Ziel setzen muss. So wird man durch das Setzen eines globalen Zieles kaum konkrete Handlungsstrategien entwickeln können. Globale Ziele wären z. B. „alles muss besser werden" oder „ich will pünktlich ankommen".

Darüber hinaus können auch mehrere Ziele gleichzeitig verfolgt werden. Diese können sich gegenseitig ausschließen und sind daher nur durch einen Kompromiss zu lösen. Ein Beispiel hierfür wäre „die bestmögliche Qualität zu möglichst geringen Kosten".

Neben den bereits genannten Zielen gibt es noch die impliziten Ziele. Dies sind Ziele, von denen man vielleicht gar nicht weiß, dass man sie hat. Dies wären z. B. Erfahrungen, emotionale Bedürfnisse und Stimmungen, die oft unbewusst bei jeder Entscheidung als Emotion eine Rolle spielen.

Wichtig ist auch, dass man nicht durch Vermeidungsziele versucht, einen Mangel-zustand zu beheben (negative Ziele), sondern durch positive Ziele einen wünschens-werten Zustand anstrebt.

Beispiel: Es ist ungünstig sich vorzunehmen, nicht nach Norden zu fliegen, weil dort hohe Berge sind, sondern besser ist: „Ich fliege nach Süden, dort ist es flach".

Im ersten Augenblick mag man jetzt einwerfen, dass das doch Haarspalterei ist, da im Endergebnis ja doch das gleiche herauskommt, nämlich, dass nach Süden ge-flogen wird. Leider ist das jedoch nicht so. Der Grund liegt in der Art des mensch-lichen Denkens: Die menschliche Vorstellung kennt keine Negierung. D. h. es be-steht die Gefahr, dass unter Stress aus dem „nicht nach Norden fliegen" ein „nach Norden fliegen" wird.

Man sollte also Negativziele vermeiden und sich positive Ziele setzen. Genauso sollte man das Setzen von globalen Zielen vermeiden, und ein konkretes Ziel an-streben. Nur ein konkretes Ziel führt zu einem konkreten Ergebnis. Eine Ausrich-tung lediglich an pauschalen Erfordernissen des Augenblicks führt zu Konzept-losigkeit, möglicherweise zum Lösen der falschen Probleme und zu Unsicherheit (FAA 1991).

6.5.3   Entwicklung von Handlungsalternativen

Jeder zielorientierte Entscheidungsprozess basiert auf einer Struktur von definier-ten, voneinander abgegrenzten Handlungsalternativen. Nur so ist die Abwägung von Chancen und Risiken bei der späteren Bewertung der Handlungsalternativen möglich. Die Handlungsalternativen sollten bewusst und rational entwickelt wer-den. Abhängig von der zur Verfügung stehenden Zeit, der Dringlichkeit und der Komplexität des Problems besteht eine mögliche Gefahr in der Entwicklung von zu wenig oder zu vielen Handlungsalternativen. Zu wenige Alternativen kann man vermeiden, wenn man wie beim Brainstorming auch zunächst abwegige Optionen aufzählt. Zu viele Handlungsalternativen können in zeitkritischen Situationen (z. B. Rauch, Feuer) vermieden werden, indem man sich auf die offensichtlich wichtigs-ten Ziele beschränkt.

6.5.4   Bewertung

Nach der Analyse der Situation, der Zielsetzung, sowie der Entwicklung möglicher Handlungsalternativen folgt die Prognose und Bewertung der in Frage kommenden Handlungsmöglichkeiten.

Mit der Bewertung von Handlungsalternativen kann man erst beginnen, wenn si-chergestellt ist, dass alle notwendigen Informationen für die Auswahl beschafft sind. Zu wenige Informationen führen dabei zu Fehlern im Entscheidungsprozess, zu viele Informationen eventuell zu Unsicherheit. Man wird nun die Chancen und Risiken der möglichen Handlungsalternativen abzuwägen haben. Priorität muss dabei der weitgehende Ausschluss von Sicherheitsrisiken haben. Erst in zweiter Linie können Wirtschaftlichkeit und operationelle Belange berücksichtigt werden.

6.5.5 *Umsetzen der Entscheidung und Erfolgskontrolle*

Der Entscheidung folgt die Aktion: Die gewählte Handlungsalternative wird umgesetzt. Dies muss durch eine ständige Erfolgskontrolle begleitet werden.

*   Treffen die Voraussetzungen der Handlung noch zu?
*   Tritt tatsächlich das ein, was man erwartet hat?

Für die Erfolgskontrolle ist es wichtig zu wissen, dass Menschen eine einmal eingenommene Position nur ungern wieder aufgeben. Konsistenz wird als Wert erlebt, und deshalb sind viele Menschen bereit, den Status quo zu erhalten, selbst wenn er mit wesentlich höheren Risiken verbunden ist, als eine ebenfalls mögliche Veränderung. Wer einmal seine Entscheidung gefällt hat, wird in der Regel dabei bleiben wollen.

Erfolgskontrolle ist eine sichere Möglichkeit zur Optimierung stattfindender Handlungen. Es ist eine Tatsache, dass die besten Crews ihre Entscheidungen trafen, bevor sie die letzten verfügbaren Informationen hatten. Allerdings haben sie nachträglich erhaltene Informationen genutzt, um ihre Entscheidungen zu überprüfen und gegebenenfalls zu ändern (Klein 2003).

Jede auch noch so gut geplante und umgesetzte Entscheidung birgt ein gewisses Restrisiko, ganz unabhängig davon, dass jeder Entscheidungsprozess für sich schon Störungen unterworfen ist:

> Because of the randomness of nature, decisions made optimally will sometimes lead to undesirable outcomes (Bohlman 1979).

6.5.6 *FORDEC-Modell*

Umgesetzt in die gängigen Abkürzungen des FORDEC-Modells heißt diese ausführliche Beschreibung des komplexen Entscheidungsprozesses (s. Abb. 6.5):

6.6 Störfaktoren und Verhaltensweisen

Wirkfaktoren im Entscheidungsprozess lassen sich anhand des folgenden Schemas skizzieren (s. Abb. 6.6):

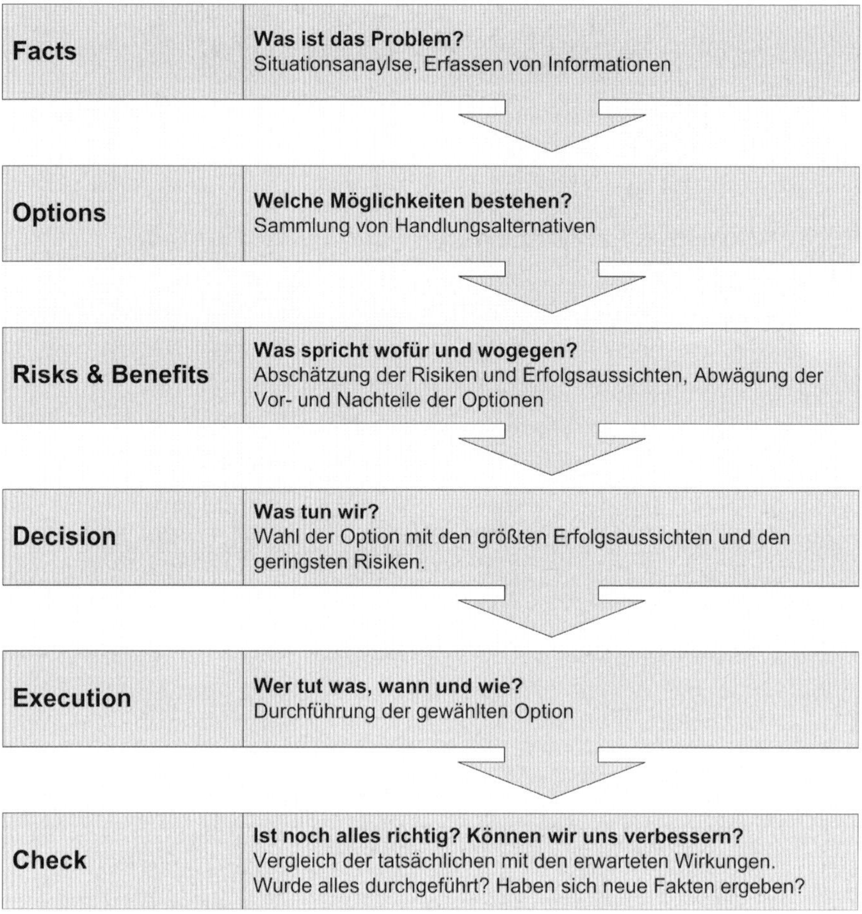

Facts
Was ist das Problem?
Situationsanaylse, Erfassen von Informationen
Options
Welche Möglichkeiten bestehen?
Sammlung von Handlungsalternativen
Risks & Benefits
Was spricht wofür und wogegen?
Abschätzung der Risiken und Erfolgsaussichten, Abwägung der Vor- und Nachteile der Optionen
Decision
Was tun wir?
Wahl der Option mit den größten Erfolgsaussichten und den geringsten Risiken.
Execution
Wer tut was, wann und wie?
Durchführung der gewählten Option
Check
Ist noch alles richtig? Können wir uns verbessern?
Vergleich der tatsächlichen mit den erwarteten Wirkungen.
Wurde alles durchgeführt? Haben sich neue Fakten ergeben?

Abb. 6.5 FORDEC Modell

Umfeld
Individuum
Crew
Komplexität
Zeitdruck
Unübersichtlichkeit, Stress, Überforderung

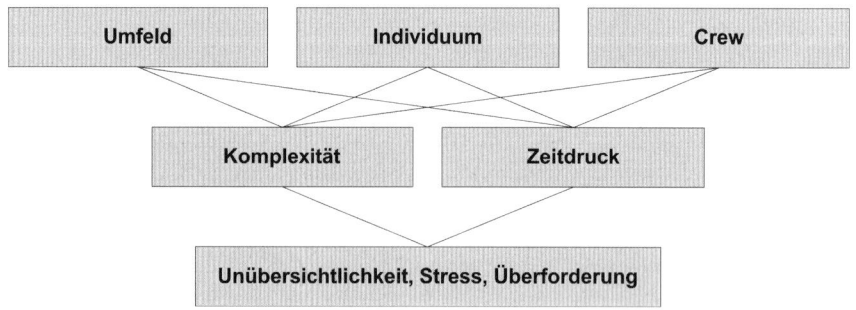

Abb. 6.6 Wirkgefüge des Entscheidungsprozesses

6.6.1   Umfeld

Es ist charakteristisch für Entscheidungen in der Fliegerei, dass sie in ein Umfeld von Faktoren eingebettet sind, welche sich selbst und in ihrer Wechselwirkung aufeinander laufend dynamisch verändern. Dabei hat die Flight Crew das Problem, dass sie auf die Ausgangsgrößen kaum oder gar keinen Einfluss hat. Die Situation verändert sich ständig und eine bereits getroffene Entscheidung ist unter Umständen schon während der Umsetzung zu revidieren. Dies erzeugt Zeitdruck und führt zu einer Komplexität der Entscheidungssituation.

Das Umfeld eines Piloten besteht aus:

- Wetter
- Technik
- Passagiere und Fracht
- Probleme im Servicebereich
- Flugsicherung, Verkehr
- Flugplan, Zwang zur Pünktlichkeit
- Luftverkehrsgesellschaft, Rahmenbedingungen und Vorgaben
- Behördliche Vorschriften
- Kraftstoffmenge
- …

Darüber hinaus gibt es noch die physischen und psychischen Stressoren:

- Lärm
- Vibrationen
- Temperatur- und Feuchtigkeitsextreme
- Müdigkeit

6.6.2   Individuum

Zeitdruck und Komplexität, hervorgerufen durch externe Faktoren, beeinträchtigen die am Entscheidungsprozess beteiligten Menschen.

Eine amerikanische Studie zeigt, dass es Kapitänen immer schwerer fällt, eine einmal getroffene Entscheidung zu revidieren, je näher sie sich an der Destination befinden. Extrem wird es, wenn im Short Final nach dem „Continue Call" eine Situation entsteht, die einen Go-around erfordert, der dann oft unterbleibt (TSB 2007). Zahlreiche Unfälle entstanden erst in dieser Situation.

Wichtig für die Qualität des Entscheidungsprozesses ist die Erfahrung des verantwortlichen Entscheiders, also des Kapitäns. Studien haben gezeigt, dass erfahrene Kapitäne präziser die für die Entscheidung verfügbare Zeit abschätzen können. Sie haben auch mehr „Strategien" zur Verfügung, sich zusätzliche Zeit zu beschaffen

(Flin et al. 2008). Junge oder weniger erfahrene Kapitäne sollten sich dieses bewusst machen und diesem Punkt besondere Aufmerksamkeit zukommen lassen.

Andererseits kann mit wachsender Erfahrung eine Neigung zur unkritischen Selbstsicherheit auftreten. Es können sich die sogenannten „Hazardous Attitudes" entwickeln (FAA 2008), welche direkt auf Entscheidungen einwirken. Dies sind Persönlichkeitsmerkmale, welche jeder im Ansatz in sich trägt und welche unterschiedlich stark ausgeprägt sind. Ab einer gewissen Ausgeprägtheit lassen sie den Einsatz des einzelnen Piloten als Entscheidungsträger in der Luftfahrt nicht mehr zu.

Antiautorität Geringschätzung von Standard Operating Procedures („SOPs sind für andere da, nicht für mich!"), Abweichung von SOPs und Vorschriften.

Impulsivität Vorschnelles Handeln ohne vorherige Situationsanalyse, Nichtbetrachtung von Alternativen oder unangebracht instinktives Handeln.

Der Glaube an die eigene **Unverletzlichkeit**: Das Gefühl absoluter Sicherheit, souverän und frei von Angst. Dies ist ein Phänomen, das vorwiegend bei sehr jungen Piloten mit wenigen Jahren Berufserfahrung und bei sehr erfahrenen, älteren Piloten auftritt.

Selbstüberschätzung Selbstüberschätzung und Arroganz – der Zwang zu zeigen, wie gut man ist. Das Eingehen unnötiger Risiken.

Resignation Bedenkenloses Unterordnen und der Zwang, „nicht auffallen zu wollen". Durch mangelndes Selbstbewusstsein wird zu sehr der Kompromiss gesucht. Kann ein Zeichen für eine „innere Kündigung" sein.

Nachlässigkeit (Complacency): Überbetonung der Routine. Nachlassende Bereitschaft, sich in Übung zu halten. Oberflächliches Arbeiten, fehlende Vorausplanung, Inkonsequenz.

Übertriebene Rücksichtnahme Altersunterschiede, Autorität, Rhetorik, Gruppenzwang und Kundenforderungen beeinflussen den Piloten in einem zu starken Maß.

Durch psychologische Eignungstests sollten in der Regel Menschen mit einer ausgeprägten Anfälligkeit für Hazardous Attitudes nicht zur Pilotenschulung zugelassen werden. Allerdings können Hazardous Attitudes auch bei ausgebildeten Piloten zeitweise auftreten, meist hervorgerufen durch äußere Einflüsse und Erfahrungen, welchen man in jüngster Zeit ausgesetzt war. Um diese Beeinträchtigungen so gering wie möglich zu halten, wird erwartet, dass der Pilot sie erkennen lernt und ihre Auswirkungen bei ihrem Auftreten entsprechend minimiert.

6.6.3   Crew

Zusätzlich zu den eben genannten individuellen Störfaktoren kommen noch Faktoren hinzu, welche die Crew als Team beeinflussen. Die größten Beeinträchtigungen bei der Entscheidungsfindung liegen im hierarchischen Gefälle und in der Kommunikation. Beides kann die Weitergabe von wichtigen Informationen und ihre Nutzung stören (Klein 2003). Diese sind:

Zentralisierung der Autorität Hierdurch kommt es zur Ausbildung einer klaren Rangordnung. Die gesamte Kompetenz, inklusive dem Entscheidungsrecht, wird auf den Vorgesetzten der Gruppe übertragen. Der Vorgesetzte berücksichtigt die Ratschläge der Mitarbeiter nur in geringem Maße; die Mitarbeiter akzeptieren das, bieten in der Folge weniger Hilfe an und halten sogar Informationen zurück (Diskell u. Salas 1991).

Mangelnde Führung durch den Kapitän Mangelnde Führung verhindert das Entstehen von kritischer Loyalität in der Crew. Zu große Harmonie verhindert die wechselseitige Weitergabe von fachlicher Kritik. Es entwickelt sich ein Trend zu Gremienentscheidungen.

Pilot Flying Eine Studie von Orasanu hat gezeigt, dass es besser ist, wenn der verantwortliche Flugzeugführer während eines komplexen Entscheidungsprozesses nicht als Pilot Flying agiert, damit er alle seine Kapazitäten für den Entscheidungsprozess verfügbar hat. Sinnvoll ist also, wenn er die fliegerische Kontrolle während der Entscheidung dem FO überträgt, um sie später möglicherweise wieder zu übernehmen (TSB 2007).

Hierarchie der Gruppe Rangbedingte Unterschiede haben auf das Entscheidungsgefüge einen größeren Einfluss als durch Stress hervorgerufene Beeinflussungen (Diskell u. Salas 1991). In angespannten Situationen schenkt der Ranghöhere den Ratschlägen Rangniedrigerer mehr Bedeutung als im Normalfall. Untergebene neigen unter Stress leichter dazu, den Entscheidungen der Vorgesetzten, respektive deren Ansichten beim Durchgehen des FORDEC-Modells, kritiklos zuzustimmen. Deshalb sollte der Ranghöhere bei jedem Schritt im FORDEC-Modell zuerst den Rangniedrigeren seine Vorstellungen erläutern lassen.

Ein zu steiles Hierarchiegefälle kann durch große Alters- und Erfahrungsunterschiede, die Stellung in der jeweiligen Firma (Checker, Executive) oder durch einseitig überlegene rhetorische Fähigkeiten entstehen. Ein Kapitän muss seine Dominanz zurücknehmen können, wenn die Leistungsfähigkeit seiner Crew dadurch beeinträchtigt wird. Eine wichtige Voraussetzung hierfür ist das entsprechende Feedback durch die Crew.

Situationsbewusstsein der Gruppe Das Situationsbewusstsein der Gruppe ist nicht die Addition des Situationsbewusstseins aller Mitglieder einer Crew. Untersuchungen haben ergeben, dass die „Situational Awareness" des Kapitäns der alles bestimmende Faktor ist (Schwartz 1989).

Tendenz zum „Double Thinking" Wenn einer etwas tut, handelt der andere zum gleichen Zeitpunkt ähnlich. Dieses Verhalten ist im Cockpit sehr häufig zu beobachten: Wechselt ein Pilot seine Anflugkarten, beginnt der andere Pilot ebenso, seine Karten zu wechseln.

Müdigkeit Eine australische Studie hat festgestellt, dass müde Crews langsamer und risikobereiter entscheiden als ausgeruhte (Petrilli et al. 2006).

Mangelnde Kommunikation Durch ungelöste Konflikte in der Gruppe oder einen zu hohen Dystress-Level wird die notwendige Kommunikation stark vermindert. Näheres dazu findet sich in den entsprechenden Kapiteln.

6.6.4   Unübersichtlichkeit, Stress und Überforderung

Entscheidungsprozesse sind oft gefährdet. Je unübersichtlicher und komplexer eine Situation ist, desto wichtiger ist es für die Crew, sich an ein Entscheidungsmodell zu halten. Ein gefährdeter Entscheidungsprozess kann jederzeit neu gestartet werden. Diese Aussage mag zwar im ersten Augenblick mit der Tatsache kollidieren, in einem noch enger gewordenen Zeitrahmen entscheiden zu müssen, allerdings muss das Risiko einer erneut übereilt getroffenen (Fehl-)Entscheidung unbedingt vermieden werden, damit sich die Crew nicht in der im Kapitel Menschlicher Irrtum beschriebenen „Poor Judgement Chain" wiederfindet.

Alle Störfaktoren, hervorgerufen durch das Umfeld, das Individuum oder die Crew, führen zu einer Unübersichtlichkeit, welche dann mehr oder weniger schnell in Stress, Überforderung und Versagensangst münden. Wann dies der Fall ist wird von Pilot zu Pilot und von Situation zu Situation verschieden sein. Es ist auch nicht wichtig, eine allgemeinverbindliche Eingangsschwelle zu definieren. Viel wichtiger ist, dass jeder einzelne für sich die Symptome erkennen lernt, welche bei ihm die Zeichen von Stress sind.

6.7   Zusammenhang

* Entscheidungen werden in der Regel unter Unsicherheit gefällt.
* Unsicherheit führt zu Stress.
* Entscheidungen werden zwischen den Polen Schnell/Intuitiv und Koordiniert/ Rational gefällt. Je mehr ein Entscheidungsmodell angewandt wird, desto mehr Zeit wird tendenziell gebraucht.
* Je komplexer sich eine Situation darstellt, desto mehr muss ein Entscheidungsmodell angewandt werden.
* Vorerfahrungen sind in der Regel sehr hilfreich. Dennoch werden sie bereitwillig auf ihre Aktualität überprüft und ihr Einfluss bei Bedarf korrigiert.
* Chair-Flying, mentales Training oder aufmerksames Simulator-Training unterstützen die Formung von Heurismen.
* Unter Zeitdruck und in Situationen ohne Erfahrungswissen wird auf das „Bauchgefühl" gehört. Wer bei einer Entscheidung ein schlechtes Gefühl hat,

das er nicht rational begründen kann, soll darauf hören und eine andere Option ergreifen.

- Die eigenen Gefühle werden beobachtet und ihr Einfluss auf Entscheidungen genutzt. Das „Fenster der Wahrnehmung" wird bewusst erweitert.
- Negative persönliche Verhaltensmuster sind möglichst bekannt und es wird ihnen bewusst entgegen gewirkt.
- Kurzfristige Belohnungen können gefährlich sein, wenn sie zum Verstoß gegen SOPs verleiten. SOPs sind die Richtschnur, die sicheres von unsicherem Handeln trennt.
- Bei komplexen oder ungewohnten Entscheidungen wird für alle Flight Crew Member ein Entscheidungsmodell nachvollziehbar verwendet (z. B. FORDEC).
- Möchte ein Flight Crew Member mangels Erfahrung oder Vorbereitung ein Entscheidungsmodell anwenden, sollte darauf eingegangen werden.
- Es ist schwer, eine einmal getroffene Entscheidung zu revidieren. Extrem schwer ist es im Anflug nach dem „Continue-Call".
- Junge oder unerfahrene Piloten müssen häufiger in komplexe Entscheidungsmodelle einsteigen als erfahrene.
- Die „Hazardous Attitudes" Antiautorität, Impulsivität, Glaube an die eigene Unverletzlichkeit, Selbstüberschätzung, Resignation, Nachlässigkeit und übertriebene Rücksichtnahme sind den einzelnen Flight Crew Member bekannt. Sie achten auf sie und wenden Gegenmaßnahmen an.
- Der Kapitän vermeidet Einzelentscheidungen, bezieht die anderen Crew Member aktiv mit ein und stellt seine Entscheidungen immer zeitgerecht zur Disposition.
- Berücksichtigt der Kapitän nicht ausreichend die Vorschläge der anderen Crew Member, bestehen diese auf angemessene Berücksichtigung.
- Die Crew kann den Harmoniegrad bewusst steuern. Zu große Harmonie verhindert das Äußern divergierender Meinungen.
- Bei komplexen Entscheidungen gibt der Kapitän bei Bedarf seine Pilot Flying Rolle temporär ab.
- Das Hierarchiegefälle in der Crew wird aktiv gesteuert. Besonders der Kapitän muss seine Dominanz bewusst zurücknehmen können.
- Beim Bearbeiten der einzelnen Schritte eines Entscheidungsmodelles (z. B. FORDEC) wartet der Kapitän mit seiner Sicht der Dinge möglichst ab, bis die anderen Flight Crew Member sich zuerst geäußert haben.
- Das Situationsbewusstsein der Crew ist nicht die Summe dessen der einzelnen Crew Member, sondern durch das des Kapitäns limitiert. Darauf müssen die anderen Crew Member Rücksicht nehmen.
- „Double Thinking" wird minimiert.
- Müde Crews entscheiden langsamer und risikobereiter als ausgeruhte.
- Durch ungelöste Konflikte in der Gruppe oder einen zu hohen Dystress-Level wird die notwendige Kommunikation stark vermindert.
- Dystress wird präventiv vermieden. Wenn er trotzdem nicht zu vermeiden ist, soll er, auch beim Kollegen, erkannt und gemanagt werden.
- Eine Fehlerkette wird durch Besprechen des möglichst ersten Fehlers sofort unterbrochen.

6.8   Empirische Erfahrungen und Trainierbarkeit

Im Bereich „*Judgement and Decision Finding*" gibt es seit den achtziger Jahren Erfahrungen mit entsprechenden Trainingsprogrammen (Conolly et al. 1989).

Durch Auswahl und Training wurde eine deutliche Reduzierung der Entscheidungsfehler um bis zu 50 % erzielt (FAA 1991).

Auch ein Modell zur rationalen Entscheidungsfindung (DECIDE von Lawton) ist auf seine Effektivität hin positiv geprüft worden (Jensen u. Biegelski 1989).

Auf der Basis des momentanen Wissensstandes empfehlen wir eine Umsetzung ins Training auf fünf Ebenen:

- Festlegung der notwendigen theoretischen Lerninhalte in schriftlicher Form, z. B. im Rahmen des Flugbetriebshandbuches für die Line Operation und als Manual für Flugschulen.
- Vermittlung und Überprüfung des theoretischen Wissens im Rahmen der Lizenzerlangung.
- Ein obligatorisches Crew Ressource Management (CRM-)Seminar für alle Lizenzinhaber in Abständen, die an ihren beruflichen Werdegang gekoppelt sind, z. B. bei jeder Förderung.
- Anwendung und Schulung im Flugbetrieb bei allen Check-Ereignissen und Simulator-Refreshern. Im Simulator ist ein Video-Feedback mit entsprechendem Debriefing hilfreich.
- Konsequentes Anwenden des Entscheidungsmodells und des Wissens um die möglichen Störungen im täglichen Linienbetrieb.

Literatur

Boeing Commercial Airplane Group (1993) Accident prevention strategies 1982–1991. Airplane Safety Engineering, Seattle

Bohlman L (1979) Aircraft accidents and the theory of the situation, resource management on the flight deck. In: Proceedings of a NASA/Industry Workshop, NASA Conference Proceedings 2120

Ciompi L (2002) Gefühle, Affekte, Affektlogik. Picus, Wien

Conolly TJ, Blackwell BB, Lester LF, Nisbet M (1989) A simulator-based approach to training in aeronautical decision making. Aviation, Space Environ Med 60(1): 50–52

Damasio A (1997) Descartes` Irrtum. List, Berlin

Diskell JE, Salas E (1991) Group decision making under stress. J Appl Psychol 76(3):473–478

Dörner D (1993) Die Logik des Misslingens, Strategisches Denken in komplexen Situationen. Rowohlt, Hamburg

Eißfeldt H, Göters KM, Hörmann HJ, Maschke P, Schiewe A (1994) Effektives Arbeiten im Team. DLR Mitteilung 94–09, Hamburg

Elger C, Schwarz F (2009) Neurofinance. Haufe, München

FAA (2008) Pilot's handbook of aeronautical knowledge, FAA-H-8083-25A, Oklahoma City

Federal Aviation Administration (FAA) (1991) AC No: 60-22. U.S. Department of Transportation, Washington

Flin R, O'Connor P, Crichton M (2008) Safety at the sharp end. Ashgate, Aldershot

Gershon M (2001) Der kluge Bauch. Die Entdeckung des zweiten Gehirns. Goldmann, München

Gigerenzer G (2008) Bauchentscheidungen. Goldmann, München

Hanf CH (1986) Entscheidungslehre. Oldenbourg, München

Jensen R, Biegelski C (1989) Cockpit resource management. In: Jensen R (Hrsg) Aviation psychology. Gower, Aldershot

Klein G (2003) Natürliche Entscheidungsprozesse. Junfermann, Paderborn

Landua R (2009) Am Rand der Dimensionen: Gespräche über die Physik am CERN. Suhrkamp, Frankfurt a. M.

Lufthansa (1993) CF Info 1/93. Abt. FRA CG, Frankfurt a. M

Mosier KL (1991) Expert decision making strategies. In: Jensen RS (Hrsg) Proceedings of the sixth international symposium of aviation psychology. Ohio State University, Columbus

Nagel DC (1988) Human Factor in aviation. Academic Press, London

National Transportation and Safety Board (1994) Safety Study NTSB/SS-94/01. Washington

Petrilli R, Roach G, Dawson D, Thomas M (2006) The effects of fatigue on the operational performance of flight crew in a B747-400 simulator. Centre for sleep research, University of South Australia, Adelaide

Schwartz D (1989) Training for situational awareness. In: Vortrag beim Fifth International Symposium on Aviation Psychology, Ohio State University, Ohio

Telfer R (1989) Pilot decision making and judgement. In: Jensen R (Hrsg) Aviation psychology. Gower, USA/GB

Transportation Safety Board of Canada (TSB) (2007) Unfallbericht A05H0002. Air France Airbus A340 am 02.08.2005 in Toronto

Kapitel 7
Führungs- und Teamverhalten

Hans-Joachim Ebermann und Joachim Scheiderer

7.1 Einführung

> Mc. Broom war ein tyrannischer Chef, der seine Mitarbeiter mit seiner Launenhaftigkeit
> einschüchterte. Das wäre vielleicht nicht aufgefallen, hätte Mc. Broom in einem Büro oder
> in einer Fabrik gearbeitet. Aber Mc. Broom war Flugkapitän. <…> Seine Copiloten fürch-
> teten sich so sehr vor seinem Zorn, dass sie nichts sagten. Nicht einmal als die Katastro-
> phe absehbar war. Beim Absturz der Maschine kamen zehn Menschen zu Tode (Goleman
> 2001).

Einzelkämpfer, die allein und von ihrem Umfeld isoliert ihre Aufgaben erledigen, sollten besonders beim Beruf des Flugzeugführers der Vergangenheit angehören. Wir wissen heute, dass uns nur das konstruktive Miteinander und nicht das kräfte-zehrende Gegeneinander hilft, unsere wichtigste Aufgabe zu erfüllen: unseren Flug so **sicher** wie möglich durchzuführen.

Die Führung im Flugzeug hat der Kapitän. Die ihm verliehene Autorität ist die Ver-pflichtung zu kompetentem und verantwortungsbewusstem Handeln.

Seine engsten Mitarbeiter sind die anderen Mitglieder der Cockpit- und Kabinen-Crew. Zusammen bilden sie ein Team, dessen gemeinsame Leistung nötig ist, um das gewünschte Ergebnis des sicheren Fluges zu erzielen. Eine Leistung, die von keinem einzelnen Mitglied allein zu erzielen ist.

Das Team bildet sich aus einer Gruppe von Menschen, die noch nicht miteinander gearbeitet haben. Im Prozess der Teambildung kommt dem Kapitän die entschei-dende Rolle zu.

H.-J. Ebermann (✉) · J. Scheiderer
Vereinigung Cockpit e. V., Main Airport Center,
Unterschweinstiege 10, 60549 Frankfurt, Deutschland
E-Mail: vc.ebermann@onlinehome.de

J. Scheiderer
E-Mail: scheiderer@live.de

J. Scheiderer, H.-J. Ebermann, *Human Factors im Cockpit,*
DOI 10.1007/978-3-642-15167-5_7, © Springer-Verlag Berlin Heidelberg 2011

Über das Flugzeug hinaus gibt es dann das „große Team": Das gesamte Umfeld aus Geschäftsführung, Maintenance, Flotte, ATC, Flughafen- und allen anderen Mitarbeitern, die in unserem Beruf nötig sind, um ein Flugzeug erfolgreich fliegen zu lassen.

Mit den aus unserer Sicht als Piloten nötigen Anforderungen an ein optimales „Mannschaftsspiel" wollen wir uns im Folgenden befassen:

Was ist konkret und nachweisbar sicherheitsrelevant und damit für den Praktiker nötig?

7.2   Grundlagen

7.2.1   Führung

Der Begriff Führung ist nicht eindeutig und wird oftmals unterschiedlich verwendet. In der Literatur findet man unzählige Definitionen zum Thema „Führung". Oft wird dabei auf unterschiedliche Aspekte Bezug genommen. „Z. B. auf die Führungsperson, die Aufgabe, die Situation und/oder die geführten Personen." (Badke-Schaub u. Lorei 2003). Generell kann Führung definiert werden, als der Versuch „Einfluss zu nehmen, um Gruppenmitglieder zu einer Leistung und damit zum Erreichen von Gruppen- oder Organisationszielen zu motivieren." (Weinert 2004).

Führen bedeutet „beeinflussen".

Der Begriff „beeinflussen" ist im Allgemeinen eher negativ behaftet. Personen, die sich beeinflussen lassen, sagt man schnell einen labilen Charakter oder mangelndes Selbstbewusstsein nach. Darum geht es hier aber nicht. Beeinflussen bedeutet hier *nicht* manipulieren, dem Mitarbeiter Entscheidungen verkaufen, ihn übertölpeln. Es heißt aber auch nicht „Laisser-faire", alles laufen lassen.

Beeinflussen heißt, die zwei umfassenden Grundaufgaben der Führung, **Kohäsion** und **Lokomotion**, zu erfüllen.

Kohäsion ist das Herbeiführen und Aufrechterhalten der Zusammengehörigkeit der Gruppe. Die Kohäsivität ist „ein Maß für die Stärke des Wunsches der Mitglieder, Teil der Gruppe zu bleiben" (Weinert 2004).

Menschen leben nicht nur in Leistungskategorien, sondern sind auch soziale Wesen. Eine Führungskraft muss nicht nur mit einer Aufgabe *vorankommen*, sie muss auch mit einer Aufgabe bei den Mitarbeitern *ankommen*. Sie muss soziale Kompetenz haben, das heißt mit eigenen und fremden Gefühlen umgehen können.

Lokomotion steht für den sachlichen Aspekt der Führung. Ziele sollen erreicht, Leistungen erbracht werden. Es geht hierbei also um die methodische Kompetenz.

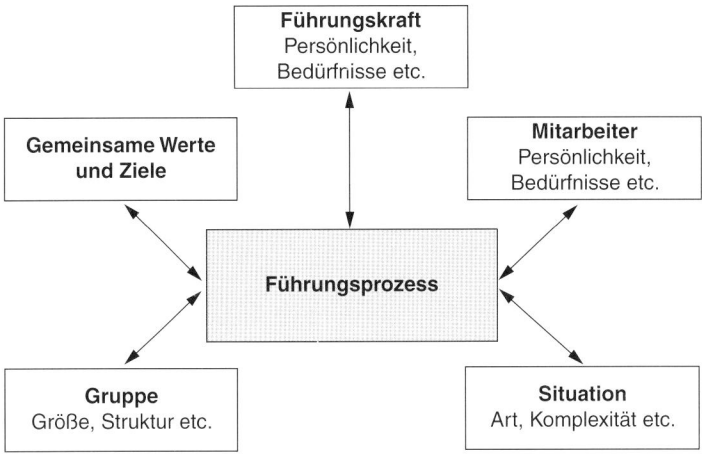

Abb. 7.1 Führungsprozess

7.2.2   Der Führungsprozess

Der Führungsprozess „umfasst wechselseitige und vielfältige Interaktion" (Weinert 2004). Die am Führungsprozess beteiligten Faktoren werden in Abb. 7.1 dargestellt.

Unter dem Führungsprozess versteht man den zeitlichen Ablauf der zweckgerichteten Beeinflussung des Verhaltens der Mitarbeiter durch eine Führungskraft, um ein bestimmtes Ziel zu erreichen. Er umfasst die Phasen der Zielsetzung, Planung, Durchführung, Kontrolle und Steuerung.

7.2.3   Die Führungskraft

Die Führungskraft, hier der Kapitän, führt die Besatzung und beeinflusst die Crew auf das gemeinsame Ziel hin.

Der Führungserfolg hängt, neben vielen weiteren Faktoren, von der Einstellung des Kapitäns zu den Mitarbeitern ab. Jedes Verhalten wird durch Einstellungen mitbestimmt. Diese Einstellungen basieren auf den Werten des Kapitäns.

McGregor war der Meinung, dass der Führungsstil und das –verhalten davon abhängen, welches Menschenbild Führungskräfte vom arbeitenden Menschen haben. In den 60er Jahren postulierte er zwei Theorien vom arbeitenden Menschen, welche Überzeugungen und Einstellungen umfassen: die X-Theorie und die Y-Theorie (Kichler 2008).

7.2.3.1   Die X-Theorie

Die X-Theorie ist durch folgende drei Einstellungen gekennzeichnet:

* Der Mensch ist von Natur aus faul, ohne Initiative und Ehrgeiz.
* Der Mensch drückt sich daher um Arbeit und Verantwortung, wo immer er kann.
* Das Motto der X-Einstellung lautet: Vertrauen ist gut, Kontrolle ist besser. Oder auch: „Ich bin OK, du bist nicht OK."

7.2.3.2   Die Y-Theorie

Die Y-Theorie ist durch folgende Annahmen charakterisiert:

* Der Mensch ist erfinderisch und fantasievoll, wenn er es nur sein darf.
* Körperlicher und geistiger Einsatz im Beruf sind für ihn so natürlich wie bei Sport und Spiel.
* Menschen sind nicht nur bereit Verantwortung zu tragen, sie suchen sie.
* Menschen können und wollen sich selbst kontrollieren.
* Das Motto der Y-Einstellung: Ohne Vertrauen geht es nicht, Selbstkontrolle ist besser. Oder: „Ich bin OK, du bist OK. Nobody is perfect."

Eine Führungskraft, z. B. ein Kapitän oder Ausbilder, mit einer X-Einstellung fragt typischerweise:

* Was ist an dieser Arbeit schlecht?
* Wo kann ich kritisieren?
* Wer ist daran schuld?

Er macht häufig aus einer Mücke einen Elefanten, aus einem kleinen Fehler eine Katastrophe.

Verfügt er aber über eine Y-Einstellung fragt er sich:

* Was ist an dieser Arbeit gut?
* Was muss noch besser gemacht werden?
* Wie kann man es noch besser machen?

Er kann loben und hebt nicht zuerst das Negative hervor. Zwangsläufige Unvollkommenheiten werden als Gelegenheit zur Verbesserung genutzt.

Führung funktioniert nur dann, „wenn man sich generell – ohne konkreten Verwendungszusammenhang – für seine Mitmenschen interessiert und diesen eine prinzipiell positive Grundhaltung entgegenbringt. Ohne eine solche Grundeinstellung des „Menschen-Mögens" sollte man schon aus diesem Grund prinzipiell keine Führungsfunktion (…) anstreben." (Wottawa u. Gluminski 1995).

Mitarbeiter einer Führungskraft mit einer X-Einstellung werden sich bei Fehlern schnell angegriffen fühlen und reagieren mit Stress oder Verärgerung. Dadurch machen sie schnell noch mehr Fehler. Durch diese Fehler fühlt sich die Führungskraft in ihrer X-Einstellung bestätigt. Er wird noch mehr kontrollieren und bevormunden, der Mitarbeiter sich noch mehr zurückziehen oder verkrampfen. Ein Teufelskreis, der ganz klar in einem Verkehrsflugzeug nicht erwünscht ist.

Die Sozialwissenschaften bestätigen die Y-Einstellung als die wirkungsvollere. Auch in Hinblick auf die Bildung und Erhaltung der Gruppe zeigt sich die Y-Einstellung als eindeutig effektiver.

Es stellt sich also für einen Kapitän, der sich bisher eher im Lager der X-Einstellung wiedergefunden hat, die Frage, wie er sich in Richtung auf eine stärkere Ausprägung der Y-Einstellung entwickeln kann. Dazu muss er sein Verhalten überprüfen:

Führungskräfte, die ständig wegen kleiner Fehler an den Mitarbeitern herumnörgeln, tun sich oft schwer damit echte Leistungen anzuerkennen. Übersehen Sie einmal bewusst kleine Fehler und loben Sie ausdrücklich gute Leistungen. Ihre Mitarbeiter werden mit Einsatzfreude und Hilfsbereitschaft reagieren. Daraufhin wird sich die eher negative Einstellung der Führungskraft den Mitarbeitern gegenüber relativieren (Ströbe 2006).

Nochmals zur Kohäsion:

Gerade in der Fliegerei herrscht traditionell ein starker Zwang zu Rationalität, zum technischen und logischen Denken. Wir lernen im Initial- und Recurrent-Training viel über fachliche Kompetenz, aber nur wenig über soziale Kompetenz.

Der Kapitän kann mit mehr Vertrauen, mit mehr Achtung und besserer Kommunikation rechnen, wenn er

- sich in seine Crew hineindenkt,
- sich für die Erwartungen der einzelnen Besatzungsmitglieder interessiert,
- seine Mitarbeiter bei seinen Entscheidungen berücksichtigt,
- unmittelbaren Kontakt schafft,
- sich für die Wechselbeziehungen innerhalb der Crew aufgeschlossen zeigt
- Kritik und Feedback der Crew als wertvolles Instrument zur Eigenkontrolle nutzt.

7.2.4 Die Mitarbeiter

Die Mitarbeiter bzw. die Besatzungsmitglieder sind Partner der Führungskraft. Für sie gilt das Gleiche zu den Bereichen Kohäsion und Lokomotion wie für die Kapitäne. Jeder einzelne trägt eine Verantwortung zum Erreichen gemeinsamer Ziele mit Hilfe von fachlicher und sozialer Kompetenz. Er bildet sich selbstständig weiter. Das „ideale" Besatzungsmitglied arbeitet weitgehend selbstständig oder autonom. Es erwartet Unterstützung durch den Kapitän und fordert sie auch ein. Es ist ebenso in der Lage seinen Chef zu kritisieren, wie dieser ihn kritisiert.

Einer besonderen Abgrenzung zur Kabinenbesatzung bedarf das Arbeitsverhältnis zwischen Kapitän und dem Copilot. Der Copilot ist Vertreter und engster Mitarbeiter des Kapitäns. So wie der Kapitän einer guten Führungs („*Leadership*") verpflichtet ist, ist der Copilot einem guten „*Followership*" verpflichtet. Hierunter versteht man einen „aktiven und kontinuierlichen Beitrag zur Teamleistung, zur Überwachung aller Veränderungen im Systemverlauf und zur Durchsetzung von wichtigen Erkenntnissen. Followership ist gleich Redundanz, erlaubt weder eine Verweigerungshaltung noch Rechthaberei noch sklavische Unterwerfung" (Steininger 2003).

7.2.5 Die Gruppe

Ein Verkehrsflugzeug zu fliegen funktioniert nur in Gruppenarbeit und die Durchführung des gesamten Flugereignisses ist eine typische Teamarbeit.

> … a flying mission is always a team task (Foushee 1982; Hackman 1987).

Die Literatur definiert eine Gruppe als einen Zusammenschluss von Menschen, die folgende Definitionsbestandteile aufweisen (Rosenstiel 2007):

- Mehrzahl von Personen in
- Direkter Interaktion über eine
- Längere Zeitspanne bei
- Rollendifferenzierung und
- Gemeinsame Normen, Werte und Ziele verbunden durch ein
- Wir-Gefühl

In der Gruppe finden sich:

- Menschen, die miteinander arbeiten müssen, obwohl sie es nicht unbedingt wollen.
- Menschen, die sich mögen und nicht mögen.
- Menschen mit den verschiedensten Fähigkeiten und Charakteren.

Über die allgemeine Gruppe hinaus, gibt es noch das Team. Es ist ebenfalls eine Gruppe, gilt aber nach übereinstimmender Auffassung als eine besonders gut eingespielte Gruppe (Rosenstiel 2007).

Anders, als im „normalen Büroalltag", wo sich die Kollegen einer Gruppe in der Regel bereits seit einiger Zeit kennen, haben die Besatzungsmitglieder eines Flugereignisses oftmals noch nie zuvor miteinander gearbeitet. Es erfolgt somit ständig der Prozess der Teambildung. Hierbei kommt dem Kapitän als ranghöchster Führungskraft an Bord die entscheidende Rolle zu. Er ist der Kristallisationspunkt der gesamten Gruppe. Von ihm gehen Weisungen aus, bei ihm sammeln sich Informationen, die von ihm weitergegeben werden. Er hat am Gesamterfolg des Fluges den größten Anteil.

Durch diese Funktion hat der Kapitän beim Briefing die Hauptrolle bei der Teambildung. Durch sein Verhalten legt er fest, ob eine angenehme oder gespannte Stimmung innerhalb der Crew herrscht. Schon bei der Begrüßung und den ersten Worten wird oftmals eine bestimmte „Richtung" vorgegeben. Schnell ist klar, ob der Kollege eher einen legeren oder eher strengen Führungsstil hat. Wichtig ist auch, dass er dabei klar macht, wo er Grenzlinien in der gemeinsamen fachlichen Zusammenarbeit zieht. Bei amerikanischen Fluggesellschaften sagt man auch: „The Captain sets the Tone."

Leistungsfähige Gruppen erkennt man an folgenden Anzeichen:

- Klare Aufgabenverteilung, alle Gruppenmitglieder sind fachlich vorbereitet, sie haben ein gemeinsames Ziel.
- Die einzelnen Gruppenmitglieder sind sich darüber einig, in der Gruppe zu kooperieren und nicht zu konkurrieren.
- Niemand ist aus persönlichen Interessen und Egoismus auf Einzelleistungen fixiert. Alle Gruppenmitglieder erkennen sich gegenseitig als gleichberechtigt an.
- Keiner monologisiert, keiner wird isoliert. Störende Zwischenbemerkungen unterbleiben. Diskussionen sind sachbezogen.
- Die Teammitglieder haben keine offenen oder verdeckten Feindseligkeiten gegeneinander.
- Es wird enger Kontakt zu anderen Organisationseinheiten gehalten.
- Anstelle politischer Geheimniskrämerei findet ein vertrauensvoller, offener und freier Austausch von Informationen statt. Das positive Denken wird in einer Gruppe gefördert.
- Im Vordergrund steht nicht die Führungskraft und ihr Prestige, sondern die Erfüllung der Aufgabe, an der alle gemeinsam arbeiten.

Wie wichtig das soziale Klima innerhalb der Crew ist, zeigt eindrucksvoll die bereits erwähnte Studie über Zwischenfälle im Flugbetrieb der Lufthansa (Lufthansa 1999).

7.2.6 Gemeinsame Werte und Ziele

Die Firmenleitung und auch der einzelne Kapitän geben die Ziele und Werte vor, an denen sich die Arbeit der Gruppe orientiert. Dies soll in klarer Form geschehen.

7.2.7 Die Situation

Führungskraft, Mitarbeiter, Gruppe und Ziel stehen im Bezug zur jeweiligen Situation. Alle fünf Einflüsse wirken wechselseitig aufeinander. Erfolgreiche Führungskräfte passen ihr Führungsverhalten so an, dass es den Anforderungen einer bestimmten Situation gerecht wird. Dies nennt man „situatives Führungsverhalten".

Das Modell der situativen Führung beruht auf dem Zusammenspiel von zielorientiertem und beziehungsorientiertem Führungsverhalten in einer konkreten Situation.

Die Situation wiederum wird beeinflusst durch

- den „Reifegrad" der Mitarbeiter/der Gruppe,
- die jeweilige Zielsetzung,
- die organisatorische Struktur,
- die gesellschaftliche Umwelt.

7.3   Störungen im Führungsprozess

7.3.1   Die optimale Arbeitsatmosphäre

Eine Studie der Lufthansa hat gezeigt, dass 80 % aller Beinahe-Unfälle (Incidents), in denen Human Error eine Rolle spielt, durch eine optimale Cockpitatmosphäre entschärft werden könnten (Lufthansa 1999).

Was ist eine optimale Arbeitsatmosphäre?

Im Arbeitsumfeld einer Cockpitbesatzung bedeutet „optimal" immer eine größtmögliche Redundanz. Abneigung als auch Zuneigung in der falschen Mischung führen zu einer eingeschränkten gegenseitigen Kontrolle: Den „Unsympathischen" wird man unter Umständen – bewusst oder unbewusst – nicht genug unterstützen, dem „Freund" gewährt man unter Umständen einen zu großen Vertrauensvorschuss und unterlässt notwendige Kritik (siehe Abbildung).

Durch Abneigung oder Distanz werden 61 % aller Incidents mit CRM-Defiziten ausgelöst. Auch Incidents, in denen eine zu große Vertrautheit eine Rolle spielt, finden sich mit 15 % in der Statistik. Hinzu kommen noch 26 % der CRM-Probleme, die durch eine zu entspannte Atmosphäre verursacht werden. Gerade wenn man sich gut versteht, ist es schwierig ein anregendes Gespräch abzubrechen, „nur" weil man sich dem Flughafen nähert oder unter 10.000 ft ist.

Eine optimale Atmosphäre (s. Abb. 7.2) soll durch gegenseitige Anerkennung und Wohlwollen gekennzeichnet sein. Abneigung und Missgunst, zu große Vertrautheit und „Kumpelhaftigkeit" sollen vermieden werden.

Durch eine suboptimale Arbeitsatmosphäre steigt das Risiko für einen sicherheitsrelevanten Vorfall um den Faktor 5!

Die Studie schlägt vor, dass jeder Pilot im Rahmen der CRM-Seminare ein persönliches mentales Verfahren entwickeln sollte, in das er je nach Situation einsteigen kann. Zudem sollte die soziale Kompetenz in der Pilotenauswahl aufgewertet werden.

Darüber hinaus empfiehlt die VC bei einer Einschränkung der Redundanz durch zu große Zuneigung, z. B. am Ende des Reisefluges vor Einleitung des Anfluges, eine Reduktion der privaten Kommunikation und eine genaue Einhaltung des Sterile Cockpits Concepts.

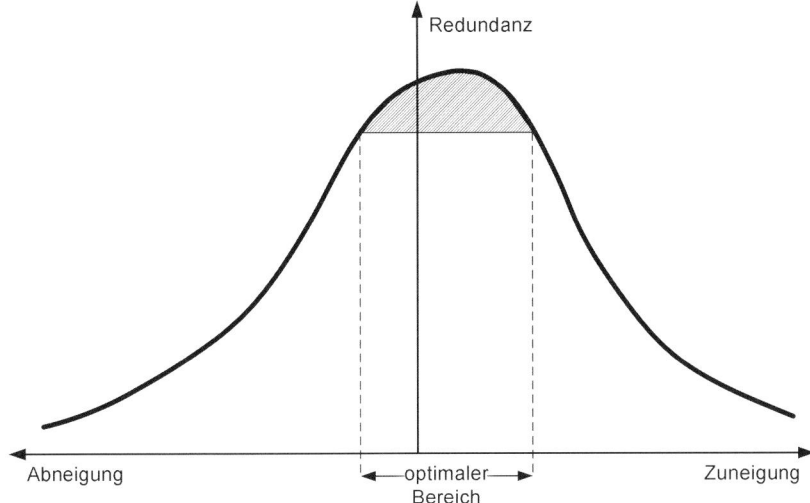

Abb. 7.2 Optimale Arbeitsatmosphäre

Schwieriger ist es bei einer Redundanzeinschränkung durch Abneigung, die auch nur temporär auftreten kann. Zuerst sollte in passender Weise der Small Talk gesucht werden, um (wieder) eine gemeinsame Basis zu finden. Bleibt das ohne Erfolg, sollte die Störung der Zusammenarbeit offen angesprochen werden. Wie das am effektivsten und diplomatischsten geht, kann man z. B. im VC-Bildungsurlaub lernen. Bleibt auch dies ohne den gewünschten Erfolg, bleibt nur noch die möglichst zügige Trennung des Teams.

7.3.2 Konflikte

Konflikte gehören zum Führungsprozess. Sie treten innerhalb einer Person, einer Gruppe und zwischen Zielen und Werten auf. Sie sind ein universelles, notwendiges Element gesellschaftlichen Zusammenseins (Dahrendorf 1962).

Konflikte haben zwei grundlegende Aspekte:

- Sie sind eine Voraussetzung für Wandel. Sie setzen Energie und Aktivität frei. Sie setzen Ideen frei. Sie wirken „reinigend".
- Andererseits können extreme Konflikte zu Instabilität und Stress führen und unangemessen emotionales Verhalten fördern (Rosenstiel 2007).

Zur fruchtbaren Lösung von Konflikten ist deshalb die Einstellung der Beteiligten sehr wichtig. Menschen, die miteinander auskommen, sich respektieren, gerne miteinander arbeiten, werden sich eher um die Erreichung gemeinsamer Ziele kümmern als Menschen, die einander gleichgültig sind.

Konflikte werden leider oft von negativen Gefühlen wie Angst, Missmut, Ärger und Unbehagen begleitet. Das ist nur allzu menschlich. Dadurch entsteht aber die Gefahr, dass Konfliktpartner unkontrollierte Abwehrreaktionen zeigen. Diese können sein:

• Kampf

Der Gegner soll psychisch (u. U. sogar physisch) zerstört werden. Mittel dazu sind: Wortgefechte, Verleumdung oder Falschinformationen (u. U. auch Gewalt).

• Flucht

Der Konflikt wird scheinbar durch Ausweichen gelöst. Kontakt wird vermieden, jeder sieht aus seinem Fenster hinaus, es findet keine soziale Kommunikation statt.

• Resignation

Konflikte werden verdrängt, heruntergespielt, durch Konzentration auf andere Dinge kompensiert oder es wird einfach resigniert (innere Kündigung). Diesen Abwehrreaktionen ist eines gemeinsam: Sie bringen zwar für den Einzelnen eine Ablenkung von seinen negativen Gefühlen, sie gehen aber nicht das zu Grunde liegende Problem an, sie erlauben nicht, vom Konflikt zu profitieren.

Bei Konflikten kann es auch nicht darum gehen, aus ihnen als Gewinner hervorzugehen. Denn ein Gewinn-Verlust-Denken zerstört Beziehungen und verhindert damit auf Dauer optimale Produktivität.

Daher ist es im Cockpit eminent wichtig Konflikte nicht zu umgehen, sondern sie aktiv zu lösen.

Zum produktiven Umgang mit Konflikten sind zwei Voraussetzungen nötig:

• Konflikte entstehen nicht zwangsläufig aus generell unvereinbaren Standpunkten. Damit sind Konfliktkontrahenten auch nicht generell Konfliktgegner, sondern Partner in einer als normal zu bezeichnenden Phase ihrer Zusammenarbeit.
• In Konflikten prallen meistens nicht eigentliche Bedürfnisse und Ziele aufeinander, sondern bereits Lösungsversuche bezüglich dieser Bedürfnisse und Ziele. Konfliktpartner müssen aber lernen, dass es für jedes Bedürfnis und Ziel mehrere gangbare Lösungsansätze gibt.

Konflikte sollen also am besten vernunftgesteuert und zweiseitig gelöst werden, damit sie positiv nutzbar sind.

7.3.2.1 Schritt 1: Austausch

Die oben genannte Zweiseitigkeit bedeutet den Austausch der gegensätzlichen Meinungen, ohne dabei zu Wertungen, Belehrungen und Bekehrungen zu greifen. Das Augenmerk soll zuerst auf Gemeinsames gelenkt werden, bevor Trennendes erörtert wird. Die eigenen Interessen und Beweggründe sollen nachvollziehbar dargelegt werden. Man kann für die eigenen Interessen werben, aber auch Verständnis für die Beweggründe und Botschaften des anderen zeigen, ohne bereits Einverständnis auszudrücken. Denn „den Standpunkt der Gegenseite zu verstehen, heißt nicht, damit einverstanden zu sein." (Becker u. Hugo-Becker 1995). Eine gute Hilfe dazu sind „Ich-Botschaften" und „aktives Zuhören". Die Darstellung von Gedanken, Situationen und Gefühlen in der Ich-Form hilft dem Partner die Lage des anderen so zu erfassen, wie er sie erlebt.

Aktives Zuhören als Gegenstück zur Ich-Botschaft bedeutet dem anderen Rückmeldungen zu seinen Botschaften zu geben, um Missverständnisse auszuschließen.

So wird eine gemeinsame Basis geschaffen.

In Konflikten gibt es wie in der Kommunikation immer eine Sach- und eine Beziehungsebene. Dabei ist die Beziehungsebene der Sachebene sogar unbewusst übergeordnet (Watzlawick 1983)! Deswegen sollen die Ich-Botschaften und Rückmeldungen so präzise wie möglich formuliert werden.

7.3.2.2 Schritt 2: Lösungssuche

Bei der Suche nach einer für beide Seiten zufriedenstellenden Lösungsmöglichkeit, muss beachtet werden, dass gegenseitige Vorwürfe, verdeckte und offene Kritik und Suche nach Schuldigen kontraproduktiv sind und sofort wieder negative Gefühle und damit Abwehrreaktionen produzieren.

Ein positiver Weg zur Lösung von Konflikten basiert auf

- einer Grundhaltung der Konfliktpartner, dass zwischenmenschliche Beziehungen ein wesentliches Element produktiver Kooperation sind.
- offenen Beziehungen. Starke und unvereinbare Erfahrungen in der Vergangenheit belasten und erschweren produktive zweiseitige Lösungen.
- der Bereitschaft zur Suche nach Lösungen, auch wenn sich diese nicht sofort abzeichnen.

Das Modell zum positiven Nutzen der im Führungsprozess unvermeidlichen Konflikte bezieht beide Partner ein. Es muss im Initial-Training einer Fluggesellschaft unbedingt vermittelt werden, damit alle Kollegen eines Unternehmens über das gleiche Wissen zur Konfliktlösung verfügt.

Noch ein Aspekt: Ist ein Team einmal erfolgreich im Lösen eines Konfliktes, wird es danach wesentlich leichter fallen, den nächsten auszutragen.

7.3.3 Gruppendenken

Genauso wie ein ausgeprägtes Zusammengehörigkeitsgefühl eine Crew zu besonderen Leistungen anspornen kann, kann das Phänomen des Gruppendrucks das Gegenteil bewirken und die Leistung des Teams stark behindern. Das Konzept des Gruppendenkens wurde 1972 durch Janis auf Basis von Analysen politischer Fehlentscheidungen entwickelt. Die zentrale These besagt, dass „Gruppen dann zu fehlerträchtigen Entscheidungen neigen, wenn das Gefühl der Gemeinsamkeit in der Gruppe wichtiger ist, als kritisches Hinterfragen" (Badke-Schaub et al. 2008).

Gruppendenken liegt demnach vor, wenn sich die Mitglieder einer sehr kohäsiven Gruppe eine Meinung gebildet haben, und diese – sei sie noch so falsch und unrealistisch – auch unter starken Gegenargumenten beibehalten. Sie passen sich dabei so stark dem Gruppendruck an, dass sie nicht mehr kritisch denken (Weinert 2004).

Ursache dafür ist, dass sich der Einzelne anders verhält, sobald er nicht mehr allein ist, sondern soziale Beziehungen aufnimmt. Er sucht Bindungen und bildet Koalitionen, um eigene Unsicherheiten besser zu bewältigen und Bestätigungen zu finden. „Das Streben nach Einigkeit unterbindet jede Motivation, an mögliche Alternativen zu denken." (Weinert 2004).

Dies birgt – gerade in sicherheitskritischen Bereichen – Gefahren (in Anlehnung an Badke-Schaub et al. 2008):

- Nicht alle Lösungsmöglichkeiten werden diskutiert. „Fehlerhafte und schlechte Entscheidungen sind das Resultat" (Weinert 2004).
- Unvollständige Berücksichtigung und unvollständige Überprüfung von Handlungsalternativen.
- Selektive Informationsverarbeitung und unzureichende Informationssuche. Nur Informationen, die eine Meinung bestätigen, werden in die Entscheidung mit einbezogen.
- Experteninformationen werden nicht zusätzlich zu den eigenen Informationen eingeholt.
- Fehlende Neubewertung von bereits verworfenen Alternativen. Ein einmal eingeschlagener Kurs gilt als unabänderlich und wird nicht laufend überprüft.

Es existieren acht Symptome von Gruppendenken (nach Weinert 2004):

- Die Gruppe fühlt sich unverwundbar und neigt daher zu Optimismus und hoher Risikobereitschaft.
- Es werden Rationalisierungen konstruiert, um Warnungen oder andere Quellen negativer Informationen abzuwerten.
- Es wird an die Moral der Gruppe geglaubt. Gegensätzliche Ansichten werden als Böse verstanden. Moralische und ethische Konsequenzen des eigenen Handelns werden ignoriert.
- Bildung von stereotypen Wahrnehmungen. Andere Gruppen werden als schlimme Charaktere dargestellt, was vernünftiges Verhandeln zwischen verschiedenen Gruppen erschwert.
- Es gibt moralischen Druck (Peerdruck) auf die Minorität. Fundierte Kritik Andersdenkender wird unterdrückt.
- Minoritäten zensieren sich selbst. Sie spielen innerlich durchaus berechtigte Zweifel herunter.

- Es herrscht eine Illusion der Einstimmigkeit.
- „Denkwächter" haben einen starken Einfluss, indem sie Informationen, die die Selbstzufriedenheit der Gruppe durcheinanderbringen würden, abschotten.

Maßnahmen gegen Gruppendruck

- Jedes Gruppenmitglied ist „Kritiker" und soll alle Zweifel sofort artikulieren.
- Die Führungskraft hält sich mit ihrer eigenen Meinung bewusst zunächst zurück, um die Mitarbeiter nicht zu beeinflussen.
- Auf Symptome von Gruppendruck achten und sie sofort verwerten.

7.3.4 Normativer Einfluss

Dem Gruppendenken verwandt ist der normative Einfluss als Einfluss der Mehrheit oder des Mächtigeren. Eine von der eigenen Überzeugung abweichende Meinung der Mehrheit oder des Mächtigeren setzt beim Beeinflussten einen Vergleichsprozess in Gang, dem das Streben nach einem positiven Selbstwert zugrunde liegt. Dessen Ergebnis ist die oft unkritische Übernahme der fremden Meinung.

Diese Übernahme beruht nicht auf Überzeugung, sondern auf einer Identifikation mit der Mehrheit oder dem Mächtigeren und dem dadurch erzielten positiven Selbstwert. Die Aufmerksamkeit richtet sich auf denjenigen, der die Meinung geäußert hat, ihr Inhalt ist nur am Rande wichtig. Deshalb werden die Meinungen von Vorgesetzten eher akzeptiert als von Mitarbeitern. **Sogar wenn sie erkennbar falsch sind.**

Die gefährliche Wirkung dieses Mechanismus wird in Diktaturen durch ihre Propaganda systematisch genutzt.

In der fliegerischen Praxis ist der häufigste individuelle Fehler der FOs bei Totalverlusten eine nicht erfolgte kritische Überprüfung der Entscheidungen der Kapitäne (NTSB 1994).

Das wird durch die Wirkung des normativen Einflusses des statushöheren Kapitäns verständlich. In seinem unterbewussten Drang zur Identifikation mit dem Kapitän unterdrückt der FO häufig nötige und berechtigte Kritik.

Gerade in zeitkritischen Phasen, wie einem hektischen Take-off oder einem unstabilisierten Anflug, bleibt oft nur wenig Zeit zur kritischen Überlegung. Dies führt dazu, dass der FO zu schnell in diese unbewussten Handlungsschemata verfällt.

Gefährlich wird es besonders, wenn der Kapitän einen lockeren Umgang mit Sicherheitsvorschriften pflegt. Die Fehlerquote steigt, wie zahlreiche Untersuchungen zeigen, dadurch enorm an.

Fatalerweise gilt aber ein lockerer Umgang mit Sicherheitsvorschriften gewöhnlich als Kennzeichen besonderen Expertentums.

Unbewusst werden damit häufig Erfahrung und Souveränität verbunden (Helfrich-Hölter 1996).

Es muss jedem Kapitän klar sein, dass ein laxer Umgang mit Standard Operating Procedures keinesfalls ein Zeichen von bewunderungswürdigem Expertentum ist, sondern in aller Regel von Sorglosigkeit zeugt. Ergo bleibt einem professionellen Kapitän keine andere Wahl, als sich mit großer Konsequenz an die SOPs zu halten.

Welche Lösung bietet sich an? Eine gegen die übliche Hierarchie vorgebrachte Meinung, also „von unten nach oben", z. B. vom FO zum Kapitän, kommt durchaus zum Tragen, aber nur wenn sie klar geäußert und durchgängig vertreten wird.

Was können Kapitäne tun? Es muss jedem Kapitän klar sein, dass seine Cockpit-Mitarbeiter dem Dilemma des normativen Einflusses unterliegen. Daher muss der Kapitän eine Arbeitsatmosphäre schaffen, die seine Crew ermutigt Kritik zu geben, wann immer sie diese für angebracht halten. Er muss schon im Briefing aktiv zur Kritik einladen. Dadurch kann der Kapitän ein frühes Zeichen setzen und seine Offenheit bekunden. Briefings nach dem Muster „Wir machen alles Standard" reichen dazu nicht.

Weiterhin soll der Kapitän seinen Mitarbeitern durch offenes Mitteilen von belastungseinschränkenden Faktoren, das Ansprechen der eigenen Fehler und ein „Dankeschön" für jeden Einwand und Callout deren Kritik fördern.

Was können speziell Copiloten tun? Eine abweichende Meinung muss klar geäußert und durchgängig vertreten werden. Ein konsequentes Einhalten der SOPs mit ihren Callouts ist dazu unverzichtbar.

7.4   Führungsstile

Erfolgreiche und effiziente Führung basiert immer auch auf einem bestimmten Führungsstil. Darunter ist „ein sich innerhalb von Bandbreiten und Führungskontexten, typisiertes und wiederkehrendes Führungsverhalten" zu verstehen (Wunderer 2007).

Unter Effizienz versteht man das Ausmaß, in dem eine Führungskraft die vereinbarten Ergebnisse erreicht. Eine Führungskraft ist nicht effizient, wenn sie nur effizient erscheint oder nur persönliche Ziele erreichen will. Vielmehr ergibt sich die Effizienz aus dem richtigen Erfassen einer spezifischen Führungssituation und deren gezielter Beeinflussung.

Jeder Mitarbeiter und jede Führungskraft unterscheidet sich in seinem Verhalten. Die einzelnen Führungsstile gehen auf diese Verhaltensunterschiede ein.

Die Stilbandbreite einer Führungskraft stellt die Fähigkeit dar, Führungsverhalten zu ändern. Eine große Stilbandbreite ist wünschenswert. Sie befähigt eine Füh-

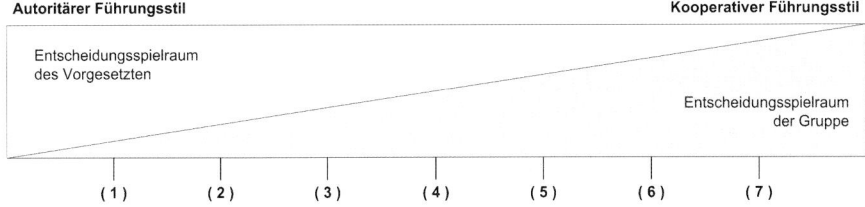

Abb. 7.3 Eindimensionaler Führungsstil

rungskraft mit verschiedenen Situationen fertig zu werden und damit effizienter zu führen. Nachfolgend werden die bekanntesten dimensionalen Ansätze und ihre Führungsstile kurz dargestellt.

7.4.1   Eindimensionaler Führungsstil

Beim eindimensionalen Führungsstil (s. Abb. 7.3) wird lediglich nach dem Grad der Autorität unterschieden (Wunderer 2007).

1. Vorgesetzter praktiziert den autoritären Stil
2. Vorgesetzter entscheidet abgeschwächt autoritär
3. Vorgesetzter fällt die Entscheidung, fragt aber seine Mitarbeiter nach ihrer Meinung.
4. Vorgesetzter fällt vorläufige Entscheidung, gestattet aber Änderungen.
5. Vorgesetzter bittet Mitarbeiter um Vorschläge, entscheidet dann aber allein.
6. Vorgesetzter legt Entscheidungsspielraum fest, in dem Gruppe entscheidet.
7. Gruppe entscheidet im Spielraum der höheren Instanz (Vor-Vorgesetzter).

7.4.2   Zweidimensionaler Führungsstil

Bei dem sogenannten zweidimensionalen Ansatz nach Blake und Mouton (1980) aus dem Jahre 1964 (Weinert 2004) werden zwei Verhaltensdimensionen betrachtet. Die Darstellung erfolgt in einem Verhaltensgitter (*Managerial Grid*), wobei die vertikale Achse das personenorientierte und die horizontale Achse das aufgabenorientierte Führungsverhalten abbildet. Dadurch ergeben sich fünf Extremstile (s. Abb. 7.4).

Ein weiterer zweidimensionaler Ansatz ist die **reifebezogene Konzeption** nach Hersey und Blanchard (1977). Sie knüpft unmittelbar an das Konzept des *Managerial Grid* an und berücksichtigt als weiteren Faktor die Reife der Mitarbeiter in einer spezifischen Situation (s. Abb. 7.5). Dabei werden vier Reifegrade unterschieden (Göters et al. 1994), wobei man unter Reifegrad „die Fähigkeit und Bereitwilligkeit der Geführten, Verantwortung zu übernehmen, um ihr eigenes Verhalten zu steuern"

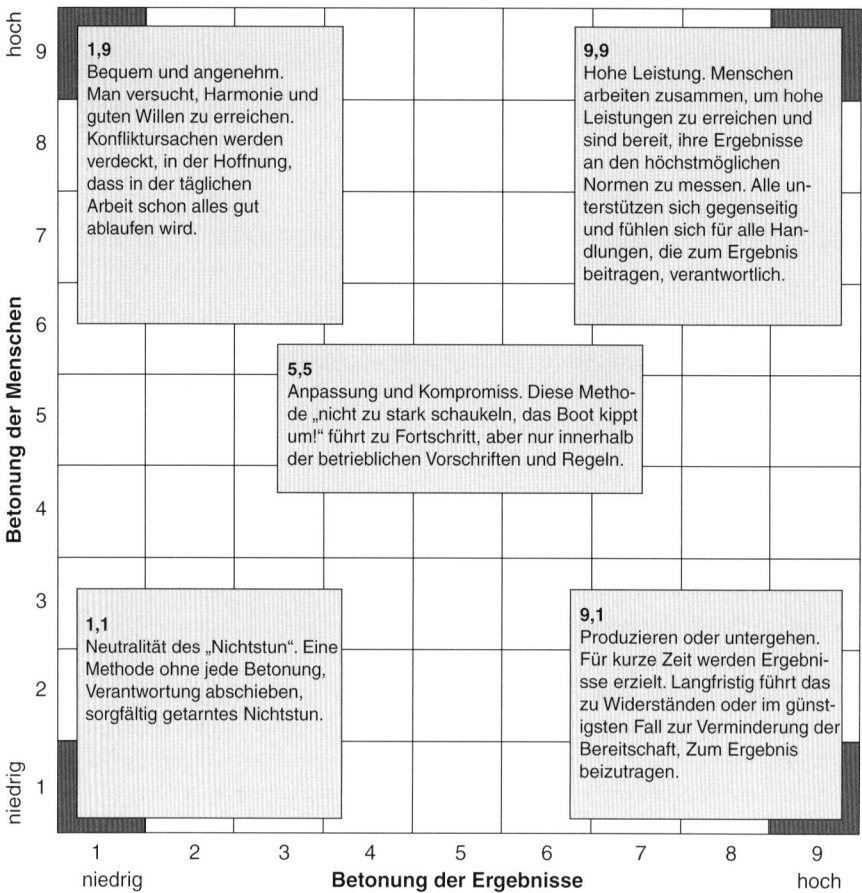

Abb. 7.4 Managerial Grid

(Weinert 2004) versteht. „Es ist der gegenwärtige Stand an vorhandener Kompetenz und an Verbundenheit mit der Arbeit" (Weinert 2004).

- geringe Reife (Motivation, Wissen und Fähigkeiten fehlen).
- geringe bis mäßige Reife (Motivation, aber mangelnde Fähigkeiten)
- mäßige bis hohe Reife (Fähigkeiten, aber mangelnde Motivation)
- hohe Reife (Motivation, Wissen und Fähigkeiten vorhanden).

Das Niveau des Reifegrades wird von den drei Kriterien *Leistungsmotivation, Bereitschaft, Verantwortung zu übernehmen*, sowie *Ausbildung und/oder Erfahrung* bestimmt (Weinert 2004).

Die „Kunst" ist es nun, als Kapitän, den Entwicklungsgrad der Reife oder Bereitschaft der Crew richtig einzuschätzen oder intuitiv zu erfassen, um den passenden Führungsstil zu benutzen.

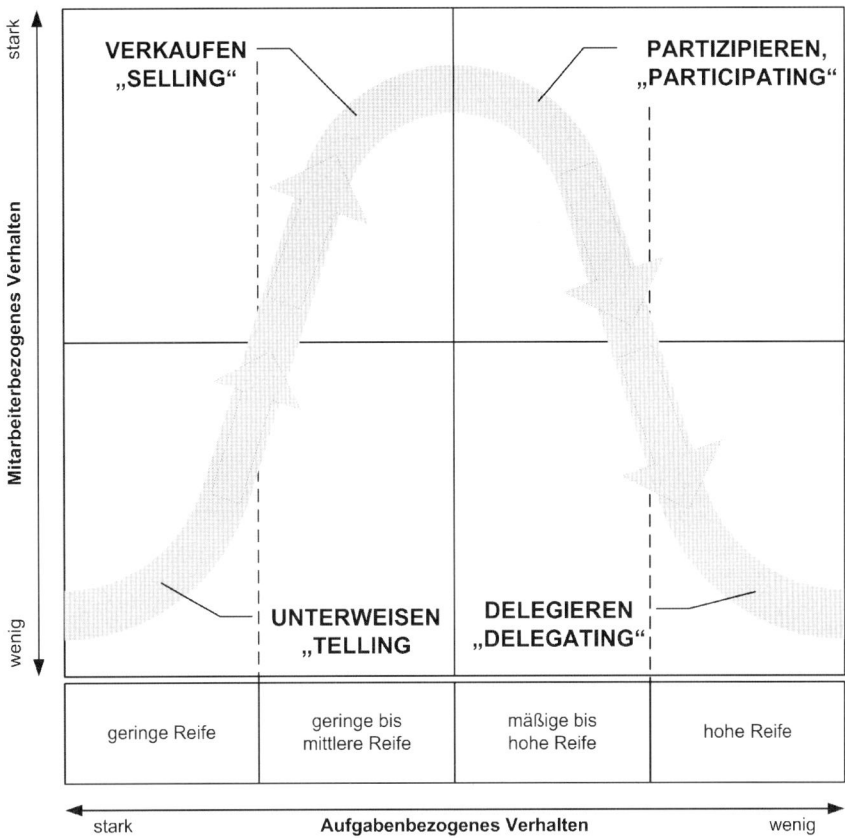

Abb. 7.5 Reifegradmodell

Gerade für die Führungsarbeit im Cockpit ist die Einbeziehung des Reifegrads bzw. der Kompetenz ein wichtiger Punkt. Es ist ein großer Unterschied, ob man mit einem neuen und unerfahrenen Copiloten zusammenarbeitet, oder ob der Kollege bereits über langjährige Flugerfahrung verfügt und möglicherweise gar selbst kurz vor der Beförderung steht.

7.4.3   Dreidimensionale Führungsstile

Der dreidimensionale Ansatz (Reddin 1981) beinhaltet als dritte Dimension die **Effektivität** des Führungsstils. Dabei wird zwischen vier Grundstilen der Führung unterschieden. Alle vier Grundstile zeichnen sich durch mehr oder weniger Effektivität aus (s. Abb. 7.6). Daraus ergeben der *Beziehungsstil, Verfahrensstil, Integrationsstil* und *Aufgabenstil* (Rosenstiel 2007).

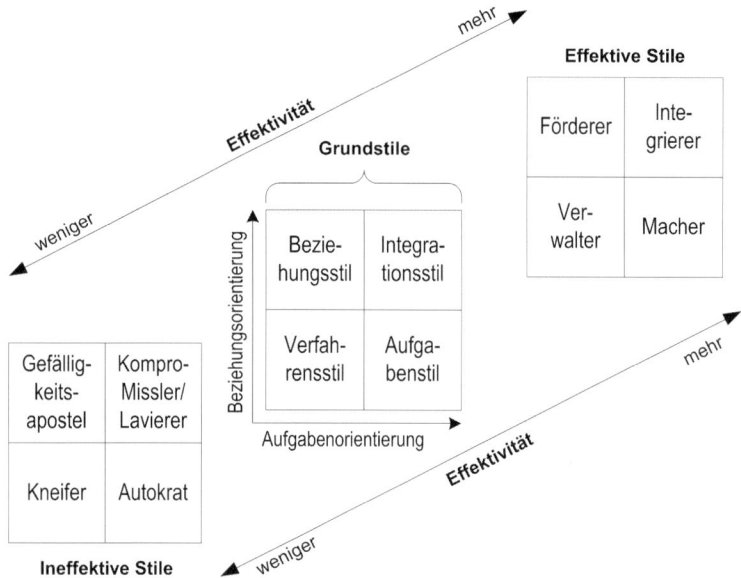

Abb. 7.6 3D-Konzeption

Der **Beziehungsstil** legt Wert auf gute zwischenmenschliche Beziehungen.

Effektiv	Ineffektiv
Der Förderer sieht in der Mitarbeiterentwicklung keinen Selbstzweck und delegiert weitestgehend	Der Gefälligkeitsapostel vernachlässigt seine Mitarbeiter.

Der **Verfahrensstil** vertraut in erster Linie auf Verfahren

Effektiv	Ineffektiv
Der Verwalter verkörpert den Bürokraten.	Der Kneifer besteht auf die Einhaltung von Regeln und Vorschriften.

Der **Integrationsstil** strebt nach einer Balance zwischen der Personen- und Aufgabenorientierung.

Effektiv	Ineffektiv
Der Integrierer motiviert und fördert seine Mitarbeiter.	Der Kompromissler ist entscheidungsscheu und meidet die Konfrontation.

Der **Aufgabenstil** stellt die Leistungsorientierung in den Vordergrund.

Effektiv	Ineffektiv
Der Macher überzeugt durch Expertenwissen.	Der Autokrat überfordert seine Mitarbeiter.

7.5   Sicherheitsrelevante Verhaltensweisen im Arbeitsalltag

Die meisten in diesem Abschnitt genannten Verhaltensweisen sind das Ergebnis von Unfallanalysen. Sind die Quellen nicht per Fußnote gesondert genannt, kommen sie aus einer Studie von Prof. Helmreich von der NASA/University of Texas (Helmreich et al. 1995). In ihr sind die konkreten Jet-Unfälle aufgelistet, auf denen diese Verhaltensweisen basieren, und mit deren Anwendung diese Unfälle vermieden worden wären.

Dieses erwünschte sichere Verhalten wird im folgenden Text *kursiv* gedruckt.

7.5.1   Der erste Eindruck

Innerhalb der ersten Sekunden, in denen wir einen Menschen sehen, taxieren wir ihn unbewusst. Das Äußere eines Menschen, sein Verhalten und unsere individuellen Vorerfahrungen mit ähnlichen Menschen beeinflussen uns. Wir machen uns u. a. ein Bild über Sympathie oder Antipathie, Seriosität oder Lässigkeit.

Eine lässig getragene Uniform, ein oberflächliches „Guten Tag", übertriebene Förmlichkeit, die Körperhaltung, Künstlichkeit, zu lautes oder zu leises Sprechen stellen einen schnell in ein eventuell falsches schlechtes Licht.

Piloten bemühen sich aktiv um einen authentischen ersten Eindruck (Göters et al. 1994).

7.5.2   Das erste Gespräch

Im ersten Gespräch – häufig der ersten Flugvorbereitung – wird die Grundlage für die weitere Zusammenarbeit gelegt.

Der Wunsch und Wille zur Zusammenarbeit im Team wird aufgebaut und später gepflegt.

Es wird aufmerksam und geduldig zugehört.

Es wird nicht unterbrochen.

Es wird keine unangemessene Eile verbreitet.

Es wird, wo sinnvoll, Augenkontakt gehalten.

Das Gespräch findet nicht nur auf der Sachebene statt.

7.5.3   Briefings

Briefings finden innerhalb der Cockpit-Crew und auch der gesamten Flugzeugbe-
satzung vor und während des Fluges immer wieder statt. Im weitesten Sinne sind
sogar informierende Passagieransagen Briefings.

*Generell werden Briefings operationell angemessen, z. B. nicht übertrieben formell
gehalten.*

Sie sind interessant gestaltet, interaktiv, ruhig und enthalten keine häufig wiederkehrenden Plattitüden („Wir machen alles Standard." „ Kommunikation ist mir
wichtig." etc.).

*Potenzielle Probleme und Unklarheiten werden möglichst vorher erörtert und ge-
klärt.*

Abweichungen von der Normal Operation werden vorher geklärt.

*Die Crew bereitet sich auf besondere fachliche Situationen vor (z. B. ungewöhn-
liches Wetter, Besonderheiten im Anflug etc.).*

7.5.4   Standard Operating Procedures

*Alle Mitglieder der Crew sorgen aktiv für die Einhaltung der SOPs (JAR-TEL
1999).*

Bei Abweichungen von SOPs wird interveniert.

7.5.5   Aktives Bemühen um Teamarbeit

Vertrauen und Verlässlichkeit müssen geschaffen werden. Sie ergeben sich nicht
automatisch.

*Das Gruppenklima passt zur Flugphase. Außerhalb der kritischen Flugphasen fin-
det unter Einhaltung des „Sterile Cockpit Concept" Konversation statt.*

Unterstützung wird eingefordert.

Unterstützung wird von selbst angeboten.

Es wird motiviert, z. B. gelobt.

Mitarbeiter werden wo nötig sofort und bereitwillig informiert (Göters et al. 1994).

Es wird zu Fragen und Kritik ermuntert.

7.5.6 Advocacy

Hiermit ist das angemessene und aktive Vertreten des eigenen Standpunktes gemeint. Besonders junge oder unerfahrene Kollegen haben damit natürlicherweise immer wieder Probleme. Rhetorische Überlegenheit bedeutet nicht Recht zu haben.

Der eigene Standpunkt wird auch auf Kosten eines eventuellen Konfliktes vertreten.

Eine Meinung sollte begründet werden, damit die Kollegen sie nachvollziehen können.

Der Kapitän sorgt immer aktiv dafür, dass jede Meinung sachlich auf ihren Inhalt überprüft wird.

Nichts wird auf die „leichte Schulter" genommen, keine Hinweise und Meinungen werden ignoriert.

Niemand wird lächerlich gemacht.

Der Kapitän erzeugt keine Angstzustände – auch nicht unbewusst – oder duldet gar unterwürfiges Verhalten seiner Mitarbeiter (Lufthansa 1999).

Der Kapitän bedankt sich für Kritik (und abweichende Meinungen) und motiviert damit die nächste Nachricht.

Auch bei schlechtem Gruppenklima wird offen kommuniziert und keinesfalls gegeneinander gearbeitet.

7.5.7 Assertiveness

Eng mit Advocacy ist der Begriff Assertiveness verwandt. Hiermit ist die Bestimmtheit des Auftretens gemeint.

Es wird mit angemessener Deutlichkeit und Lautstärke ohne Zeitverzögerung nachgefragt, die eigene Erkenntnis und Meinung mitgeteilt (Hackman 1993).

Auch hier muss der Kapitän damit rechnen, dass vor allem unerfahrene Kollegen nur schwach verständliche, schüchterne oder sogar nonverbale Zeichen von sich geben.

Dementsprechend muss er auch diese Zeichen unbedingt ernst nehmen, nachfragen und sie unabhängig von ihrer wenig überzeugenden Form vorbehaltlos auf ihren Sachgehalt prüfen.

7.5.8 Optimales Hierarchiegefälle

Über das optimale Hierarchiegefälle wurde bereits im Kapitel Kommunikation ausführlich gesprochen.

Der Kapitän passt seine Dominanz aktiv an die anderen (Cockpit-) Kollegen an.

Es wird eine angemessene Balance zwischen Autorität und Zusammenarbeit gehalten.

Kann der Kapitän nicht dominant genug auftreten oder diese Balance halten, nehmen sich die anderen Crewmitglieder zurück.

Die Führungsrolle des Kapitäns wird nicht – offen oder verdeckt – in Frage gestellt.

7.5.9 Setzen von Prioritäten

Fliegerisch zweitrangige Dinge werden zum angemessenen Zeitpunkt erledigt oder vorgezogen, z. B. Passagierbelange, Verpflegungspausen, Kommunikation mit der Fluggesellschaft etc.

Das Flight Management System (FMS) wird – wenn hinderlich – ausgeschaltet oder der Automatisierungsgrad zurückgefahren.

Zur Bedienung des FMS wird in fliegerisch kritischen Phasen nur Kapazität gebunden, wenn es zur Erfüllung der fliegerischen Aufgabe nötig ist.

Sich abzeichnende Probleme werden so schnell wie möglich benannt (Göters et al. 1994).

7.5.10 Feedback

Positives und negatives Feedback wird zur passenden Zeit und in angemessener Form gegeben.

Feedback ist spezifisch, objektiv, fußt auf beobachtetem Verhalten und ist konstruktiv.

Feedback wird bereitwillig und nicht defensiv angenommen.

Kritik wird unter vier Augen gegeben. Niemand wird vor anderen bloßgestellt (Condor Izmir Unfall 1988).

Callouts werden nicht als Kritik empfunden (und gegeben).

7.5.11   Fachliche Konflikte

Konflikte werden auf der Sachebene ausgetragen.

Fehler werden eingestanden.

Alle Beteiligte bemühen sich aktiv um die Lösung von Konflikten.

7.5.12   Soziales Klima

Ärger über Kollegen im Cockpit ist ein Alarmsignal und vermindert die gegenseitige Redundanz erheblich (Lufthansa 1999). Ebenso wird sie durch eine zu lockere Atmosphäre vermindert.

Störungen im Gruppenklima oder gar persönliche Animositäten müssen so früh wie möglich angesprochen werden („Ich fühle mich in unserer Zusammenarbeit nicht wohl", „Ich habe das Gefühl, es existieren unausgesprochene Probleme").

Ein schlechtes Arbeitsklima wird nicht akzeptiert.

Erkannte Abneigung führt zu einer bewussten Hinwendung.

Die optimale Arbeitsatmosphäre wird aktiv gesteuert, z. B. durch die Einhaltung des „Sterile Cockpit Concepts" am Boden und unter 10.000 ft, und durch persönliche Zuwendung und Small Talk außerhalb dieser Phasen.

7.5.13   Stress

Besatzungsmitglieder sollen Stress bei sich und den Kollegen erkennen.

Eigene Stress- oder Überlastungszustände werden sofort den anderen Kollegen mitgeteilt („Ich bin noch nicht so weit." „Kannst du übernehmen?" „Jetzt geht es mir zu schnell.").

7.5.14   Einzelkämpfertum

Nicht gemeinsam abgesprochenes und koordiniertes Verhalten, also ein Alleingang eines Piloten (meist des Kapitäns), stellt ein Problem dar. Dies geschieht in der Praxis meist nicht aus „bösem Willen", sondern in zeitkritischen Situationen in bester Absicht für die Operation des Flugzeuges.

Im Flugzeug niemals Hektik und Eile tolerieren.

Eigene Handlungen werden kommentiert, Absichten und Pläne erläutert (Göters et al. 1994).

7.5.15   Redundanz

Hat nur ein Pilot etwas, z. B. eine ATC-Freigabe, verstanden, wird immer veri-fiziert.

Es wird sichergestellt, dass sich immer ein Pilot um die Flugführung kümmert.

Ablenkungen werden vermieden.

Gleichzeitige Tätigkeiten aller Piloten (Karten sortieren, Suche nach Sicherungen etc.) werden vermieden.

Literatur

Badke-Schaub P, Lorei C (2003) Führung und Entscheidung. In: Strohschneider S (Hrsg) Ent-scheiden in kritischen Situationen. Verlag für Polizeiwissenschaft, Frankfurt a. M.

Badke-Schaub P, Hofinger G, Lauche K (2008) Human Factors. Psychologie sicheren Handelns in Risikobranchen. Springer, Heidelberg

Becker H, Hugo-Becker A (1995) Psychologisches Konfliktmanagement. Menschenkenntnis, Konfliktfähigkeit, Kooperation. 2. völlig überarb. u. erw. Aufl. Beck Wirtschaftsberater im dtv-Verlag, München

Blake R, Mouton J (1980) Verhaltenspsychologie im Betrieb. Düsseldorf Wien

Condor Izmir Unfall (1988) interne Veröffentlichung, Deutsche Lufthansa AG, Abt. FRA CF

Dahrendorf R (1962) Gesellschaft und Freiheit. Zur soziologischen Analyse der Gegenwart. Piper Verlag, München

Foushee HC (1982) The role of communications, socio-psychological and personality factors in the maintenance of crew coordination. Aviation Space Environ Med 53(11):1062–1066

Goleman D (2001) Emotionale Intelligenz. Deutscher Taschenbuch Verlag, München

Göters KM, Eißfeld H, Hörmann HJ, Maschke P, Schiewe A (1994) Effektives Arbeiten im Team: Crew Resource Management für Piloten und Fluglotsen. Mitteilung 94-09. Eigenverlag des Deutschen Zentrum für Luft- und Raumfahrt (DLR), Hamburg

Hackman JR (1987) Group-level issues: the design and training of cockpit crews. In: Orlady HW, Foushee HC (Hrsg) Cockpit ressource management training, NASA Conference Publishing, pp 23–39

Hackman JR (1993) Teams, leaders, and organizations: New directions for crew-oriented flight training. In: Wiener EL, Kanki BG, Helmreich HL (Hrsg) Cockpit Ressource Management. Academic Press., Orlando, pp 47–69

Helfrich-Hölter H (1996) Menschliche Zuverlässigkeit aus sozialpsychologischer Sicht. Z Psychol 204:75–96

Helmreich R et al (1995) Behavioural markers in accidents and incidents. NASA/University of Texas, Houston

Hersey P, Blanchard KH (1977) Management of organizational behaviour. Utilizing human resour-ces. Prentice-Hall, Englewood Cliff

JAR-TEL (1999) European Commission DG TREN, JAR TEL/WP7/D9_07

Kichler E (Hrsg) (2008) Arbeits- und Organisationspsychologie. 2. korr. Aufl. Facultas Verlags-und Buchhandels AG, Wien

Lufthansa (1999) Cockpit safety survey. Abt. FRA CF, Frankfurt a. M.

Müller M (2000) Cockpitumfrage Teil IV. CF-Info Nr. 4/2000 der Deutschen Lufthansa AG. Inter-ne Veröffentlichung, Frankfurt a. M.

NTSB, National Transportation and Safety Board (1994) Safety Study NTSB/SS-94/01. Washing-ton DC, USA

Reddin WJ (1981) Das 3-D-Programm zur Leistungssteigerung des Managements. Verlag Moderne Industrie, Landsberg am Lech

Rosenstiel Lv (2007) Grundlage der Organisationspsychologie. 6. überarb. Aufl. Schäfer-Poeschel Verlag, Stuttgart

Steininger K (2003) Führung und Zusammenarbeit im Flugbetrieb. Crew Resource Management für Berufs- und Verkehrsflugzeugführer nach JAR-OPS 1.934. Books on Demand, Hamburg

Ströbe R (2006) Grundlagen der Führung: mit Führungsmodellen. 12. überarb. Aufl. Windmühle Verlag, Hamburg

Watzlawick P (1983) Anleitung zum Unglücklichsein. Piper-Verlag, München

Weinert AB (2004) Organisations- und Personalpsychologie. 5. vollständig überarb. Aufl. Beltz Verlag, Basel

Wottawa H, Gluminski I (1995) Psychologische Theorien für Unternehmen. Verlag für angewandte Psychologie, Göttingen

Wunderer R (2007) Führung und Zusammenarbeit: eine unternehmerische Führungslehre. 7. überarb. Aufl. Luchterhand, Köln

Kapitel 8
Ermüdungs- und Wachsamkeitsmanagement

Hans-Joachim Ebermann und Maria-Pascaline Murtha

8.1 Einleitung

1994 wurde erstmals Ermüdung (Fatigue) durch die amerikanische Unfalluntersuchungsbehörde NTSB (National Transportation Safety Board) offiziell als Hauptursache für einen Unfall in der Luftfahrt erklärt. Seitdem wird Müdigkeit bei der Untersuchung von Unfällen systematisch abgefragt.

Mit den ständigen Schichtwechseln und überlangen Dienstzeiten in einer Branche, die rund um die Uhr arbeitet, besteht heute mittlerweile für fast alle Piloten, ob sie Kurz-, Mittel- oder Langstrecke fliegen, die Herausforderung mit Ermüdung umzugehen. Ferner hat durch den Wettbewerbsdruck die Anzahl der Flüge pro Jahr und Pilot deutlich zugenommen.

Der Mensch ist in der Luftfahrt die einzige Komponente, die nicht dafür entwickelt wurde, rund um die Uhr zu funktionieren.

Vor diesem Hintergrund wurde das VC/DLR Alertness Management Training eingeführt. Dies gab den Anstoß, in diesem Kapitel die wichtigsten Fakten rund um den Schlaf zu definieren und darzustellen. Danach werden die Zusammenhänge zwischen Schlaf, Ermüdung und Leistung beschrieben. Abschließend wird versucht, Wege zu zeigen, damit möglichst sicher umzugehen.

Wir beschränken uns im Folgenden auf die Belange der Flight Crews und sparen Konsequenzen und Forderungen für die Organisation der Flugbetriebe (Roster-Design, Minimum-Ruhezeiten, Crew-Hotel Kriterien usw.) bewusst aus, um den Rahmen nicht zu sprengen.

H.-J. Ebermann (✉) · M.-P. Murtha
Vereinigung Cockpit e. V., Main Airport Center,
Unterschweinstiege 10, 60549 Frankfurt, Deutschland
E-Mail: vc.ebermann@onlinehome.de

M.-P. Murtha
E-Mail: mp.murtha@yahoo.com

J. Scheiderer, H.-J. Ebermann, *Human Factors im Cockpit,*
DOI 10.1007/978-3-642-15167-5_8, © Springer-Verlag Berlin Heidelberg 2011

8.2   Definitionen

8.2.1   Innere Uhr, zirkadianer Rhythmus und Jetlag

Unsere innere Uhr regelt viele unserer körperlichen Funktionen und wird vom Suprachiasmatischen Nucleus im Gehirn gesteuert. So wird unser Hormonhaushalt, unsere Verdauung und unsere Körpertemperatur von ihr synchronisiert.

Dadurch entsteht einer der wichtigsten Zyklen unseres Körpers: der zirkadiane Rhythmus (von lateinisch: circa=um … herum, dies=Tag). Im Durchschnitt beträgt dieser bei Menschen 24–25 h. Der wichtigste Einflussfaktor auf diesen Rhythmus sind Licht und Dunkelheit. Weitere Zeitgeber, die auch einen weniger großen Einfluss auf die Funktionsweisen und Rhythmen des Körpers haben, sind Mahlzeiten und soziale und physische Aktivitäten (Hawkins 2002).

Es gibt eine Zeitphase, die man als zirkadianes Tief bezeichnet. Sie liegt zwischen 3 und 5 Uhr. Dann ist der Körper auf Schlaf eingerichtet. Bei den meisten Menschen ist dann eine deutlich verminderte Leistungsfähigkeit erkennbar. Anspruchsvolle Aufgaben sollte man nicht in diese Zeiträume legen.

Das Hormon Melatonin ist für die Müdigkeit von großer Bedeutung, denn es steuert den Tag-Nacht-Rhythmus des menschlichen Körpers. Dieses Hormon wird im wiederkehrenden 24-Stunden-Rhythmus (je nach Person variiert dieser Zeitzyklus etwas) ausgeschieden und beeinflusst unseren Schlaf.

Im Zusammenhang mit der inneren Uhr steht der Jetlag. Dieser resultiert aus der Desynchronisation des Tag-/Nacht-Rhythmus durch das Durchfliegen von verschiedenen Zeitzonen. Er wird durch die Störung des körpereigenen, individuell unterschiedlichen Hell-/Dunkel-Zyklus von Tag und Nacht hervorgerufen. Seine Symptome sind physische und psychische Faktoren, wie z. B. verkürzter, unruhiger Schlaf, vorzeitiges Aufwachen, Schläfrigkeit und reduzierte Leistungsbereitschaft. Diese Symptome beeinflussen die Schlafqualität und -quantität des Einzelnen, welche sich wiederum auf die Müdigkeit auswirken.

Grundsätzlich ist es einfacher, unsere Schlaf- und Wachzeiten nach hinten zu verschieben, d. h. den Tag zu verlängern, statt zu verkürzen. Aus diesem Grund passt sich eine Crew auf Westbound-Flügen meistens besser an die lokale Zeit am Zielort an, als bei Eastbound-Flügen (Samel et al. 1997).

Es gibt einige Faktoren, die einen wesentlichen Einfluss auf die Ausprägung des Jetlags haben: Die Zielrichtung (Ost oder West) und die physische Verfassung des Reisenden.

Als Daumenregel gilt: Ohne gezieltes Management braucht der Mensch im Durchschnitt einen Tag pro Zeitzone, die er durchfliegt, um sich vom Jetlag zu erholen (Strauss 2009).

Beim Reisen über 1–3 Zeitzonen beginnen bereits körperliche Auswirkungen. Nicht umsonst steigt die Unfallrate im Straßenverkehr am Tag des Sommerzeitbeginns (die Nacht wird um eine Stunde verkürzt) an (Rosekind et al. 1994).

8.2.2   Ermüdung

> Ermüdung ist ein Zustand reduzierter mentaler oder physiologischer Arbeitsfähigkeit, der aus Schlafentzug, überlanger Wachheit und/oder körperlicher Aktivität entsteht. Sie kann die Wachsamkeit eines Flight Crew Members und seine Fähigkeit, das Flugzeug sicher zu operieren oder sicherheitsrelevante Arbeiten auszuführen, einschränken (EASA).

Es geht hier um Müdigkeit, Übermüdung, Erschöpfung oder Ermattung. Gründe dafür können darin liegen, dass die Person nicht genügend Schlaf bekommt; sowohl qualitativ, als auch quantitativ. Außerdem kann sie das Resultat eines gestörten biologischen Rhythmus (aufgrund von Arbeitszeiten entgegen des zirkadianen Rhythmus) sein, einer physisch oder psychisch anspruchsvollen Aufgabe oder Langeweile bzw. Monotonie.

8.2.3   Schlafdruck (Sleepiness)

Schlafdruck äußert sich dadurch, dass man große Mühe hat wach zu bleiben und eine sehr große Einschlafneigung zeigt. Der Schlafdruck kann durch physische Aktivität oder Koffein verringert werden. Ganz ausgeglichen werden kann er nur durch Schlaf.

Dabei ist gefährlich, dass man seine Fähigkeiten und Leistungen weitaus besser einschätzt, als sie physiologisch nachgewiesen sind (Rosekind et al. 1994).

8.3   Schlaf

Schlaf ist ein physiologisches Bedürfnis des Menschen, welches überlebenswichtig für die physische und psychische Regenerierung des Körpers ist. Tierversuche haben ergeben, dass permanenter Schlafentzug den Tod zur Folge hat. Der Schlaf besteht nicht aus einer einzigen Schlafphase, sondern ist unterteilt in verschiedene Stadien. Je nach wissenschaftlicher Überzeugung spricht man von 2 bzw. 3 Stadien (s. Abb. 8.1): Wachphase, REM (Rapid Eye Movement)-Schlaf und dem NREM (Non Rapid Eye Movement)-Schlaf.

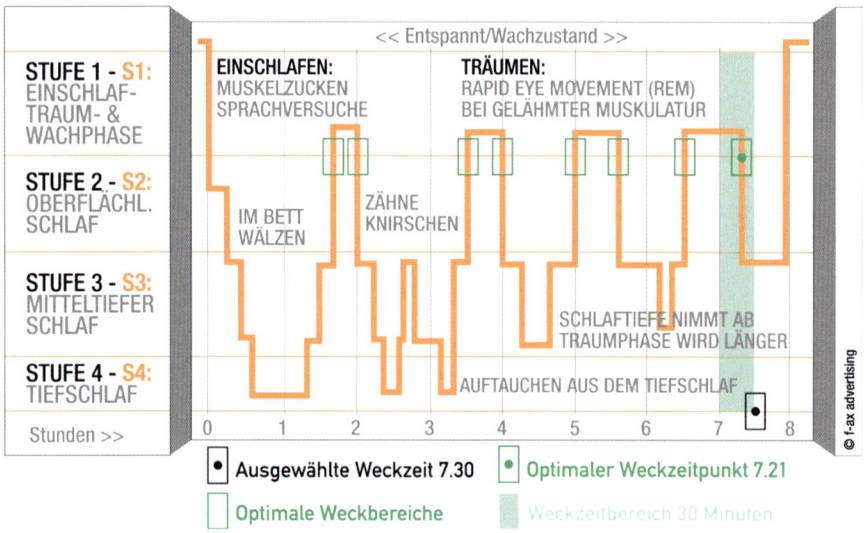

Abb. 8.1 Schlafphasen. (© f-ax advertising)

8.3.1 Schlafphasen

Der NREM-Schlaf zeichnet sich durch wenig und verlangsamte physische und psychische Aktivität aus. Atmung, Herzschlag und Aktivität des Gehirns verringern sich. Es ist eine Phase, in der der Mensch nicht träumt und die zur physischen Erholung nötig ist. Der NREM-Schlaf unterteilt sich in 4 Stufen: Stufe 1 bezeichnet die Einschlafphase, Stufe 3 und 4 die Tiefschlafphase (VC/DLR Alertness Management 2008).

Wird eine Person in Phase 1 geweckt, so wird sich diese relativ schnell in die momentane Situation einfinden können. Befindet sie sich jedoch gerade in Schlafphase 3 oder 4, so kann es mehr als 15 min dauern, bis sie die volle Leistungsfähigkeit gefunden hat und aus der sogenannten Schlafträgheit (Sleep Inertia) erwacht ist.

Der REM-Schlaf wird auch Traumschlaf genannt. Er zeichnet sich durch die Aktivierung verschiedener Hirnareale aus und dient dem Menschen – vereinfacht gesagt – zur mentalen Erholung. Das Gehirn ist dabei so wach wie im Moment des Lesens dieser Zeilen.

Die REM und NREM Schlafperioden wechseln sich bei einem Erwachsenen in einem Rhythmus von etwa 90 min ab: Auf 60 min NREM folgen etwas weniger als 30 min REM-Schlaf (Rosekind et al. 1994).

8.3.2 Schlafqualität und -quantität

Nicht nur die Quantität des Schlafes ist ausschlaggebend, sondern auch die Qualität. Das bedeutet, dass Faktoren wie Ruhe und Dauer der REM- und NREM-Phasen einen erheblichen Einfluss auf unsere Schlafqualität haben (Hawkins 2002).

Ein weiterer Aspekt, der im Zusammenhang mit der Schlafqualität nennenswert ist, betrifft vor allem männliche Piloten im Alter ab 50 Jahren. Sie schlafen laut einer NASA Studie (Gander et al. 1989) während eines Umlaufs deutlich weniger als ihre 20- bis 30-jährigen Kollegen. Das hängt mit dem natürlichen Schlafprozess zusammen, der sich von der Geburt bis ins Alter verändert. Generell wird ab dem genannten Alter der Schlaf gestörter und weniger tief. Bei gleichbleibendem Schlafbedarf nimmt die Schlafdauer ab. Dies kann für die betroffenen Piloten schwerwiegende Konsequenzen im operationellen Bereich mit sich bringen.

Das Schlafbedürfnis jedes Einzelnen ist unterschiedlich und richtet sich nach verschiedenen Kriterien. Die natürliche Schlafdauer beträgt im Mittel 8,5 h. Individuelle Variationen sind genetisch determiniert. Vor etwa 100 Jahren betrug diese fast eine Stunde mehr als heute. Unsere Lebensweise, sowie der Einfluss von künstlichem Licht haben erheblich zu dieser Veränderung beigetragen.

8.3.3 Schlafhygiene

Als Schlafhygiene bezeichnet man schlaffördernde Lebensgewohnheiten und Verhaltensweisen. Dies sind z. B. entspannende Aktivitäten und leichte Mahlzeiten vor dem „ins Bett gehen", sowie eine angenehme Schlafumgebung.

Es gibt einige Strategien, die zur Förderung der Schlafhygiene angewendet werden können (VC/DLR Alertness Management 2008):

Vor dem zu Bett gehen:

- Dunkelheit, Ruhe und angenehme Raumtemperatur sicherstellen.
- Koffeinhaltige Getränke, Alkohol und schwere Mahlzeiten vermeiden.
- Nicht hungrig zu Bett gehen.
- Anstrengende geistige oder körperliche Aktivitäten vermeiden.
- Keine aufwühlenden Fernsehsendungen ansehen.
- Nicht „lange" vor dem Fernseher schlafen und dann erst ins Bett gehen.
- Sport – etwa zwei–drei Stunden vor dem schlafen gehen – kann helfen, besser zu schlafen. Danach wirkt er zunächst einschlafverhindernd.
- Persönliches Einschlafritual, wie z. B. Buch lesen, Musik hören und ähnliches entwickeln.

8.3.4   Schlafstörungen

Oftmals gibt es verschiedene Gründe für unerholsamen Schlaf. Solche Schlafstörungen können von außen beeinflusst sein, z. B. durch das persönliche Umfeld, oder medizinische Ursachen haben, wie Schlafapnoe und Insomnie.

Schlafapnoe Der Schlaf ist begleitet von Atemstillständen (Apnoen) mit einer Dauer von wenigen Sekunden (manchmal sogar bis zu 90 s). Die Atemstillstände führen zu einer Sauerstoffunterversorgung und damit zum kurzen Aufwachen. Daran erinnert man sich allerdings morgens nicht mehr.

Die Struktur aus Schlaftiefe und Schlafphasen ist gestört.

Die Folgen sind ausgeprägte Tagesmüdigkeit und häufiger Sekundenschlaf.

Risikofaktoren für Schlafapnoen sind Übergewicht und Alkohol.

Insomnie Unter Insomnie versteht man Ein- oder Durchschlafstörungen oder einen unerholsamen Schlaf. Die Folgen sind Konzentrationsstörungen und erhöhte Tagesmüdigkeit.

Risikofaktoren sind psychische Erkrankungen, wie z. B. Depressionen.

Gründe für schlechten Schlaf bei Gesunden

- geistige Anspannung bzw. nicht abschalten können durch persönliche Probleme, Grübeleien, Dystress
- körperliche Anspannung und Unruhe
- unregelmäßige Schlafzeiten durch Flugdienst
- ungünstige Schlafumgebung (z. B. Lärm/Hitze, ungünstiges Layover Hotel)
- ungünstige Schlafgewohnheiten (z. B. Fernsehen im Bett)
- Alkohol oder Medikamente

> The only effective treatment for fatigue is adequate sleep (Caldwell 1997).

Die einzige effiziente Möglichkeit ein Schlafdefizit auszugleichen ist mehrstündiger zusammenhängender Schlaf. Denn nicht nur die Schlafqualität, sondern auch die Schlafquantität ist von großer Bedeutung, wenn es darum geht, einen Schlafmangel auszugleichen.

8.4   Einfluss von Alkohol & Medikamenten

8.4.1   Alkohol

Obwohl Alkohol eine durchaus entspannende Wirkung hat und dadurch das Einschlafen positiv beeinflussen kann, sollte man darauf achten, dass der Konsum gering gehalten wird und er nicht als patentes Schlafmittel missverstanden wird.

Denn Alkohol unterdrückt den REM-Schlaf, so dass eine mentale Erholung nur bedingt stattfinden kann (Rosekind et al. 1994). Außerdem werden beim Abbau von Alkohol anregende Substanzen produziert, die frühes Aufwachen fördern und damit die Schlafdauer mindern. Die Nachwirkungen des Alkohols am nächsten Tag sind in aller Regel außerdem leistungsbeeinträchtigend.

8.4.2 Medikamente

Auch wenn die eigentliche Wirkung von Schlafmitteln als Einschlaf- und Durchschlafhilfe erzielt wird, stören sie oftmals die Schlafstruktur. Die Wirkung kann noch bis in den nächsten Tag hinein anhalten, so dass man weder frisch noch leistungsfähig ist. Nicht zu unterschätzen ist – wie beim Alkoholkonsum – zudem die Gefahr der Abhängigkeit.

Von Schlafmitteln ist deshalb generell abzuraten. Wenn überhaupt, dürfen sie nur vorübergehend auf Verschreibung eines somnologisch ausgebildeten Arztes eingenommen werden. Eine dauerhafte Medikation ist mit der Flugtauglichkeit schwer zu vereinbaren.

8.4.3 Melatonin

Wie schon erwähnt, wird Melatonin vom Körper in der Epiphyse (Zirbeldrüse) abhängig von der Dunkelheit zur Schlafregulierung selbst erzeugt. Deshalb liegt es nahe, die innere Uhr durch Zugabe von externem Melatonin beeinflussen zu wollen.

Zwei Wirkungen werden diesem Hormon zugeschrieben: Die Förderung von Schlaf und die Verschiebung der zirkadianen Phasen. Diese Eigenschaften scheinen auf den ersten Blick eine Lösung für im Schichtdienst arbeitende Personen zu sein. Dabei ist jedoch Folgendes zu beachten:

Um eine positive Wirkung zu erzielen, müssen die persönlichen zirkadianen Phasen genau gekannt werden. Da Melatonin in vielen Ländern als Nahrungsergänzungsmittel erhältlich ist, gibt es bisher noch keinen Unbedenklichkeitsnachweis und es sind keine genauen Dosierungsanweisungen vorgegeben. Damit besteht die Gefahr, dass die körpereigenen Wach-/Schlaf-Rhythmen völlig durcheinander kommen und die zusätzliche Gabe von Melatonin erheblich kontraproduktiv wirkt. Dies haben Studien zur Wirksamkeit von Melatonineinnahmen gezeigt (Sharkey et al. 2001). Wesentlich effektiver als Melatonin ist das bewusste Lichtmanagement (siehe unten).

Für den fliegerischen Einsatz ist von Melatonin dringend abzuraten! (VC/DLR Alertness Management 2008)

8.5   Ermüdungsfaktoren

Den größten Einfluss auf Ermüdung (Fatigue) und Wachsamkeit (Alertness) haben folgende vier Faktoren:

- Time on Task
- Time since Awake
- Sleepdeficit
- Circadian Cycle

8.5.1   Time on Task

Je länger man eine Aufgabe erfüllt, desto müder wird man. Time on Task definiert hier den Zeitraum, in dem ein Flugzeugführer seinem Dienst nachgeht (Flugdienstzeit bzw. Arbeitszeit).

8.5.2   Time since Awake

Time since Awake (TSA) bezeichnet die Zeit von dem Moment an, ab dem ein Mensch wach wird.

Ganz grob kann man den menschlichen Organismus mit einer hochkomplizierten Batterie vergleichen, deren „Ladezustand" über verschiedene Vorgänge beeinflusst wird. Neben Nahrung, Sauerstoff und Licht bildet der Schlaf die herausragendste Erholungskomponente. Folgt man diesem Modell, „entlädt" sich der Mensch immer dann, wenn er nicht schläft oder ruht. Beginnend mit dem Ende der Schlafphase verringert sich die Belastungsfähigkeit in Abhängigkeit von der Intensität sowie der Dauer einer Belastung.

Sofern kein Schlafdefizit vorliegt, ließe sich nach einem einfachen Rechenmodell der South Australian University der Zeitpunkt der Ermüdung nach dem Wachwerden errechnen (Dawson 2006). Demnach sollte die TSA möglichst kleiner sein als die Summe der Schlafstunden der vergangenen 48 h. Danach tritt zu große Ermüdung auf. Damit hat man einen guten Anhaltspunkt dafür, ob man das Ende des vor einem liegenden Flugdienstes ausreichend frisch erreichen wird.

Diese Rechnung darf nur als ein sehr grober Hinweis gesehen werden, ab welcher Länge der TSA spätestens mit einer deutlichen Ermüdung zu rechnen ist. Unter bestimmten Umständen kann eine Ermüdung bereits wesentlich früher auftreten. Das Rechenmodell unterscheidet nicht nach individuellen Einflüssen, welche die Erholung beeinträchtigen. Das kann z. B. die Segmentierung des Schlafs oder die Lage des Schlafs in Bezug auf die innere Uhr sein. Darüber hinaus werden Einflüsse, wie z. B. Tageszeit (Körperzeit) oder Belastungsdichte, nicht berücksichtigt.

Beispiel:

8 h Schlaf während der ersten Nacht + 4 h Schlaf während der zweiten Nacht ergibt insgesamt 12 h. Nach diesen 12 h ist der Zeitpunkt der nächsten Ermüdung zu erwarten.

Steht man in diesem Beispiel um 7 Uhr auf und zählt die Schlafzeit der vergangenen 48 h hinzu, ergibt sich die Uhrzeit, ab der Müdigkeit zu erwarten ist. Hier also 7 Uhr + 12 h = 19 Uhr.

Es ist für die Cockpitbesatzung also kritisch, nach 19 Uhr im Flugdienst zu sein.

Diese Time since Awake hat selbsterklärend Einfluss auf unsere Wachsamkeit. Die TSA ist gesetzlich nicht geregelt.

Ermüdungsursachen in Zusammenhang mit Time since Awake sind:

- Viele Piloten leben nicht unmittelbar am Flughafen. Teilweise werden mehrstündige Anfahrtswege vor dem Flugdienst in Kauf genommen.
- Crew Member in Management-Funktionen arbeiten oft schon vor Antritt des Flugdienstes.
- Insbesondere bei spätem Spätdienst oder Nachtflügen kommt es zu einer hohen TSA.

Faustformel zur Berechnung der Ermüdung
Aufstehzeit
+ Schlafzeit der vergangenen 48h
= **Uhrzeit der nächsten Ermüdung**

8.5.3 Sleepdeficit

Ein Schlafdefizit entsteht, wenn ein Mensch weniger Schlaf bekommt, als eigentlich nötig (etwa 8 h pro Nacht) ist. Bereits ab zwei Stunden unter der individuellen Normallänge treten messbare Leistungseinschränkungen auf. Das Schlafdefizit summiert sich im Laufe einiger Nächte auf und kann nur durch konsequentes „Nachholen" abgebaut werden. Hierzu muss mindestens ein voller 24-Stunden Schlaf-Wach-Zyklus absolviert werden können, optimalerweise zwei Nächte (Rosekind et al. 1994).

8.5.4 Circadian Cycle

Der zirkadiane Rhythmus bestimmt wie schon oben erwähnt, wann der Mensch am leistungsfähigsten und wann er am leistungsschwächsten ist.

Ermüdungssymptome		
Physisch	**Psychisch**	**Emotional**
• Gähnen • Schwere Augenlieder • Augen reiben • Kopf nicken • Sekundenschlaf	• Schwierigkeiten sich auf die Arbeit zu konzentrieren • Minderung der Aufmerksamkeit • Schwierigkeiten sich an seine Handlungen zu erinnern • Fehlende Kommunikation über wichtige Informationen • Fehlendes Vorausssschauen von Events • Versehentlich das Falsche tun • Versehentlich eine Aktion nicht ausführen.	• Stiller und zurückgezogener als normal • Fehlende Energie • Fehlende Motivation gut zu sein • Gereiztes Verhalten mit Kollegen, Familien oder Freunden

Abb. 8.2 Ermüdungssymptome

8.6 Ermüdungssymptome

Ermüdung äußert sich bei allen Menschen unterschiedlich. Bei einigen Menschen treten viele Symptome auf einmal auf, bei anderen sind es nur wenige, dafür teilweise ausgeprägter. Abbildung 8.2 gibt einen Überblick über die möglichen Auswirkungen (Transport Canada 2007):

8.7 Ermüdung und Leistung

Wie bereits erwähnt, wirkt sich Schlafmangel erheblich auf die Leistungsfähigkeit aus. Bei Schlafmangel oder -entzug wird diese erheblich reduziert. Das trifft bereits bei einem Schlafpensum von fünf oder weniger Stunden in der Nacht vor dem Flugdienst zu (Dinges et al. 1997).

Müdigkeit ist im Transportwesen allgemein der häufigste Unfallgrund und übertrifft sogar die drogen- und alkoholbedingten Unfallauslöser (Åkerstedt 2000). In der Luftfahrt geht man davon aus, dass sie bei etwa 4–7 % aller Unfälle eine beitragende Rolle hat (Kirsch 1996).

Es gab Fälle, wo beide Piloten im Cockpit gleichzeitig eingeschlafen sind (z. B. Guardian, 6. November 2007).

8.7.1 Arbeitsbelastung und Flughöhe

Große Flughöhen (=geringe Luftdichte) und hohe Arbeitsbelastung sind zwei weitere Kriterien, die den Leistungseinbruch durch Schlafmangel verschärfen (Hawkins

2002). Dies ist besonders für Piloten in der Langstrecken-Operation wissenswert, denn große Flughöhen, Zeitzonenverschiebungen und mangelnder Schlaf sind Faktoren, mit denen sie häufig konfrontiert werden.

8.7.2 Falscher Optimismus

Sehr gefährlich im Zusammenhang mit Müdigkeit ist der sogenannte „falsche Optimismus" (VC/DLR Alertness Management 2008). Die eigene Leistungsfähigkeit wird, ähnlich wie bei Dystress, individuell falsch eingeschätzt (Helmrich u. Merritt 1998).

> Unter Fatigue-Einfluss ist es dem Menschen so gut wie unmöglich, subjektiv die eigene Leistungsfähigkeit korrekt einzuschätzen (VC/DLR Alertness Management 2008).

Dies haben Simulatortests mit Langstreckencrews nach gerade beendeten Flügen klar gezeigt. Risiken wurden unterschätzt. Das Wissen um diese Fehleinschätzung kann z. B. wichtig sein, wenn es um einen Kommandantenentscheid geht, und die Befragung der Crew subjektiv ausreichende Fitness zum Ergebnis hatte. Nur mit Wissen zu Entstehung und Auswirkungen von Fatigue ist ein passendes Risikomanagement möglich. Die Begründung, dass „bis jetzt immer alles gut ging", ist unangemessen.

8.7.3 Automatisierung

Ermüdung kann auch aus Unterforderung entstehen, wenn einem z. B. wegen mangelnden Handlungsbedarfs „die Augen schwer werden". Diese sogenannte „Boredom Fatigue" könnte in der Zukunft mit der zunehmenden Automatisierung der Flugzeuge und Abläufe noch mehr an Bedeutung gewinnen. Laut einer Studie (Colquhoun 1976) nimmt die Aufmerksamkeit bei monotonen Überwachungsaufgaben innerhalb einer Stunde um 80 % ab.

8.7.4 Vergleich Schlafentzug und Alkohol

Tabelle 8.1 zeigt einen Vergleich zwischen Schlafentzug und Alkoholgenuss bezüglich des Leistungsvermögens (Roehrs et al. 2003). In diesem Vergleich wird nur die Reaktionszeit als Maßstab verwendet, da diese sowohl bei Müdigkeit als auch bei Alkoholkonsum verlangsamt ist:

Tab. 8.1 Vergleich zwischen Schlafdefizit und Alkoholgenuss

Schlafdefizit (Std.)	Vergleichbare Anzahl Gläser (US-)Bier
8	10–11
6	7–8
4	5–6
2	2–3

Mit anderen Worten: Schon eine Nacht Schlafentzug (typischer Langstreckenflug) ergibt eine höhere Einschränkung der Reaktionszeit, als sie im Straßenverkehr durch Alkoholgenuss toleriert wird.

Das National Transportation Safety Board (NTSB 2005) drückt es ähnlich aus: Ununterbrochene Wachheit von

- 16 h resultiert in einer Einschränkung der Leistungsfähigkeit entsprechend 0,5 Promille
- 22 h resultiert in einer Einschränkung der Leistungsfähigkeit entsprechend 0,8 Promille Alkoholgehalt im Blut.

8.7.5 Chronisches Schlafdefizit

Schlafdefizite akkumulieren sich und können chronisch werden. Dann kommt es zu einer schleichenden, dem Einzelnen kaum bewussten dauerhaften und linearen Einschränkung des Leistungsvermögens (Gawron et al. 2001). Chronische Schlafdefizite und -störungen führen schließlich vermehrt zu Erkrankungen des Magen-/Darmtraktes (Monk 1990).

8.7.6 Auswirkungen und Statistiken

Die Auswirkungen von Fatigue im Cockpit können verschiedener Art sein. Hier ein Überblick über die Kategorien (VC/DLR Alertness Management 2008; Dawson u. Reid 1997):

Eingeschränkte kognitive Fähigkeiten/Mehrfacharbeit

- Genauigkeit lässt nach.
- Konzentration und Aufmerksamkeit schwinden; Informationsverarbeitungsprozess wird schwieriger.
- Innovatives Denken und flexible Entscheidungsfindung leiden.
- Fähigkeit zur Integration von Informationen geht verloren.
- Einmal getroffene Entscheidungen werden seltener revidiert.
- Niedrigere Leistungsstandards werden akzeptiert.

Zielfixierung

- Tunnelblick
- Mangelnde Flexibilität
- Erhöhte Risikobereitschaft

Motorische Fähigkeiten

- Schlechtere Koordinationsfähigkeit
- Schlechteres Timing
- Verlangsamte Reaktionszeit

Kommunikation

- Die richtigen Worte werden schwieriger gefunden.
- Die Sprache ist weniger expressiv.

Sekundenschlaf

- Verlust der Orientierung

Soziales

- Abwesend
- Eigene Fehler werden eher akzeptiert.
- Weniger tolerant
- Nebenaufgaben werden unterlassen.
- Weniger leicht zu überzeugen
- Leichter durcheinander zu bringen
- Unbehaglich

Laut einer NTSB-Studie über Flugunfälle bei großen amerikanischen Fluggesellschaften zwischen 1978 und 1990, war die Hälfte der Kapitäne (deren Zeitabläufe
bekannt waren), zum Zeitpunkt des Unfalls über 12 h wach gewesen. Die Hälfte
der Kopiloten waren zum gleichen Zeitpunkt über 11 h wach. Insgesamt konnte beobachtet werden, dass die Crews, die überdurchschnittlich lange wach waren, mehr
Arbeitsfehler machten und mehr fehlerhafte Entscheidungen trafen, als die Crews,
deren Time since Awake unterhalb des Durchschnitts lagen (NTSB 1994).

Längere Dienstzeiten bei Piloten weisen nicht nur auf eine größere Fehlerhäufigkeit hin, sondern zeigen damit konsequenterweise auch ein höheres Potential für
Unfälle auf.

Anhand einer weiteren Studie gibt es ebenfalls einen offensichtlichen Zusammenhang zwischen der Wahrscheinlichkeit eines Unfalls und der Länge der Flugdienstzeit der Piloten (s. Tab. 8.2). Obwohl in dieser Studie von allen analysierten Daten-
sätzen nur 10 % eine Flugdienstzeit größer als 10 h hatte, traten bei diesen Flügen
20 % der Unfälle auf, die durch Human Factors begründet waren (Goode 2003).

Aus dieser Tabelle lässt sich folgende Grafik (s. Abb. 8.3) ableiten, die die Wahrscheinlichkeit der Unfälle mit steigender Flugdienstzeit darstellt.

Tab. 8.2 Captain duty hours and accidents by length of duty

Hour in duty period	Captain's hours	Exposure proportion	Accidents	Accident proportion	Accident proportion relative to exposure proportion
1–3	430.136	0,35	15	0,27	0,79
4–6	405.205	0,33	15	0,27	0,84
7–9	285.728	0,23	14	0,25	1,11
10–12	109.820	0,09	8	0,15	1,65
13 or more	12.072	0,01	3	0,05	5,62
Total	1.242.961	1,00	55	1,00	1,00
Calculated χ^2		14,89		10 % χ^2	7,8
Degrees of freedom		4		5 % χ^2	9,5

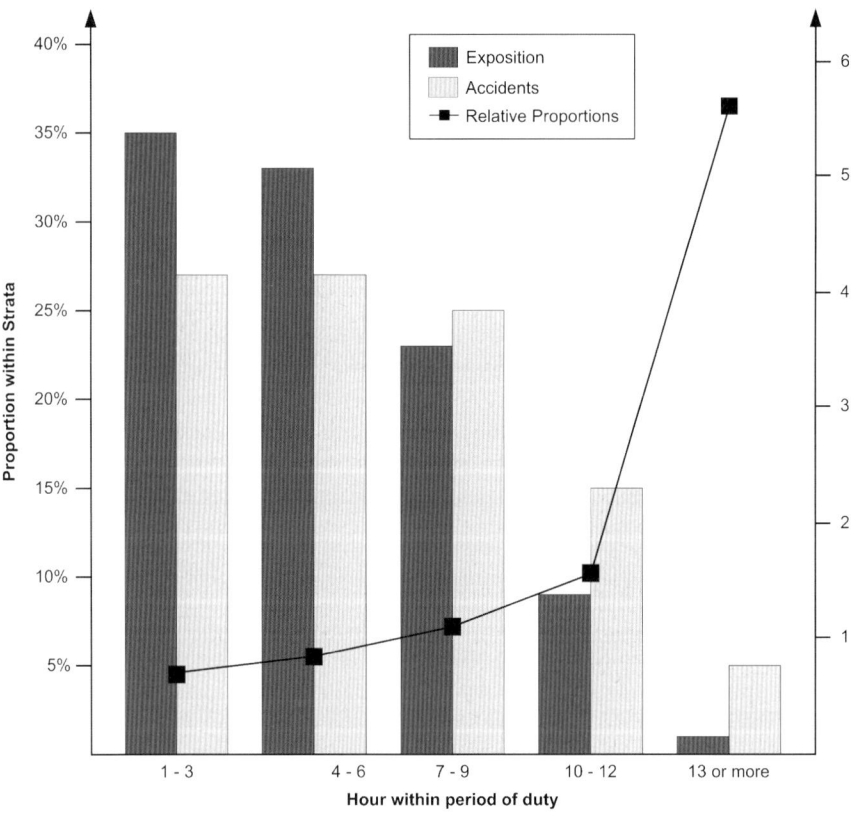

Abb. 8.3 Captain duty hours and accidents by length of duty

8.8   Ermüdungs- und Wachsamkeitsmanagement

Ermüdung wirkt sich auf die verschiedensten Weisen aus und somit gibt es kein „Grundrezept", wie man mit ihr umgehen sollte. Es gibt allerdings Maßnahmen, die für sich oder in Kombination mit anderen hilfreich sein können, um erfolgreich mit Müdigkeit umzugehen. Wir unterscheiden zwischen präventiven Maßnahmen und Hilfen im fliegerischen Einsatz.

Es ist unbedingt erforderlich, dass die Flugbetriebe eine Schulung über die Grundbegriffe von Ermüdung und Schlaf, bzw. Leistung, sowie Wachsamkeitsmanagement in ihre CRM-Seminare aufnehmen. Die Vereinigung Cockpit hat zusammen mit dem DLR ein eintägiges Fatigue-Seminar entwickelt, das hier als Beispiel dienen kann.

Um die Auswirkungen von Ermüdung und Jetlag so gering wie möglich zu halten, ist eine Optimierung der Schlafqualität und -quantität sehr wichtig. Wer bereits mit einem Schlafdefizit eine Reise über einige Zeitzonen hinweg antritt, wird grundsätzlich stärker ausgeprägte Symptome des Jetlags haben.

Bei kurzen Reisen über mehrere Zeitzonen wird empfohlen, möglichst in der ursprünglichen Zeit zu bleiben, um den Wechsel zurück zum Ausgangspunkt des Fluges so einfach wie möglich zu machen (O'Connell 1998).

8.8.1   Einschlafschwierigkeiten

Die meisten Piloten kennen den hier aufgeführten Teufelskreis gut (s. Abb. 8.4).

Um diesem Teufelskreis zu entkommen, gibt es Maßnahmen, die kombiniert oder einzeln jedem Betroffenen helfen können (VC/DLR Alertness Management 2008).

Tipps zum besseren Einschlafen

- Möglichst viel Entspannung und Gelassenheit
- Deshalb Entspannungstechniken, wie Autogenes Training, Atemübungen, Yoga, Progressive Muskelentspannung anwenden oder an etwas Beruhigendes wie etwa schöne Urlaubserinnerungen denken.
- Eine To-Do-Liste (Dinge, die man am nächsten Tag erledigen möchte) schreiben. Die Liste soll störende Gedanken beim Einschlafen ablegen, man soll den Kopf frei haben und nicht denken müssen, um einschlafen zu können

Übrigens: Studien haben gezeigt, dass Menschen mit Schlafproblemen ihre tatsächliche Schlafdauer unterschätzen.

8.8.2   Generelle Maßnahmen zum besseren Schlaf

Die Maßnahmen können in zwei Kategorien eingeteilt werden: präventive und operationelle Strategien (NASA 2002). Bei den präventiven Strategien unterscheidet

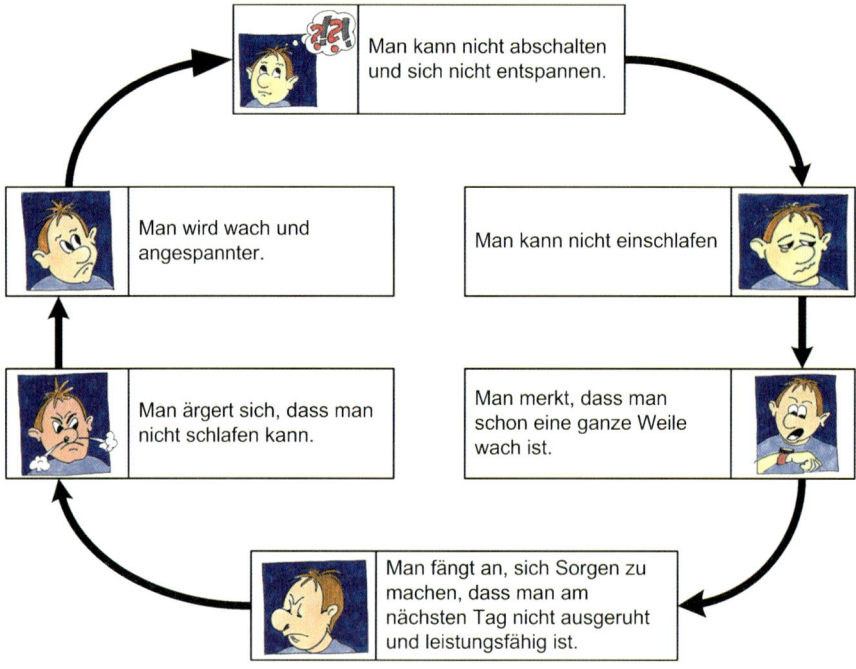

Abb. 8.4 Teufelskreis der Einschlafschwierigkeiten. (© DLR)

man wiederum allgemeine und flugdienstspezifische Maßnahmen, je nachdem ob man einen Einsatz erwartet.

Präventive Maßnahmen – Allgemein

- Gesunde Ernährung
- Ausreichende Bewegung
- Adäquate Schlafumgebung (Schlafhygiene), z. B. dunkles Zimmer, angemessene Zimmertemperatur, etc.
- Aufrechterhalten eines regelmäßigen Wach-/Schlafrhythmus
- Entwickeln und Beibehalten einer regelmäßigen Routine vor dem Zubettgehen
- Bei Hunger eine leichte Mahlzeit zu sich nehmen und schwere Kost vermeiden.
- Alkohol und Koffein vor dem Zubettgehen meiden.
- Physische und psychische Entspannungsübungen anwenden.
- Wenn man innerhalb von 30 min nicht einschläft, sollte man wieder aufstehen.

Präventive Maßnahmen – vor und im Flugdienst

- Vor einem Arbeitstag optimal, möglichst acht Stunden schlafen.
- Gezielt nappen. Ein Nap kann kurzzeitig die Aufmerksamkeit erhöhen.

Operationelle Maßnahmen

- Gespräche mit anderen suchen.
- Physische Aktivitäten: Strecken, Bewegen, Kaugummi kauen
- Strategischer Koffein-Konsum

- Lichtmanagement im Cockpit kann die Wachsamkeit der Crew beeinflussen.
- Bewusst ernähren
- Wenn es gar nicht mehr anders geht und machbar ist: Flugdienst unterbrechen

8.8.3 Koffein

Ein häufig im Schichtdienst verwendetes Mittel gegen Müdigkeit ist Koffein. Koffein kann einen Schlafmangel jedoch nicht ausgleichen, sondern lediglich die Ermüdungserscheinungen kurzfristig unterdrücken.

In der Regel wird die Aufnahme von mindestens 200 mg Koffein alle zwei Stunden empfohlen (Caldwell u. Caldwell 2003). Dieser Wert variiert mit der individuellen Gewöhnung an Koffein.

Einige Tipps zum Umgang mit koffeinhaltigen Getränken:

- Kaffee wirkt meistens nach 30 min. Nach 3–5 h ist die Hälfte des Koffeins wieder abgebaut. Dies ist individuell unterschiedlich.
- Ca. drei Stunden vor dem Schlafengehen sollte Koffein nicht mehr konsumiert werden, um das Einschlafen, sowie die Schlafqualität nicht zu stören.

Tabelle 8.3 gibt einen Überblick über die Menge an Koffein in gängigen Getränken (Transport Canada 2007):

Abbildung 8.5 zeigt die Wirkung von Koffein in Kaffee (VC/DLR Alertness Management 2008). Allgemein kann man sagen:

- Kaffee wirkt nach ca. 30 min.
- Nach ca. 3–5 h ist die Hälfte des Koffeins wieder abgebaut.

Tab. 8.3 Koffeinmenge gängiger Getränke

Kaffee (250 ml)	Tee (250 ml)	Koffeinhaltige Getränke
Instant 65–100 mg	Grüner Tee 8–30 mg	Cola 50 mg
Frisch gekocht 80–135 mg	Normaler Tee 50–70 mg	Red Bull 80 mg
Espresso 100 mg		

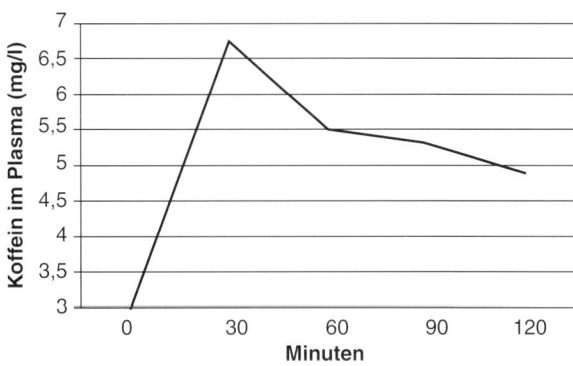

Abb. 8.5 Wirkung von Koffein in Kaffee

8.8.4   Napping

Napping ist ein effektiver Weg, Ermüdung zu reduzieren. Das DLR empfiehlt unter Berücksichtigung des folgenden Textes ausdrücklich, bei hoher Müdigkeit geplant und koordiniert im Reiseflug Naps einzulegen, um für den Anflug und die Landung ein möglichst hohes Leistungsniveau zu haben. Das geht natürlich nur, wenn der Flugbetrieb Napping in einer offiziellen Napping-Policy regelt.

Hier ein Auszug aus den rechtlichen Grundlagen:

> EU-OPS 1.310 Besatzungsmitglieder auf ihren Plätzen
> (a) Flugbesatzungsmitglieder
> (3) Während aller Flugphasen muss jedes für den Einsatz im Cockpit vorgeschriebene Flugbesatzungsmitglied aufmerksam bleiben. Wird ein Mangel an Aufmerksamkeit festgestellt, sind entsprechende Gegenmaßnahmen zu ergreifen. Bei unerwarteter Müdigkeit kann eine kurze, mit dem Kommandanten abgesprochene Ruhepause eingelegt werden, wenn die Arbeitsbelastung dieses gestattet.

Brooks und Lack haben in einer ihrer Studien die folgenden Grafen (s. Abb. 8.6) veröffentlicht, die den Zusammenhang zwischen Naps und Leistung verdeutlichen (Brooks u. Lack 2006):

Naps können nicht nur als präventive, sondern auch als operationelle Maßnahmen dienen. Einerseits können sie prophylaktisch angewandt werden, um die Leistungsfähigkeit zu einem späteren Zeitpunkt zu gewährleisten. Andererseits kann ein Nap auch die Time since Awake und Time on Task reduzieren und somit die Leistungsfähigkeit über einen längeren Zeitraum erhalten (Rosekind et al. 1995). Dieses bedeutet allerdings nicht, dass Napping ein „Schlafguthaben" erzeugt und „Vorschlafen" als valide Methode die sichere Flugdurchführung gewährleisten kann (Dinges et al. 1988).

Es gibt zwei negative Aspekte im Zusammenhang mit Napping: Die Schlafträgheit und die möglicherweise negativen Auswirkungen von Naps auf die folgenden Schlafperioden.

Bei Naps, deren Schlafphase länger als 20 min dauert, kann man in eine Tiefschlafphase eintauchen. Nach dem Erwachen besteht die Gefahr der Schlafträgheit, dem Zustand, bei dem man eventuell mehr als 15 min braucht, um sich zu orientieren und wieder mit vollem Bewusstsein arbeiten kann. Dies kann problematisch werden, wenn z. B. während eines Inflight Naps eine Notfallsituation eintritt.

Ein langer Nap während einer ungünstigen Uhrzeit kann dazu führen, dass man zur gewohnten Uhrzeit nicht ein- oder durchschlafen kann.

Empfehlungen für effektives Napping

- Der Umgang mit Naps sollte restriktiv gehandhabt und nur als letzte Instanz herangezogen werden. Naps sollten nicht nur zwischen den Beteiligten im Cockpit abgesprochen werden, sondern nach Möglichkeit auch mit der Cabin Crew. Der Flugbetrieb sollte die dazu nötige Kommunikation mit der Cabin Crew in seiner

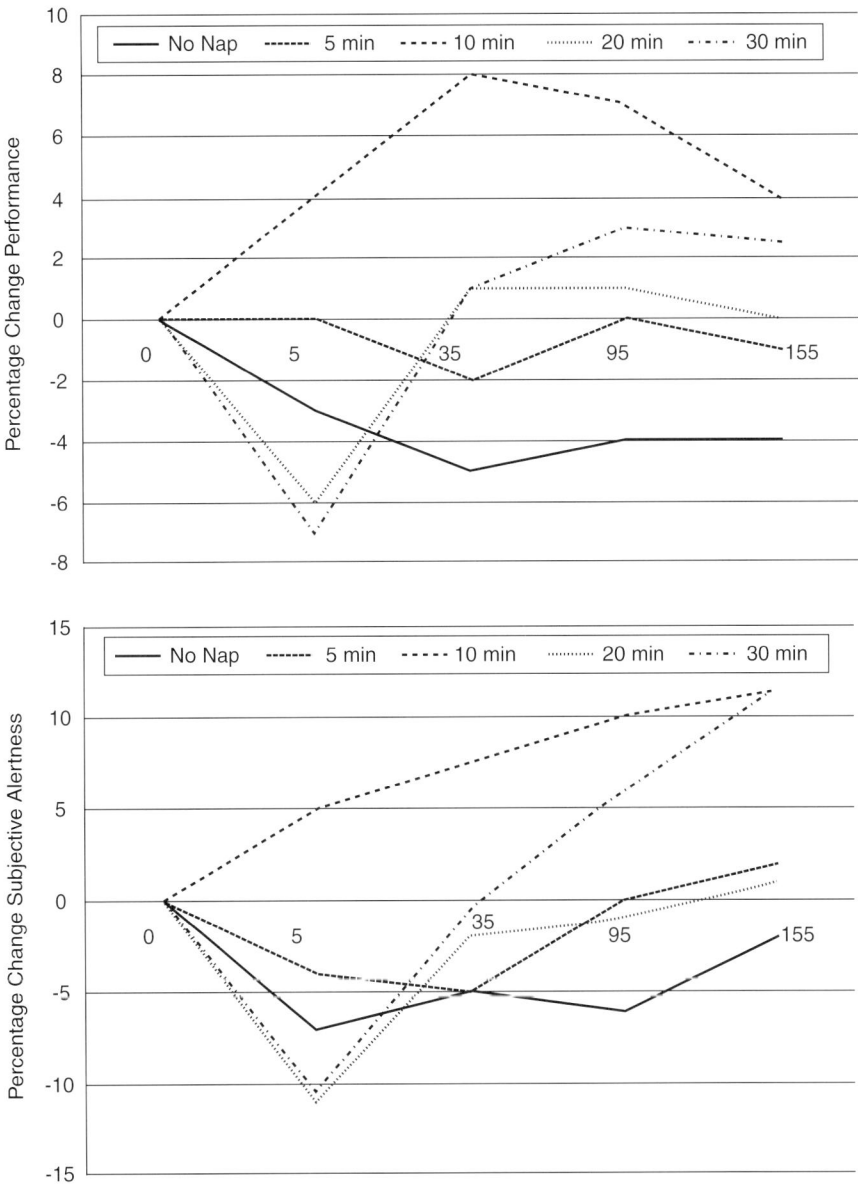

Abb. 8.6 Wirkung von Naps

Napping Policy beschreiben, um zu vermeiden, dass alle Flight Crew Member im Cockpit unbemerkt gleichzeitig einschlafen. Andernfalls ist Napping strikt abzulehnen.

- Die eigentliche Schlafphase des Naps sollte 10 min nicht überschreiten. Das bedeutet, dass die Gesamtlänge der Pause für den Nap durchaus 30–45 min dauern kann. Einige Minuten braucht man zum Einschlafen und nach dem Schlaf sollten etwa 15 min eingeplant werden, um sicherzustellen, dass die Phase der Schlafträgheit verlassen wurde und man wieder voll belastbar ist (Dinges et al. 1991).

• Naps sollten möglichst frühzeitig genommen werden, also bevor man deutliche Anzeichen von Müdigkeit spürt.

8.8.5 Lichtmanagement

Licht und Dunkelheit haben über das Pigment Melanopsin in den Ganglienzellen der Retina der Augen direkten Einfluss auf den zirkadianen Rhythmus. Ihn kann man durch bewusstes Lichtmanagement in Maßen beeinflussen und so steuern, dass man entweder im Rhythmus des Ausgangsflughafens bleibt oder im Gegenteil sich dem Rhythmus des Zielflughafens schneller anpasst.

Auf Westflügen mit kurzem Layover möchte man z. B. im Rhythmus des Ausgangsortes bleiben. Hier ist es sinnvoll, sich zur normalen östlichen, Schlafenszeit, wenn es im Westen draußen noch hell ist, auf sein Hotelzimmer zurückzuziehen und den Raum möglichst lichtdicht zu verdunkeln.

Genauso hilft es auf Ostflügen, sich möglichst lange nach Einbruch der örtlichen Dunkelheit in hellen Räumen aufzuhalten. Zur normalen Schlafenszeit, dort am frühen Morgen, kann man dann seine Umgebung verdunkeln und sich zur Ruhe begeben. Wichtig ist dann, dass das Hotelzimmer möglichst lichtdicht verdunkelt bleibt, damit man nicht durch Streulicht vorzeitig geweckt wird.

Möchte man sich bewusst schnell an den neuen Tag-/Nacht-Rhythmus z. B. auf Ostflügen gewöhnen, hilft es, früh aufzustehen und sich dem Tageslicht auszusetzen.

Dieses bewusste Lichtmanagement hat sich gegenüber der künstlichen Zufuhr von Melatonin als weitaus überlegen erwiesen (Dawson et al. 1995).

Noch nicht ganz klar ist, wie viel Licht zur Steuerung des zirkadianen Rhythmus nötig ist. Studien haben gezeigt, dass bereits helle Raumbeleuchtung (1.000–2.000 Lux) einen Effekt hat (Phipps-Nelson et al. 2003). Stärkeres Licht, wie es dem Licht im Freien an einem wolkigen Tag entspricht (10.000 Lux), ist dem aber vorzuziehen. Entscheidend ist die Wellenlänge des Lichtes. Es muss sich um Blaulicht mit einer Länge von 425 nm handeln. Von Philips gibt es eine transportable Blaulichtlampe mit genau dieser Wellenlänge, die man zum Schlafmanagement verwenden kann (Philips goLite BLU).

Liegt bereits ein Schlafdefizit vor, oder befindet man sich im zirkadianen Tief, nützt Licht als Wachmacher wenig. Es bewirkt zwar einen kurzfristigen Alarmierungseffekt, die zugrunde liegende Ermüdung und deren Auswirkungen können jedoch nicht kompensiert werden.

Für Langstreckencrews bedeutet dies: Wenn aufgrund von überquerten Zeitzonen gemischte Signale gleichzeitig auftreten, etwa 1) Innere Uhr = Nacht, 2) Umgebung=Tageslicht, führt dies zu einer inneren Desynchronisation. Das Resultat ist Fatigue.

Dies kommt z. B. bei morgendlichen Rückflügen aus Asien nach Europa zum tragen. In der voran gegangenen asiatischen Nacht wurde aufgrund des Körperrhythmus wenig geschlafen, der Abflug und die folgenden Stunden der Reise finden im Hellen statt, obwohl der Körper nun auf Schlafen programmiert ist (Rosekind et al. 1994).

Helfen kann der Einsatz von heller Beleuchtung im Cockpit auf Nachtflügen. Aber Vorsicht: Anderer Traffic kann praktisch nicht mehr gesehen werden. Dies ist besonders in einer Umgebung mit unzuverlässiger TCAS-Ausstattung anderer Flugzeuge nicht akzeptabel. Auch Blitze in Gewittern werden kaum auffallen, so dass der unbeabsichtigte Einflug in große Kumuluswolken mit schwerer Turbulenz erleichtert wird.

8.8.6 Wachsamkeitsplanung

Wie schon oben beschrieben, ist Ermüdung von mehreren Faktoren abhängig: Schlafmenge in den Tagen vor dem Dienst, Time since Awake, zirkadianer Rhythmus und Time on Task.

Es gibt mittlerweile Rechnerprogramme, die diese Faktoren aufnehmen und eine zuverlässige Prognose der Müdigkeit am Ende des vor einem liegenden Flugdienstes ermöglichen. Hiermit kann man Folgendes feststellen:

- Wird man bei Antritt des Flugdienstes in einem ausreichend wachen Zustand bei seinem Ende sein? Man hat so eine solide Entscheidungsbasis für eine eventuelle Abmeldung vom Flugdienst, bevor man ihn angetreten hat.
- Auf Langstreckenflügen mit verstärkter Crew wird die Pausenplanung erleichtert. Der Kapitän als Verantwortlicher des Fluges soll sich nicht scheuen, die für ihn „beste" Pause zu nehmen, also zu Anflug und Landung möglichst fit zu sein. Der zur Landung hinten sitzende Pilot sollte dementsprechend die ungünstigste Pause nehmen (VC/DLR Alertness Management 2008).
- Die eventuelle Entscheidung für die Planung der Naps wird erleichtert, da man vorher weiß, ob sie zur Landung hilfreich sein werden.
- Man hat eine Entscheidungshilfe für die Planung der Workload im Anflug. Je nach Ermüdung sollten z. B. Visual Approaches oder andere Anflüge mit hoher Belastung bei hohem Fatigue eines Operating Flight Crew Members abgelehnt werden.

Ein eingeführtes Programm ist das Fatigue Avoidance Scheduling Tool (FAST™), das bei der US Airforce und der US Federal Railroad Administration benutzt wird (Mallis et al. 2004). Darin wird ein am Körper getragener Beschleunigungsmesser, ein sogenannter Actigraph, benutzt, der zuverlässig misst, wann und wie viel man schläft.

Die UK Health and Safety Executive (HSE) hat ein ähnliches Programm entwickelt. Hierin wird die Ermüdung in Relation zur Eintrittswahrscheinlichkeit eines Unfalls gesetzt (Spencer et al. 2006). Der Fatigue/Risk Calculator kann auf der Website der HSE heruntergeladen werden: www.hse.gov.uk (Stand: Mai 2009).

Die DLR erprobt ein auf die Luftfahrt zugeschnittenes Programm ALERT, das speziell für Piloten noch klarere Aussagen ermöglicht. Die Vereinigung Cockpit beteiligt sich an dessen Weiterentwicklung und Adaptation in ein Flugbuch. Wir empfehlen dessen Nutzung nach seiner Veröffentlichung.

8.9   Zusammenfassung

- Der Mensch ist die einzige Komponente in der Luftfahrt, die nicht rund um die Uhr zuverlässig funktioniert.
- Ermüdung ist ein beitragender Faktor bei 4–7 % aller Unfälle in der Luftfahrt, besonders auf der Langstrecke und Nachtflügen.
- Die Unfallwahrscheinlichkeit steigt bei Flugdienstzeiten über 10 Stunden deutlich und bei Flugdienstzeiten über 13 Stunden stark an.
- Flight Crews brauchen Wissen über Schlaf, Müdigkeit und Leistung.
- Flight Crews müssen alles tun, um vor allem am Ende des Flugdienstes möglichst belastbar zu sein.
- Flight Crew Member im Alter über 50 Jahren haben größere Probleme mit Ermüdung und Schlafdefiziten als jüngere.
- Flight Crews sollen bewusste Schlafhygiene betreiben und wissen, wie sie dem Teufelskreis der Einschlafschwierigkeiten entkommen.
- Die Gründe für schlechten Schlaf sollten bekannt sein.
- Der Einsatz von Alkohol, Medikamenten und Melatonin zur Schlafverbesserung sollten tabu sein.
- Flight Crew Member müssen sich des Einflusses der TSA auf die individuelle Leistungsfähigkeit bewusst sein (Pendler, Verpflichtungen vor dem Flugdienstantritt etc.).
- Geringe Luftdichte, hohe Arbeitsbelastung und/oder Unterforderung machen müde.
- Der Grad der eigenen Ermüdung wird fast immer unterschätzt. Dadurch werden vermeidbare Risiken eingegangen.
- Die Leistungseinschränkung nach bereits einer Nacht mit weniger als fünf Stunden Schlaf ist beträchtlich.
- Bei aufkommender oder nicht zu vermeidender Ermüdung im Cockpit:

    - Gespräche und Konversationen suchen
    - Bewegung suchen (schon Kaugummi kauen hilft)
    - Koffein bewusst konsumieren
    - Napping erwägen

- Bei zuverlässiger TCAS-Ausstattung und sicherer Abwesenheit von Gewitterzellen: Bei Nacht Cockpitbeleuchtung einschalten
- Ultima Ratio: Wenn möglich Flugdienst abbrechen

- Bewusstes Lichtmanagement im Layover und daheim erlernen und ein-üben.
- Sobald verfügbar, zum Alertness-Management ein Computerprogramm benutzen.

Literatur

Åkerstedt T (2000) Consensus statement: fatigue and accidents in transportation operations. J Sleep Res 9:395

Brooks AJ, Lack LC (2006) A brief afternoon nap following nocturnal sleep restriction: which nap duration is more recuperative? Sleep 29:831–840

Caldwell JA (1997) Fatigue in the aviation environment: an overview of the causes and effects as well as recommended countermeasures. Aviat Space Environ Med 68:932–938

Caldwell JA, Caldwell JL (2003) Fatigue in aviation. Ashgate Burlington, VT

Colquhoun P (1976) Psychological and psychophysiological aspects of work and fatigue. Act Nerv Super 18:257–263

Dawson D (2006) Defences in Dept. Vortrag auf dem IASS der Flight Safety Foundation, Paris

Dawson D, Reid K (1997) Fatigue, alcohol and performance impairment. Nature 388:23

Dawson D, Encel N, Lushington K (1995) Improving adaptation to simulated night shifts: timed exposure to bright light versus daytime melatonine administration. Sleep 18:11–21

Dinges DF, Whitehouse WG, Orne EC, Orne MT (1988) The benefits of a nap during prolonged work and wakefulness. Work Stress 2:139–153

Dinges DF et al. (1991) Preplanned cockpit rest: effects on vigilance performance in long haul flight crews. Aviat Space and Environ Med 62(5):451

Dinges DF, Pack F, Williams K, Gillen KA, Powell JW, Ott GE, Aptowicz C, Pack AI (1997) Cumulative sleepiness, mood disturbance, and psychomotor vigilance performance decrements during a week of sleep restricted to 4–5 hours per night. Sleep 20:267–277

EASA (2009) Notice of Proposed Amendment (NPA). No. 2009-02c, S 117

Gander PH, Myhre G, Graeber RC, Andersen HT, Lauber JK (1989) Adjustment of sleep and the circadian temperature rhythm after flights across nine time zones. Aviat Space Environ Med 60(8):733–743

Gawron VJ et al. (2001) An overview of fatigue. In: Hancock PA und Desmond PA (Hrsg) Stress, workload and fatigue. Lawrence Erlbaum Associates, Mahwah, NJ, S 581–595

Goode JH (2003) Are pilots at risk of accidents due to fatigue? Federal aviation administration office of aviation policy and plans, Washington

Hawkins F (2002) Human Factors in flight. Ashgate, Farnham

Helmreich FH, Merritt AC (1998) Culture at work in aviation and medicine. Ashgate, Aldershot

Kirsch AD (1996) Report on the statistical methods employed by the U.S. FAA and its cost benefit analysis of the proposed „flight crew member duty period limitations, flight time limitations and rest requirements". Comments of the Air Transport Association of America to the FAA notice 95-18, FAA docket number 28081, Appendix D, 1–36

Mallis MM, Mejdal S, Nguyen TT, Dinges DF (2004) Summary of the key features of seven biomathematical methods of human fatigue and performance. Aviat Space Environ Med 75:A4–A14

Monk TH (1990) The relationship of chronobiology to sleep schedule and performance demands. Work Stress 4:227–236

NASA (2002) Crew Factors in Flight Operations XV: Alertness Management in General

NTSB (1994) Safety study: a review of flight crew involved, major accidents of U. S. air carriers, 1978–1990. PB 94-917001 NTSB/SS-9401, Washington
NTSB (2005) Kurs investigating human fatigue factors. NTSB Academy, Washington
O'Connell D (1998) Jetlag, how to beat it. Ascendent, London
Phipps-Nelson J, Redman JR, Dijk DJ, Rajaratnam SM (2003) Daytime exposure to bright light, as compared to dim light, decrease sleepiness and improves psychomotor vigilance performance. Sleep 26:695–700
Roehrs et al. (2003) Ethanol and sleep loss: a „dose" comparison of impairing effects. Sleep 26:981–985
Rosekind EL, Johnson MR, Weldon KJ, Smith RM, Gregory KG, Miller DL, Gander PH, Lebacqz JV (1994) Fatigue countermeasures: alertness management in flight operations. Southern California Safety Institute Proceedings, Long Beach
Rosekind MR, Smith RM, Miller DL, Co EL, Gregory KB, Webbon LL, Gander PH, Lebacqz JV (1995) Alertness Management: strategic naps in operational settings. J Sleep Res 4:62–66
Samel A, Wegmann HM, Vejvoda M (1997) Aircrew fatigue in long-haul operations. Accid Anal Prev 29(4):439–452 (Elsevier Science Ltd.)
Sharkey KM, Fogg LF, Eastman CI (2001) Effects of melatonin administration on daytime sleep after simulated night shift work. J Sleep Res 10:181–192
Spencer MB, Robertson KA, Folkert S (2006) The development of a fatigue/risk index for shift-workers. HSE Books, London
Strauss S (2009) Pilot fatigue. http://aeromedical.org/Articles/Pilot_Fatigue.html. Zugegriffen: 25. Aug 2009
Transport Canada (2007) An Introduction to Managing Fatigue. TP 14572E
Vereinigung Cockpit/DLR (2008) VC-Alertness Management Seminar, Frankfurt a. M.

Weiterführende Literatur

Caldwell JA (2003) Fatigue in aviation. A guide to staying awake at the stick, Ashgate, ISBN: 0-7546-3300-4, Preis: ca. 40,- €

Kapitel 9
Empfehlungen der Vereinigung Cockpit

Hans-Joachim Ebermann und Joachim Scheiderer

CRM hat eine hohe Bedeutung für die Vermeidung von Risiken und damit für die sichere Flugdurchführung. Deshalb gehört es neben den fliegerischen, technischen und prozeduralen Fähigkeiten zu den Kernkompetenzen von Piloten.

CRM besteht aus allgemeinen Grundlagen und einer operatorspezifischen Ausgestaltung. Die Forderung nach CRM-Training basiert auf der EU-OPS 1.965. Details werden im TGL 44 spezifiziert[1]. Ferner beinhaltet die EU-OPS 1.965 in der Anlage 1 (a)(4) eine Liste der für das Recurrent-Training nötigen Abschnitte des CRM (s. Anlage 1 zu diesem Kapitel).

Die EASA plant, die Umsetzung dieser Vorgaben den Fluggesellschaften nur noch freiwillig zu überlassen. Dies lehnt die VC ab. Die Struktur der Trainings-Abschnitte, wie im AMC EU-OPS 1.965 noch definiert, sollte aus Sicherheitsgründen für das Training erhalten bleiben[2].

Die VC beschreibt mit diesem Buch exemplarisch die Inhalte dieser geforderten musterunabhängigen Abschnitte. Wir empfehlen, das CRM-Training in drei verschiedene Schritte zu gliedern:

* Die notwendigen allgemeinen Lerninhalte sollen in schriftlicher Form, z. B. im Rahmen des Flugbetriebshandbuches für die Line Operation und als Manual für Flugschulen festgelegt werden.

---

[1] TGL44, S. 141 ff. Version vom 1. Juni 2008.
[2] AMC OPS 1.943/1.945(a)(9)/1.955(b)(6)/1.965(e) Crew Resource Management (CRM), Para. 6 Implementation of CRM, s. Anlage 2.

H.-J. Ebermann (✉) · J. Scheiderer
Vereinigung Cockpit e. V., Main Airport Center,
Unterschweinstiege 10, 60549 Frankfurt, Deutschland
E-Mail: vc.ebermann@onlinehome.de

J. Scheiderer
E-Mail: scheiderer@live.de

J. Scheiderer, H.-J. Ebermann, *Human Factors im Cockpit,*
DOI 10.1007/978-3-642-15167-5_9, © Springer-Verlag Berlin Heidelberg 2011

- Als Brücke zwischen dieser Theorie und der Anwendung im Berufsalltag haben sich CRM-Seminare etabliert, in denen man, auf die allgemeinen Lerninhalte aufbauend, die grundlegenden Teile des CRM üben kann, ohne von den sonstigen Einflussfaktoren des Berufsalltags abgelenkt zu sein. Die CRM-Seminare sollten aufeinander aufbauen (s. Anlage 2 dieses Kapitels). Die Vereinigung Cockpit hat zum Thema Führung und Teamwork ein Musterseminar entwickelt, das demonstriert, wie wir uns diese Brückenfunktion inhaltlich vorstellen.
- CRM-Inhalte nach diesem Buch sollen bei allen Ausbildungs-, Trainings- und Checkereignissen in Simulator und Flugzeug geschult und angewendet werden. Mit Ausnahme von Simulator-Checks (FCL, OPC) kann ein Assessment stattfinden. Bei allen Trainingsmaßnahmen ist stets CRM-Feedback zu geben. Im Simulator ist ein Video-Feedback mit entsprechendem Debriefing hilfreich.

Dementsprechend enthält jedes Kapitel dieses Buches einen allgemeinen Teil, der Inhalt der theoretischen Lerninhalte und der CRM-Seminare sein sollte. In den meisten Kapiteln finden sich darauf folgend, soweit sinnvoll, konkrete CRM-Verhaltensweisen, die als Basis für Simulator- und Flugzeug-Syllabi dienen können. Außerdem kann man sie in Beurteilungsbögen integrieren. Die detaillierte Umsetzung der gesetzlichen Vorgaben bezüglich CRM-Training und CRM-Assessment obliegt den Fluggesellschaften.

Das Training ist zielführender, wenn der Trainingseffekt überprüft wird.

Ein CRM-Assessment birgt jedoch auch Gefahren:

- Missbrauch durch die Examiner oder deren Auftraggeber.
- Mangelnde Ausgestaltung der Rahmenbedingungen kann einen negativen Einfluss auf das Trainingsergebnis haben. Darüber hinaus fürchtet die IFALPA die Erzeugung eines aufgesetzten Verhaltens ohne echte Verhaltensänderung[3].

Die VC hält zur Vermeidung dieser Gefahren Folgendes für ein optimales CRM-Training und CRM-Assessment für nötig:

- Die zu bewertenden Inhalte müssen beschrieben, veröffentlicht und trainiert worden sein.
- Die zusätzlichen Trainingsmaßnahmen für Examiner sind umfassend darzulegen und durchzuführen[4]. Das vom LBA vorgelegte „Rahmenprogramm zur Beobachtung und Bewertung von CRM-Skills" betrachtet die VC als Mindestvoraussetzung.
- Als Examiner sind nur Kapitäne im Status TRE/TRI/SFE einzusetzen, wobei die Überprüfung vom Observer-Seat aus zu erfolgen hat. Das Bewertungssystem

---

[3] IFALPA Annex PILOT PROFICIENCY CHECKS, 9.4.4.1 CRM: When first introduced, a cornerstone in the acceptance for CRM training was the assurance that CRM should be without checking. Much of the value and strength of CRM is based on this principle. The introduction of any checking or assessment process has the potential to destroy such benefits. IFALPA therefore opposes any assessment process of any aspect of nontechnical.

[4] CAA Guide to Performance Standards for Instructors of CRM training in Commercial aviation, Riverprint Ltd, Sept. 1998.

muss den Kriterien Validität[5], Reliabilität[6] und insbesondere Objektivität[7] genügen, so dass verschiedene Prüfer zum gleichen Ergebnis kommen.

- Es ist eine Failure-Policy zu erstellen[8], wobei ein Mangel im CRM zu Trainingsmaßnahmen führen muss, um die CRM-Kompetenz wieder herzustellen.

In Anlehnung an das JAR-TEL NOTECHS System[9] sind folgende Grundsätze bei allen Assessments einzuhalten:

Need for technical consequences Fehlendes/Falsches CRM-Verhalten allein kann nicht zu einem „failed Check" führen, sondern kann nur zur Erklärung des Überschreitens von Limits oder sonstigen Gefährdungen des Fluges führen, welche für sich zu einem Nichtbestehen der Überprüfung führen würden.

Explanation required Insbesondere bei negativen Beurteilungen des CRM-Verhaltens ist der Prüfer verpflichtet, die Elemente und Kategorien des Mangels schriftlich festzuhalten, sowie die Folgen für die Flugdurchführung zu beschreiben.

Repetition required Wenn CRM zu einer negativen Beurteilung führen soll, so darf es sich nicht um die Beobachtung eines einzelnen Vorkommnisses handeln, sondern ein entsprechendes Verhaltensmuster muss erkennbar sein.

Only observable behaviour Nur erkennbares Verhalten darf beurteilt werden, nicht jedoch die Persönlichkeit oder emotionale Haltung des Piloten.

Rating scale Eine Unterteilung der Bewertungen über die Benutzung einer two point rating scale mit den Kriterien „acceptable" oder „unacceptable" hinaus ist notwendig, um insbesondere durch Analyse und Trendverfolgung von anonymen Daten das Trainingssystem selbst zu überprüfen und zu verbessern.

Anlage 1 EU-OPS English, Appendix 1 to JAR–OPS 1.965 (a)(4) Recurrent training and checking – Pilots Crew Resource Management (CRM)

(i)   Elements of CRM shall be integrated into all appropriate phases of recurrent training; and

(ii) A specific modular CRM training programme shall be established such that all major topics of CRM training are covered over a period not exceeding 3 years, as follows:

(A) Human error and reliability, error chain, error prevention and detection;
(B) Company safety culture, SOPs, organisational factors;
(C) Stress, stress management, fatigue and vigilance;
(D) Information acquisition and processing, situation awareness, workload management;
(E) Decision making;

---

[5] Es wird gemessen, was gemessen werden soll.

[6] Bei Wiederholung tritt das gleiche Ergebnis ein.

[7] Ein anderer Prüfer kommt zum selben Ergebnis.

[8] AMC OPS 1.943/1.945(a)(9)/1.955(b)(6)/1.965(e) Crew Resource Management (CRM), Para 8.3: Operators should establish procedures to be applied in the event that personnel do not achieve or maintain the required standards.

[9] NLR-TP-98518, Hoofddorp, 1998.

(F) Communication and coordination inside and outside the cockpit;
(G) Leadership and team behaviour, synergy;
(H) Automation and philosophy of the use of Automation (if relevant to the type);
(I) Specific type-related differences;
(J) Case based studies;
(K) Additional areas which warrant extra attention, as identified by the accident prevention and flight safety programme (see JAR-OPS 1.037).

Anlage 2 AMC OPS 1.943/1.945(a)(9)/1.955(b)(6)/1.965(e) Crew Resource Management (CRM), Para 6 Implementation of CRM

Core elements (a)	Initial CRM Training (b)	Operator's conversion course when changing type (c)	Operator's conversion course when changing operator (d)	Command course (e)	Recurrent training (f)
Human error and reliability, error chain, error prevention and detection		In depth	Overview		
Company safety culture, SOPs, organisational factors		Not required	In depth	Overview	
Stress, stress management, fatigue & vigilance	In depth				
Information acquisition and processing situation awareness workload management			Not required	In depth	Overview
Decision making		Overview			
Communication and co-ordination inside and outside the cockpit			Overview		
Leadership and team behaviour synergy					
Automation, philosophy of the use of automation (if relevent to the type)	As required	In depth	In depth	As required	As required
Specific type- related differences			Not required		
Case based studies	In depth	In depth	In depth	In depth	As appropriate

Glossar

1.000-ft-Punkt Idealer Aufsetzpunkt des anfliegenden Flugzeugs 1.000 Fuß (~300 m) nach Beginn der Landebahn

Abnormal (Procedure) Standard Handlungsverfahren bei Ausfall einer Flugzeugkomponente, z. B. eines Motors

Airway Von der Flugsicherung veröffentlichte Luftstraße

Alternate Ausweichflughafen, wenn ein Zielflughafen nicht angeflogen werden kann

Alerts Von einem flugzeugeigenen Überwachungssystem ausgelöste optische oder akustische Warnung geringerer Priorität als eine Warning.

Altitude Alert Ein akustisches Signal bei der Annäherung oder dem Überschießen einer geplanten Flughöhe

Approach Anflugverfahren auf einen Flughafen

Assertiveness Für kritisches Feedback unbedingt nötige Selbstbehauptungs- oder Durchsetzungsfähigkeit

ATC-Controller Fluglotse (ATC = Air Traffic Control)

Aural Warning Akustisches Warnsignal

Auto Speedbrake Automatisch nach der Landung aus der Tragfläche herausfahrende Bremsklappen

Auto Throttle Automatische Schubregelung der Triebwerke

Basecheck Zweimal pro Jahr behördlich vorgeschriebener Überprüfungsflug zum Aufrechterhalt der Fluglizenz für Verkehrspiloten

Basic Flying Manuelles Fliegen eines Verkehrsflugzeuges ohne Unterstützung durch automatische Systeme

Boarding Einsteigevorgang der Passagiere

J. Scheiderer, H.-J. Ebermann, *Human Factors im Cockpit*, DOI 10.1007/978-3-642-15167-5, © Springer-Verlag Berlin Heidelberg 2011

Callout Exakt definierter Ausruf eines Piloten z. B. bei Abweichungen vom geplanten Flugverlauf oder Veränderungen in den Modi der Steuerungsautomatik des Flugzeuges

Callsign Rufzeichen einer Boden oder Flugzeugstation im Sprechfunkverkehr

CAT III Approach Präzisionsinstrumentenanflug nach der Genauigkeitskategorie III

Catering Bordverpflegung

CAVOK Clouds and Visibilty Okay; Ausdruck für unproblematische Sicht und Wolkenuntergrenzen in der Luftfahrt

Centerline Mittellinie einer Start- und Landebahn

CFIT Controlled Flight into Terrain; Unfallkategorie für Unfälle, bei denen ein voll funktionsfähiges Flugzeug unerwünschten Kontakt mit Terrain, Wasser oder einem Hindernis hat.

COMM Abkürzung für Communication; technische Kommunikation Flugzeug/ Bodenstelle

Copilot Stellvertreter des Kapitäns; im Unterschied zum Kapitän hat der Copilot nur eine Handlungs- nicht die Gesamtverantwortung für den Flug.

CPT Kapitän

Crew Resource Management (CRM) Effektive Nutzung aller Ressourcen durch die Besatzung um einen sicheren und effizienten Betrieb des Flugzeuges zu gewährleisten.

Commitment to stay Zeitpunkt, an dem mangels Treibstoffmenge ein Flug zum Ausweichflughafen nicht mehr möglich ist.

Debriefing Briefing nach Ende eines Fluges oder Flugdienstes

Delay Verspätung

Delay Vector Von einem Fluglotsen zugewiesene Umleitung, z. B. um eine Anflug-sequenz herzustellen

Descent Sinkflug

DME Distance Measuring Equipment; bordseitiges Instrument zur Distanzbestim-mung zu einer Funk-Navigationshilfe

EFIS Electronic Flight Instrument System; Darstellung der wichtigsten Flugfüh-rungsinstrumente auf einem Bildschirm

Engine Failure Ausfall eines Triebwerks

FDM Flight Data Monitoring; pro-aktive Nutzung von Flugdaten zur Unfallprävention

Flag Warnflagge, die den Ausfall einer Cockpitanzeige anzeigt.

Flapsetting Start- und Landeklappenstellung

Flight Envelope Protection Schutzsystem, das verhindert, dass die Flugbetriebsgrenzen eines Flugzeuges überschritten werden (z. B. Geschwindigkeit, Fluglage).

Fly-by-Wire Übertragung der Steuersignale an die Steuerflächen auf elektrischem, nicht mechanischem Weg

FMA Flight Mode Annunciator; zeigt im Cockpit die einzelnen Steuermodi von Autopilot und automatischer Schubregelung an.

FMS Flight Management System; bordseitiger Navigations-, Flugleistungs- und Flugsteuerungscomputer

FO First Officer; Synonym für Copilot

FORDEC Entscheidungsmodell für komplexe Entscheidungen; Details siehe Kapitel Entscheidungsfindung

Fuel Treibstoff

Fuel Dumping Ablassen von Treibstoff, um mit vermindertem Gewicht landen zu können.

Gear Interlock System System, das das unbeabsichtigte Fahren des Fahrwerkes verhindert.

Go-around Synonym für Missed Approach; Durchstartverfahren, wenn eine Landung nicht möglich ist

GPS Global Positioning System

Ground Proximity Warning System System, das rechtzeitig eine Annäherung an den Boden oder ein Hindernis meldet

Heading Horizontale Flugrichtung

Holding Warteschleife

Human Factor Sammelbegriff für alles, was mit der Verbesserung der menschlichen Leistungsfähigkeit am Arbeitsplatz zu tun hat. In der Luftfahrt geht es um Ergonomie, Ablaufoptimierung, Crew Ressource Management und diesbezügliche Trainingsmaßnahmen, um das menschliche Versagen zu vermeiden und möglichst sicher zu fliegen. Dies umfasst alle an der Luftfahrt Beteiligten: Crews, Flugzeughersteller, Wartung, Fluggesellschaften und Flugsicherung.

Kabinenbriefing Briefing der Kabinencrew durch den Kapitän bei Antritt eines gemeinsamen Flugdienstes

ICAO International Civil Aviation Organisation; Behörde der Vereinten Nationen (UN), die weltweit für einheitliche Standards in der zivilen Luftfahrt sorgt. 180 Länder sind in ihr Mitglied.

IFR Instrument Flight Rules; Regeln zum Flug in Instrumentenflugbedingungen

ILS Instrument Landing System; gängigste und genaueste funkgestützte Anflughilfe mit einem horizontalen und einem vertikalen Leitstrahl

Limitation Grenzwert für technische Systeme oder Flugparameter, z. B. Anfluggeschwindigkeit, maximale Sinkraten in Bodennähe usw.

Linecheck Nach EU-OPS einmal jährlich vorgeschriebener Überprüfungsflug von Verkehrspiloten im normalen Flugbetrieb.

Line-up Aufrollen auf die Startbahn

LOFT Line Oriented Flight Training; Simulatortraining, das ganze Linienflüge oder Linienflugsituationen möglichst realistisch in Echtzeit nachbildet.

Konvektives Wetter Wetter mit Kumulus oder Kumulonimbus Wolken; können Quellen für schwere Turbulenzen und Windscherungen sein.

MCP Mode Control Panel; Gerät für Eingaben an das Auto Flight System

Maintenance Flugzeugwartung

MEL Minimum Equipment List; vom Flugzeughersteller herausgegebene Liste, die Einschränkungen und Handlungsempfehlungen für den Flugzeugbetrieb bei nicht sofort reparablen Systemausfällen auflistet.

Minimum Mindestsicht und Mindestwolkenuntergrenze für Instrumentenanflüge

Missed Approach Synonym für Go-around; Durchstartverfahren, wenn eine Landung nicht möglich ist.

Movable Throttle Sich im automatischen Schubbetrieb mitbewegender Cockpit-Schubhebel

Near Miss Beinahekollision in der Luft

Need-to-know-items Wissen, das unter ungünstigen Umständen nicht in Handbüchern nachgeschlagen werden kann; muss auswendig gewusst werden.

Notam Notice to Airmen; von der ICAO standardisiertes Format für sicherheitsrelevante Nachrichten für Luftfahrer

Off Blocks Zeitpunkt, zu dem sich ein Flugzeug für einen Rollvorgang aus eigener oder fremder Kraft in Bewegung setzt.

PAPI Precision Approach Path Indicator; optische Anzeige des richtigen Anflugwinkels

Pilot Flying Fliegender Pilot; der Pilot, der sich um die Steuerung des Flugzeuges kümmert.

Pilot Not Flying/Pilot Monitoring Nichtfliegender Pilot; der Pilot der den Sprechfunkverkehr durchführt, die notwendigen Nebenarbeiten macht, den Pilot Flying überwacht und seine Arbeitsfehler anspricht und korrigieren hilft.

Poor Airmanship Gängiger, aber unklar definierter Begriff für nicht ausreichende Fähigkeiten, das Flugzeug zu führen.

Ramp-Agent Für die operationellen Bodenabläufe zuständiger Mitarbeiter

Readback Zurücklesen einer Mitteilung im Sprechfunkverkehr, um Missverständnisse auszuschließen

Refresher Regelmäßige Trainingsmaßnahme im Simulator, um Systemausfälle und Notsituationen zu trainieren.

Roster Rhythmus und (Mindest-)Abstände von Flugdienst- und Ruhezeiten im Dienstplan der Piloten

R/T Radio Telephony; Sprechfunkverkehr

Situational Awareness Situative Aufmerksamkeit; Begriff für die rechtzeitige Erfassung aller für die Flugdurchführung notwendigen Parameter.

Slot Von Eurocontrol oder einem einzelnen Flughafen zugewiesene Abflugzeiten um unnötige Wartezeiten am Boden und in der Luft zu vermeiden.

Speed Clacker Akustische Warnung, wenn die Maximalgeschwindigkeit eines Flugzeuges überschritten wird.

Squawk Ziffernfolge, die über einen bordeigenen Funk-Transponder permanent zur Identifizierung an andere Flugzeuge und die Flugsicherung ausgesandt wird.

Standard Operating Procedure (SOP) Standardisierte Verfahren für Handlungsabläufe aller Art um einen sicheren und effizienten Betrieb zu ermöglichen. Sie sollen u. a. unnötige Vereinbarungen über Handlungsabläufe zwischen den Piloten vermeiden. Sie werden von den Flugzeugherstellern und -betreibern erstellt. Sie beruhen nicht auf Freiwilligkeit, sondern müssen präzise angewandt werden.

Start-Up Request Anfrage an die Flugsicherung zur Erteilung der Anlassfreigabe

Sterile Cockpit Im Flugbetriebshandbuch definiertes Verfahren, das zur Vermeidung von Ablenkungen in kritischen Flugphasen private Gespräche und Handlungen verbietet.

Strobe Lights Blitzlichter am Heck und den Tragflächenenden, die dazu dienen, optisch schneller erkannt zu werden.

Take-Off (T/O) Flugzeugstart

TCAS Name eines Komponentenherstellers für sein ACAS (Airborne Collision Avoidance System); einem System zur Vermeidung von Flugzeugkollisionen im Flug

Three PointerAltimeter Konventionelle mechanische oder elektromechanische Form des barometrischen Höhenmessers mit drei Zeigern, die schnell missinterpretiert werden kann.

Touch and Go Landung mit direkt anschließendem Start, die bei Flug- und Lande-trainings verwandt wird.

VASIS Visual Approach Slope Indicator System; optische Anzeige des richtigen Anflugwinkels

VFR Visual Flight Rules; Regeln zum Flugzeugbetrieb unter Sichtbedingungen

VOR VHF Omnidirectional Radio Range; Navigationsfunkfeuer, das dem Emp-fänger im Flugzeug eine Peilung erlaubt.

Warnings Von einem flugzeugeigenen Überwachungssystem ausgelöste optische, akustische oder taktile Warnung höherer Priorität als ein Alert.

Sachverzeichnis

J. Scheiderer, H.-J. Ebermann, *Human Factors im Cockpit,*
DOI 10.1007/978-3-642-15167-5, © Springer-Verlag Berlin Heidelberg 2011